海派老字号
包装设计研究

高矚　著

上海交通大學出版社
SHANGHAI JIAO TONG UNIVERSITY PRESS

内容提要

本书以海派老字号包装为研究对象，基于“上海文化”品牌背景，从老字号包装艺术的继承特征、形态原型构建等角度研究其对外传播中的老字号品牌塑造，及设计文化与理论创新，构建海派老字号包装设计艺术及其发展评估方法，并以“老大房”等品牌为例，积极进行了设计实践，具有较好的理论和实践价值。

本书适合艺术与设计专业学生、高校研究人员，以及相关从业人员阅读。

图书在版编目(CIP)数据

海派老字号包装设计研究/高瞩著. —上海：上海交通大学出版社，2024.3

ISBN 978-7-313-30131-4

Ⅰ.①海… Ⅱ.①高… Ⅲ.①老字号—包装设计—上海 Ⅳ.①TB482

中国国家版本馆CIP数据核字(2024)第034145号

海派老字号包装设计研究

HAIPAI LAOZIHAO BAOZHUANG SHEJI YANJIU

著　　者：高　瞩

出版发行：上海交通大学出版社　　地　　址：上海市番禺路951号

邮政编码：200030　　电　　话：021-64071208

印　　制：上海锦佳印刷有限公司　　经　　销：全国新华书店

开　　本：710mm×1000mm　1/16　　印　　张：18

字　　数：279千字

版　　次：2024年3月第1版　　印　　次：2024年3月第1次印刷

书　　号：ISBN 978-7-313-30131-4

定　　价：98.00元

reddot award 2015
winner

高　瞩

教授、博士，上海工程技术大学艺术设计学院院长，博士生导师，全国艺术硕士教学指导委员会专家，上海国际设计创新研究院首席科学家、上海市设计学Ⅳ类高峰学科重点领域方向负责人。

长期扎根于我国制造企业，推动载运工具及其数字座舱设计、城乡创新及可持续设计研究与实践。主持国家艺术基金项目、国家高技术研究发展计划(863 计划)子项目、国家总装“十二五”预研项目、国家安全监督总局安全生产重大事故预防关键技术科技项目等省级以上项目 20 余项，国家级一流本科专业“产品设计”建设点负责人，出版学术著译 5 部，发表论文 90 余篇。教学成果获省级教学成果奖一等奖和二等奖，所授课程入选上海市一流课程和重点课程、国家艺术硕士教指委一流课程；学术成果屡获省级哲学社会科学优秀成果奖等；产学研成果先后获中国特种设备检验协会科学技术奖二等奖、德国红点奖、中国创新设计红星奖、“上海设计 100＋”产品奖、陕西省高校科学技术进步奖二等奖等。

担任校设计学学科带头人，艺术硕士学科平台主席，校科协副主席，校学术委员会委员，西安理工大学、英国利物浦约翰摩尔大学(Livepool John Morres University)、泰国宣素那他皇家大学(SSRU)设计学学科博士生导师，世界设计组织(World Design Organization)高级会员，上海市高校艺术设计专业教学指导委员会委员，上海市工业设计协会副会长，上海市产业创意设计协会副会长，江苏省高新技术企业认定专家，上海市长宁区时尚创意产业领军人才，上海市长宁区科技创新团队负责人，上海市松江区拔尖人才，《机械工程科学杂志》(*Journal of Mechanical Engineering Science*)编委，《时尚设计与工程》副主编。

担任国家级一流专业建设点、上海市一流专业建设点、上海市重点教改项目负责人，上海市线上线下混合式重点课程负责人，上海市一流课程、国家艺术硕士教指委一流课程、上海市研究生培养创新实践基地负责人，全国城市设计数字化行业产教融合共同体理事长单位负责人，教育部本科审核性评估专家组成员，上海市文教结合基金项目—上海市设计创新人才培养团队负责人，上海市产教融合基金项目负责人，中国电子视像行业协会数字影像创意委员会常务理事，上海市学校艺术教育委员会委员，担任国家教学成果奖、国家社科基金艺术学项目、国家社科基金后期资助项目、国家艺术基金项目、上海市社科基金项目、上海市自然科学基金评审委员会项目以及北京、湖南等8个省份高级职称等评审（鉴定）专家。

主要研究方向：

(1) 载运工具及其数字座舱设计研究

(2) 城乡创新及可持续设计研究

(3) 产品 & 信息交互设计

主要获奖：

(1) 德国红点奖

(2) 中国创新设计红星奖

(3) 中国工业设计研究院创新设计大奖“十佳设计师”称号、最佳概念设计奖

(4) 第三届中国绿色环保包装与安全设计大赛一等奖

(5) 中国特种设备检验协会科学技术奖（基于风险的公共交通型自动扶梯安全保障技术研究）二等奖、江苏省安全生产科技进步奖一等奖

(6) 全国工业设计大赛一等奖

(7) “上海设计 100＋”产品奖（5 项）

(8) 上海市育才奖

(9) 上海市白玉兰杯产品设计奖

(10) 米兰设计周中国高校设计学科师生优秀作品展一等奖

(11) 上海市教学成果奖一等奖

(12) 陕西省高校科学技术进步奖二等奖

海派包装　繁花似锦

（代序）

范凯熹

在繁华繁忙、繁花似锦的魔都上海，拜读了高瞩先生的新作《海派老字号包装设计研究》一书，心中不禁涌起对过去的怀旧和对未来的憧憬。这不仅因为自己是一个出生并在上海生活工作了近五十载的老上海人，也因为我曾与研究生共同研究和编写《海派设计简史》，并在上海包装设计界有所活跃。因此，看到高瞩先生的著作，感到格外欣喜，两天内便读完了全书，浮想联翩，感慨万分。

上海，作为世界设计之都之一，号称魔都。在中国和远东近代史上，一直是中国工商业、金融业和文化的中心。融合中西文化、包容万象的"海派设计"，是中国先进文化的代表之一。从中国近代第一部电话机到第一辆有轨电车，从第一张《申报》到第一幅月份牌年画，从第一块招贴广告路牌到第一盏霓虹灯，从第一块商行店招到近代万国建筑"博览会"等都诞生于上海。同样，上海也是中国近代包装产业的发祥地。自1840年开埠以来，上海的工商业经济繁荣，中外文化交流频繁。1892年中国近代最早的汽水饮料品包装上海泌乐水厂、1902年中国最早设立的中国英美烟公司（后改称颐中烟公司）、1905年中国最早的包装纸盒厂恒新泰纸盒厂、1907年中国最早的包装厂怡和洋行打包厂、1909年中国第一家彩印厂徐胜记印刷厂等也都诞生于上海。进入中国市场的外国产品，无论是飞机、轮船、汽车，还是西式服装、日用品，都携带着各种包装。这些产品从商品样式、生活习惯和文化心理等多方面，影响了上海市民和设计师的时代观念。从清末民国初年到当代的上海日用品包装中，超过一半是20世纪二三十年代珍贵的老字号品牌及其包装，如百雀羚、"雙妹"（双，本书沿用包装上的繁体字）、留兰香、大白兔、佛手、正广和、杏花楼，以及后来的凤凰、永久、美加净、光明、梅林、冠生园、回力、恒源祥、沈大成、老半斋、泰康等，形成了中西合璧、洋为中用的海派包装设计。上海新老包装跨越了百年，在同一个时空中重逢，让人们切实感受到不同时代的设计风貌，以及上海包装设计行业的继承和发展。因此，当时广受国人欢迎的具有时代特色的海派老字号包装设计风格，逐渐发展成为20世纪初期以来海派包装设计艺术的主流风格。

俗话说：人靠衣装，商品靠包装。包装对于商品来说极其重要。海派包装的蜕变与创新，正是传统老字号包装在新经济和新技术融合下的非传统化。在《繁花》热播之际，我们也领略了海派文化的“三头”（派头、噱头、苗头）以及海派包装与品牌在现代社会的价值和设计美学，在海派品牌建设与包装设计中依然具有百分之百的匹配度和深刻诠释。海派设计的“派头”，即精美的产品设计和包装，实际上是根据环境调整商品包装，以适应社会需求的过程；海派设计的“噱头”，即产品的卖点，强调通过巧妙运用噱头吸引注意，使商品在市场中赢得顾客喜爱；海派设计的“苗头”则指市场趋势，提醒我们要敏锐察觉事物的微妙变化和趋势，通过观察和分析预测未来发展，从而做出明智决策。因此，《海派老字号包装设计研究》不仅是一部关于上海包装研究的优秀学术专著，更是对现代社会中包装和品牌价值重要性的深刻展现。

海派老字号包装设计既古老又新鲜，既传统又现代，是我们生活的缩影，也是我们未来文化的源泉。本书是高瞩先生对我们这个时代的深度洞察，也是他对海派文化的深刻理解。就专业性而言，海派老字号包装设计研究的理论与实践价值应置于中华文化的大背景下，是现代设计学科交叉特征的鲜明表达。实际上，海派文化以其独特的魅力和内涵，已成为中国现代设计的重要源泉。海派老字号，作为海派文化的精华，既承载着中华民族的智慧和传统，又体现了上海这座城市的独特魅力。

意大利著名哲学家、历史学家贝奈戴托·克罗齐（Benedetto Croce，1866—1952）曾说：“一切历史都是当代史。”[①]克罗齐认为，史料本身并不会说话，发挥作用的是历史学家的学识水平。历史学家的学识水平越高，越具有创造性，所揭示的历史意义就越深刻；历史学家不是被动地接受、考订和阐释史料，而是要发挥主动性和创造力。上海主创石库门老酒的包装设计大师赵佐良先生也曾

① ［英］道格拉斯·安斯利，1982. 历史学的理论和实际［M］. 傅任敢，译. 北京：商务印书馆.

说："回顾历史，不仅是怀旧，更是为了超越！"[①]这正是《海派老字号包装设计研究》的核心思想。本书不仅是作者对海派包装设计历史与传统的深耕厚植、笃行致远的研究成果，更是对新海派包装创新设计方法和教育的理论探索，承载着作者对上海包装设计继承与发展的情怀。

美国MIT媒体实验室创始人教授尼古拉斯·尼葛洛庞帝（Nicholas Negroponte，1943—）认为，现在是"过去的未来"[②]。他长期倡导利用数字化技术促进社会生活和研究方法的转型。高瞩先生对海派老字号包装设计的研究，既着眼于"海派设计"的历史研究，更将海派设计的"历史"视为"过去""现在"和"未来"的共同组成。高瞩先生研究海派老字号包装设计的目的，是为了更好地面对现实，面向未来，思前人之未思，发前人之未发。他旨在以新的史学观来认识海派包装设计的过去、现在和将来，从而得出新的结论，指导当前和今后的包装设计与教育实践。他在研究过程中，改变了海派设计研究单纯发掘"老古董"的传统观念和意识，改变脱离实际的教学与研究模式，把重点放在用数字技术分析研究海派老字号包装的文化基因、文化元素等根本设计美学上。他通过数据分析、聚类图等研究成果，利用数字技术在海派设计的研究和传播中的应用，为我们带来了全新的研究思路、方法和动力。因此，他在谈及海派包装的历史时，不仅研究其历史记忆的"过去时"，也关联至此时此刻的"现在时"，还预测憧憬它的"未来时"。包括我们如何认识和理解"过去"的历史，以及这段历史如何影响"现在"和"未来"，进而将过去的经验教训与当下和未来相结合，这将帮助我们对海派设计的过去、现在和未来产生更深刻的认知。

在内容方面，高瞩先生以海派老字号包装为研究对象，基于"上海文化"的品牌背景，从包装艺术的继承特征、形态原型构建等角度，探讨了其在外部传播中老字号品牌的塑造，以及设计文化与价值理论的创新。首先，本书深入研究了海派老字号包装设计的继承特征。作者通过分析海派老字号包装设计的历史演变，揭示了其在传承与创新之间的平衡，以及对传统文化的尊重。这种研究有助于我们更好地理解海派老字号包装设计的本质，并为未来的设计创新提供理论支持。其次，书中从形态原型构建的角度，探讨了海派老字号包装设计

① 前世今生：百年上海日用品包装展[EB/OL].（2016-05-27）[2023-12-30]. https://mp.weixin.qq.com/s/yud2cUdGJgxqkHFbuIH7Aw.

② 尼葛洛庞帝，1997. 数字化生存[M]. 胡泳，译. 海口：海南出版社.

的创新,通过分析各种海派老字号包装设计的形态原型,提出了一系列具有启发性的观点,如形态原型的设计原则、应用策略等,这些观点为海派老字号包装的可持续设计提供了新的思路。这是本书的贡献之一。

本书的另一个重要贡献是提出了一套海派老字号包装设计艺术及其发展评估方法,并以"老大房"等品牌为例,进行了具体的设计实践。这一研究不仅具有较高的理论价值,也通过实践验证了理论的可行性,为海派老字号包装设计的创新提供了生动的案例。理论与实践相结合的研究方式,使得本书更具实用价值。与早期海派包装设计的史料收集性研究相比,新海派包装设计需要在专业设计实践中采取不同的途径。过去环境相对简单,需求也较为单一,个人经验和发展对设计实践已足够。但现在,单靠经验和发展已远远不够。今天的设计挑战需要分析和综合现代思维与智能技术,更注重对信息社会需求的反馈,也是对知识经济的响应。《海派老字号包装设计研究》面临的挑战,也是整个设计专业所面临的挑战。设计是理解和塑造我们世界的普遍人类活动过程,我们不能将这个过程或世界看作笼统而抽象的形式。我们在明确的挑战中遭遇设计问题,必须将问题置于既定的背景中。

本书作者高瞩先生,是一位有着深厚理论功底、丰富设计实践经验和创新研究方法的著名学者。他作为上海工程技术大学艺术设计学院院长,在百忙中致力于海派老字号包装设计的研究。他利用新技术手段,深入挖掘了海派老字号包装设计的文化元素和内在规律,揭示了其背后的海派文化内涵和价值意义,探究了海派老字号包装设计的继承特征及其形态原型的构建规律,建构了其在对外传播中的品牌塑造方法,并提出了设计文化和价值理论的创新远景。新海派老字号包装设计不仅美观,更有深度、灵魂和创新力。它是海派文化的载体,也是城市历史的见证,更是上海人民生活的反映。

设计造就了上海。作为中国现代主义的发源地,中国现代设计的摇篮,中国最大的国际化工商业超级城市,上海在中国城市和设计进程中扮演了引领风气之先的角色。其包括包装设计在内的设计历史与规模的独特性和重要影响力,是柏林、布宜诺斯艾利斯、蒙特利尔、首尔、名古屋、神户、深圳、北京、武汉、重庆等其他世界设计之都无法取代的。

在我看来,本书的价值不仅仅在于其理论的深度,更在于其研究创新和设计实践的力度。作者以严谨的态度,以全新的研究视角和方法,对海派老字号包装设计进行了创新的研究，并以实际行动，推动了上海设计之都的建设，开拓了上海海派老字号包装设计的创新。理论与实践的结合，研究观念和研究方法的进步，是本书的最大亮点，也是其最具价值之处。因此，我认为《海派老字号包装设计研究》是我所见过的对海派设计研究最深入、最全面、最系统的学术著作。其通过严谨的理论和数据分析，以生动的史料和实践案例，向我们展示了海派设计的魅力和价值。无论是对艺术与设计专业的学生，还是对高校研究人员和相关从业人员，这本书都值得一读。我相信，这本书的出版，将对海派设计的理论研究与实践活动产生深远的影响。所以，我强烈推荐这本书给所有对海派设计、包装设计及其教育感兴趣的读者。希望本书能激励和指导设计师们创作出更多优秀作品，为企业赢得市场，为行业赢得尊重，为学子树立榜样。初心不变，匠心不老！

2024 年 1 月 29 日于上海

（注：本文作者为中国美术学院教授、博导、教学督导，原上海包装技术协会理事兼设计专业委员会副主任、《上海包装》杂志编委、中国美术学院上海设计学院常务副院长、教育部高等学校社会科学发展研究中心研究员）

前言

上海作为中国近现代设计的发源地，是中国产业制造和贸易交流的国际化大都市，近百年来形成了一批极负盛名的老字号品牌，这些老字号品牌产品的包装在不同文化背景下展现出丰富的文化艺术特征。本书以上海老字号包装设计为研究对象，基于“上海文化”品牌背景，从老字号包装艺术的继承特征、形态原型构建等角度研究对外传播中的老字号品牌塑造，以及设计文化与价值理论创新，构建了“上海文化”品牌背景下老字号包装设计艺术及其发展评估方法，并积极进行设计实践。具体研究内容如下：

(1) 上海老字号包装艺术继承特征的研究——嵌入情境特征与创新构念维度。细致梳理国内外相关研究文献，结合比较研究法和定性分析方法，揭示上海老字号包装构念的内涵及其沿革，探索其设计融合关系及影响因素，总结上海老字号包装的继承特征。

(2) 上海老字号包装艺术形态原型的构建——不同信息线索与信息加工选择。按照老字号包装现有的研究成果，建立其设计流程，探索上海文化元素的提取与迁移过程，总结上海老字号包装设计方法，开发并实现上海老字号包装辅助创意设计系统。书中研究贯穿了两项主题：一是老字号包装艺术形态的中心线索和边缘线索对于设计路径的选择；二是相应设计结果呈现的优先性问题。

(3) 上海老字号包装艺术发展的评估——印象联想与价值判断。从老字号包装的艺术发展、发展传承度及可移植性展开分析，构建老字号包装形象的定位方法，从消费者对老字号包装艺术发展的评价方法入手，建立基于感性消费观的老字号包装形象、个体对“老字号包装”的印象和艺术形态的“价值”认同，以及消费者对本土包装价值观的联想与“文化”印象。

(4) 上海老字号包装艺术的传播效应研究——老字号品牌构建与管理价值。站在建构大国软实力的立场上，上海老字号包装担负着对世界讲述“中国故事”的文化使命，借助于老字号包装艺术形态的文化传播和创新设计研究，提出广告传播和渠道传播策略，不断深化文化继承象征、包装消费、文化发展与传播等方面的研究，提升世界对中国文化的高度认同感。

(5) 上海老字号品牌产品及其伴手礼包装应用实践。以“雙妹”老字号护肤品、旗袍盘扣图形的上海伴手礼、“老大房”点心伴手礼等为例，分析上海老字号品牌产品及其包装意象，运用网络爬虫工具、网络文本分析、NCD色彩意象空间分析、体验周期、通用性设计探究等方法，对老字号品牌产品及其包装通用性中的一致性、包容性和可变性进行分析研究，为上海老字号品牌产品及其包装的创新设计提供实践指南。

本书系统完整，结构严谨，既可以作为大学生、研究生教材，也可以作为设计学研究者的必要参考书。本书的研究得到了上海市艺术科学规划项目基金、上海市设计学Ⅳ类高峰学科专项基金、国家哲学社会科学基金艺术学项目、上海国际设计创新研究院的资助。

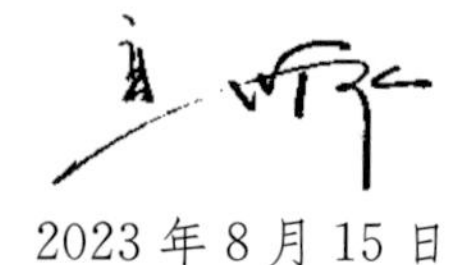

2023年8月15日

Preface

As the cradle of modern Chinese design, Shanghai is an international metropolis of China's industrial manufacturing and trade exchanges. In the past century, many prestigious time-honored brands have been emerging in Shanghai. The packaging of those time-honored brand products exhibits richness in culture and arts under various cultural contexts. Based on such background of "Shanghai Culture" brand, this research takes the packaging design of Shanghai time-honored brand (STHB) as the research object. The research purpose is to study the brand shaping, the design culture, as well as the innovation in value theory of STHB in its external communication, from the aspects of inherited characteristics, and morphological prototypes of STHB packaging art. Ultimately, an evaluation method on the development of STHB packaging design art was built based on the "Shanghai Culture" brand context. The specific research content is as follows:

(1) Research on the inheritance characteristics of STHB packaging art: embedded the dimensions of situational characteristics and innovative constructive. After adequately reviewing the relevant domestic and foreign literature, this part of research did a sound analysis on the connotation and evolution of STHB packaging construction through content analysis and qualitative analysis, and further explored its design integration and influencing factors. Ultimately, the inheritance characteristics of STHB packaging was summarized.

(2) Construction of the form prototype of STHB packaging art: different information clues and information processing. According to the existing researches of STHB packaging, the general design process was established. By exploring the extracting and migrating of Shanghai cultural elements, the packaging design method of STHB was summarized, and further a corresponding creativity aided design system was developed and implemented. This part of research runs through two themes: one is the choice of the design path affected by the central and edge clues of STHB packaging art form; the other is the presentation priority of the design results.

(3) Evaluation of the development of STHB packaging art: impression association and valuation. This part of research analysed the art development, development inheritance and portability of STHB packaging, and constructed an orientational method for STHB packaging image. By consumers' evaluation on the art development of STHB packaging, the STHB packaging image was established based on the perceptual consumption view, the individual impression of STHB packaging, the identify with its art form, the associations of local packaging values as well as consumers'cultural impressions.

(4) Research on the communication effect of STHB packaging art: STHB brand construction and its value management. From the view of soft power construction of a big power, STHB packaging takes the responsibility of telling the world of "Chinese stories". Through the cultural communication and innovative design research of STHB packaging art form, the strategy of advertisements and channel transmission was proposed. By deepening the study on the correlationship among cultural inheritance symbols, packaging consumption, and cultural development and dissemination etc., it will contribute to a higher recognization of Chinese culture to the world.

(5) Design practice of STHB product and its souvenirs packaging. Taking the STHB skin care products of "Shuang-Mei", Shanghai souvenirs

with cheongsam buckle graphics, and "Old Big Room" dim sum souvenirs as examples, this part of research analyzed the packaging images of those STHB products and souvenirs. The consistency, inclusiveness and variability of STHB products and souvenirs packaging were studied through web crawler tools and network text analysis, NCD color image space analysis, experience cycle, and universal design exploration, etc.. It provides a design practice guidance for the innovative packaging design of STHB product and its souvenir.

With an integrated system and rigorous structure, the book can be a good teaching material for bachelor and postgraduate education, and it also can be a good reference for designers and researchers in design methodology field. This research was funded and supported by Shanghai Art Science Planning Project, Special Funds of Shanghai Class IV Summit Discipline in Design, National Foundation for Philosophy and Social Sciences-Art Studies Program, Tongji University Shanghai Institute of Design and Innovation.

Zhu Gao

August 15th,2023

目 录

第1章 绪论

上海是中国的文化中心之一，上海的文化被称为“海派文化”。海派老字号顾名思义是能够体现上海悠久文化的老字号品牌，其包装设计承载着重要意义——不仅要能够满足包装基本的保护和美观功能，更重要的是要能够延续上海老字号品牌文化。上海老字号品牌是指在上海拥有悠久历史和世代传承的产品。上海作为现代艺术文明之都，上海文化是中华民族文化的无形资产。而老字号包装作为城市文化的商品流通，可以给消费者带来直观、深刻的城市体验。从老字号包装的传播过程中，我们可以窥视到中国近现代群体文化所具有的某些普遍特征，这些特征将人们对民族文化的记忆和认知串联在一起。

1.1 本书的研究背景及意义

海派老字号包装来源于中国传统文化，在上海近现代城市发展中产生，是与本土文化紧密联系的一种人文习俗或行为总和。作为中国近现代设计的发源地，上海是中国产业制造和贸易交流的国际化大都市，近百年来形成了一批极负盛名的老字号品牌，这些老字号品牌产品的包装在不同文化背景下展现出丰富的文化艺术特征。

在特定的历史背景下，上海的包装设计在本土以及海内外文化的影响中不断发展。民国时期是现代包装设计由萌芽到发展非常关键的时期，这一时期的典型特点是中国传统文化与西方文化的激烈碰撞，上海老字号包装设计整体上呈现出“海纳百川，兼容并蓄”的文化艺术特征。可以说，这一时期的上海老字号品牌包装设计总体走在中国近现代设计发展的最前沿，代表着当时中国设计的最高水平，在中国与世界的设计发展历史中具有极高而特定的地位和价值。新中国成立以后，经济不断复苏，在特殊的环境下，老字号品牌形成了特定年代的特定设计。改革开放以来，尤其是进入新世纪后，随着国内外多元互动文化的发展、国际交流与融合的不断深入，老字号品牌包装风格在同质化与多样化中反复切换，开始追求简约大方。但由于摒弃了过多的文化设计符号，包装的文化精神价值有所降低，一些老字号包装在传承与创新中出现尺度偏差，亟待设计师们探讨科学的设计方法。

上海老字号包装在传统文化的基础上，融合开埠后传入的欧美近现代工业文明，逐步形成了特有的文化现象。它既具有兼顾东西方文化差异的包容性，又具有反映中国地域文化魅力的独特性，成为上海文化抽象概念的构建来源。本书从海派老字号包装艺术的继承特征、形态原型构建等角度，研究对外传播中的老字号品牌塑造及设计文化与价值理论创新，构建“上海文化”品牌背景下海派老字号包装设计的方法论及其设计实践指南，以促进上海文创产业和城市转型、商品国际出口的老字号品牌文化打造，以及设计文化人才的培养。海派老字号在文创领域的应用研究，目前正处于“实践诉求领先于理论研究”的状态，故本书具有以下的理论和实践指导意义：①海派老字号包装既有传统文化的古典与雅致，又有当代中国的现代与时尚，这正是本书选择“海派老字号包装设计艺术”作为文化价值塑造重要基点的原因所在。同时，对于如何利用中国传统文化进行老字号包装创新设计的理论研究还很有限，所以本书的内容也能为文创理论的本土化做出一些新的尝试。②文化是一种社会情感化的表现符号，本书的研究既能够借助于展示“海派老字号包装的独特韵味”去扭转老字号产品“陈旧”的刻板印象，也能为本土老字号价值继承和传播提供有效的途径。

1.2 国内外研究现状

目前，关于中华老字号、地区老字号品牌的研究成果颇丰，大量的史实资料被民间和学界发掘和整理，研究主要集中在老字号商标发展史、老字号包装装潢等方面，而针对老字号品牌包装设计文化传承性、老字号包装设计方法等方面开展研究的成果相对缺乏。

1.2.1 包装设计的研究现状

包装设计涉及包装的造型、材料、色彩、文字、图案等几大设计元素，它反映了老字号产品的风格品位、时代特征与老字号精神，也影响着消费者的购买意愿。李谓涛(2009)在《包装设计的视觉表述》一文中指出，好的创意是商业包装设计的核心，包装设计创意需要从理性分析和感性激发来考虑。随着社会的发展，对于包装设计，人们更关注其带来的情感需求。湖南工业大学汪田明、栾丽(2008)认为"设计师—包装—消费者"的情感互动是包装设计需要思考和探究的重要课题，并初步探讨了包装设计中色彩、图形、文字的视觉心理关系。魏力敏、戴珊珊(2009)提出在包装设计过程中要运用设计心理学知识，强调情感设计，并详述了设计心理学在包装形态、装潢、材料中的意义。郑州轻工业学院董濡悦(2016)对情感因素在包装设计中的有效融入进行了研究分析。概言之，学界关于包装设计要素的研究主要有以下几个方面。

(1) 包装形态研究。包装形态最能体现老字号品牌产品的个性特征和精神内涵，能对购买者产生心理导向作用。不同的包装形态会给人带来不一样的心理效应，因此人们往往会从不同的市场定位考虑最优化的包装形态。包装形态中，线条能够直接表达形体。河南大学陈哲、朱建霞(2016)提出了线条在包装造型设计中的重要性，主张不同线条的搭配会产生不同的视觉效果。国外有学者实证了包装形状特征对消费者口味认知的影响。如 Carlos Velasco et al. (2014)基于人体感官特征，评估了不同包装设计中包装形状、字体对产品味道信息传达效果的差异性。

(2) 包装图案研究。青岛大学雷兴(2017)从东北民俗文化题材中提炼出图形和纹样，并通过解构和重组的方式巧妙地将其运用在大米包装设计中。Gregory Simmonds & Charles Spence(2017)两位学者就包装图案对消费者所产生的心理刺激和消费驱动展开了深入的分析与研究。

(3) 包装颜色、字体研究。不同的颜色和字体会带来不同的重量感知，不同的文字构造、粗细、排版及民族地域特征也会造成信息理解的不同。Nadine Karnal et al. (2016)通过测试食品包装颜色和字体对消费者感知的影响，发现不同包装元素会引起不同的健康认知。上海交通大学袁玮(2010)通过实验得出结论，包装颜色显著影响消费者对待产品的态度和购买意愿。

(4) 包装质感研究。材料作为包装的载体，除了应满足基本的实用价值外，还体现着包装产品的审美价值。不同包装材料具有不同的质感、肌理、色泽等，这些特性会向消费者传达出不同的感受与体验。陈祥贤(2017)认为，我国包装材料从最原始的天然材料(如草、木、藤、麻、贝壳、葫芦、果皮等)，到如今的新材料(如纸、陶瓷及各种复合材料等)，无不蕴含着特定的文化语义，正如人们看到一个盛酒的陶罐，脑中呈现出来的不仅仅是酒，还有依附在材料之上的民族文化。

(5) 包装文化研究。易中华(2006)认为，现代包装设计与传统文化相互渗透，包装的民族化需要利用艺术符号才能把民族内在的共性表达出来。华东师范大学陈金明(2013)以近现代上海商业包装为研究对象，从符号学角度分析了民族文化符号在包装中的设计与运用。湖北工业大学杨少华(2017)专题研究了山西醋文化在老陈醋包装中的体现和应用。

综上所述，包装设计研究内容丰富，成果颇丰，但尚有两点不足：①研究对象主要聚焦在平面视角、平面元素，从立体系统视角展开深度分析的文献少之又少；②从包装设计元素出发系统阐述文化对包装的影响，以及变化规律的文献也较少。

1.2.2 包装设计理论与方法研究现状

产品包装设计方法的相关著作及其主要研究内容有：朱和平(2008)主编的《产品包装设计》一书详细阐述了包装设计的流程与构思方法、包装容器的造型与结构设计等；王安霞(2006)编著的系列教材对包装形象设计的方法、内涵、创新思维的应用等作了详细介绍；柯胜海(2013)所著的《大道有形：现代包装容器设计理论及应用研究》一书阐述了包装容器造型的形态要素及语义传达、设计规律与设计方法，以及包装容器造型的舒适度设计等；范凯熹(2006)编著的《包装设计》一书阐述了现代包装的设计流程、发展动态及变化趋势；徐筱(2014)编著的《纸包装结构设计》一书对常用的各种纸盒结构进行了系统的梳理与归纳，介绍了十种不同类型的纸盒特征；张理(2010)主编的《包装学》一书对包装的材料、技术方法、性能测试及包装行业的发展动态等内容进行了详细论述；柳林(2004)的《民族化包装设计》从民族传统文化的角度，分析了民俗化的包装设计发展特征，并对包装与文化的结合提出了实质性的意见。

笔者梳理包装设计理论研究的文献后发现，相关研究成果主要集中在两个方面。一是当代包装创新设计方法研究，包括交互式理念、物联网消费文化、地域文化等理念在包装设计中的创新研究。二是针对包装设计文化继承的理论研究，主要成果有：段阳(2007)在其包装设计相关研究中，从设计与文化的角度，研究了包装设计与传统文化的契合，以及传统包装设计要素在包装设计中的应用；黄睿(2009)在其包装设计改进研究中，以山西传统文化为切入点，挖掘了老陈醋包装的特点及文化"语言"，提出了老字号食品包装的设计优化方法；刘义晴(2012)在其地域性包装设计相关研究中，以节能、绿色和多功能为设计理念，构建了地域文化特征在包装设计中的表达方法；白杨(2013)在其包装设计相关研究中，从地域文化特点与消费文化的角度，对地域文化在普洱茶包装设计中的应用方法进行了探讨；张朦朦(2013)在基于交互式理念开展的包装设计研究中，从消费者的心理需求、情感变化的角度出发，提出了交互式理念在包装设计中的具体应用方法；孙光晨(2015)在其网购包装设计相关研究中，以生鲜食品的线下包装为例，对包装安全、技术管理、艺术设计、老字号品牌建设等方面进行了分析与研究；宋笑笑(2016)在其酒包装设计相关研究中，分析了河南地域文化对酒包装设计的意义，从包装设计各要素出发，研究了地域文化与酒包装设计的契合关系，提出了地域性文化要素在河南酒包装中的设计方法；杨雅茹(2017)在其茶产品包装设计相关研究中，将茶产品包装的设计与"二十四节气"文化相结合，提出了"节气"茶的养生理念，构建了基于"节气"文化的现代茶包装设计方法；薛柏翠(2017)在其现代包装设计相关研究中，将传统旗袍元素与包装设计相结合，提出了旗袍元素在包装设计中的应用方法。这些研究都为本书提供了有价值的参考依据，但尚没有相关研究从设计历史传承性的角度，辩证地分析出上海老字号包装设计的沿革规律，提出当今可遵循的具体设计指南。

1.2.3 老字号产品包装设计研究现状

与老字号相关的著作有：1998年孔令仁、李德征主编的《中国老字号(全拾册)》，记载了中国大量知名老字号的发展史；2010年左旭初所著的《中国老字号与早期世博会》一书，对1851—1935年间在早期世博会上获奖的中国老字号产品进行了详细介绍；2013年左旭初所著的《百年上海民族工业品牌》一书，全面展示了20世纪至今一百年来，由上海生产且在全国数一数二的工业名牌产品的整体风貌；2016年左旭初又撰写了《民国食品包装艺术设计研究》一书，研究了民国时期食品的外包装装潢、包装图形设计等。

近年来，上海包装设计文化已经成了众多学者研究的热点，其研究重点主要集中在包装视觉形象和老字号包装设计文化上，主要学术成果有：姜婉秋(2014)在其包装商标设计相关研究中，梳理了清末民国以来上海食品行业老字号商标命名的由来及商标设计的文化属性与特点；李培(2016)在其包装设计相关研究中，分析了新中国成立以来食品行业包装及其包装装潢设计的发展；胡兰兰(2016)在其食品包装设计相关研究中，对民国时期上海食品包装设计的题材、设计语言、视觉形式及材质工艺的特点进行了深入的分析与研究；尹强(2016)在其化妆品包装设计相关研究中，从设计行业队伍发展的角度，通过列举具有代表性的设计师及其包装设计作品、重要的展览交流及学术探讨等方面的变化，分析了民族化妆品类老字号包装设计的研究与实践进程。

此外，宋润民(2007)在苏州老字号包装设计相关研究中，分析了苏州老字号商品包装的文化特征，探讨了传统审美视角与现代手法相结合的苏州老字号商品包装设计新理念，以及苏州老字号包装设计的发展趋势。郑思(2016)在其中药饮片包装设计相关研究中，研究了老字号中药饮片包装的形态设计及包装装潢设计，并提出了老字号中药饮片包装的再设计方法等。这些重要的文章均为本书的研究提供了有价值的参考。然而，对于上述上海等老字号包装设计的整体研究状况，笔者仍感觉存在两点不足：①过于依赖商标史及平面视觉传达的理论基础，从包装造型特征、包装结构视角开展的研究还相对缺乏；②针对某一老字号品牌的研究成果较多，且成果均属于产品包装微观范畴的研究，还不能整体反映出老字号包装设计艺术宏观风格上的传承与流变。

1.2.4 上海老字号包装设计的研究现状

目前，国内外学者对上海老字号品牌及其包装的研究主要集中在以下三个方面。①分析当前上海老字号品牌存在的问题，提出相应对策，以及对老字号活化的相关理论展开探讨。华东理工大学金鑫(2012)通过分析上海老字号品牌存在的问题，以"双鹿"品牌为例提出广泛意义上的上海老字号的复活之道；东华大学董慧(2008)分析了上海商业服装老字号品牌的现状以及影响老字号文化实现活化的因素，从促进老字号活化的外部驱动力之一——投资方的角度，研究了上海商业服装老字号品牌的活化方法。②整理上海老字号历史沿革发展相关文献，挖掘出许多鲜为人知的史料，以此分析中国老字号的沿革。这个研究方向上涌现了一批专著，如《上海老味道》《中华老字号》《中国商标史话》等，此外，还有《老商标》(左旭初，1999)画册等。关于民国时期的著作有马咏蕾的《品味百年——沪上食品老字号商标设计》(上海锦绣文章出版社出版，2013)、左旭初所著的《民国食品包装艺术设计研究》(立信会计出版社，2016)。西安理工大学宋莹莹(2018)归纳整理了上海老字号包装的沿革，提出了上海老字号包装设计的原则和系列设计方法。③从包装设计元素角度分析上海包装设计方法。董思维(2011)基于上海都市文化背景研究上海老字号品牌的视觉形象，并提出新时期上海老字号品牌视觉形象再设计的方法；上海工程技术大学陈岚(2017)认为上海老字号品牌包装研究要把老字号品牌置于上海都市文化的背景下开展工作；安徽大学胡兰兰(2016)以冠生园为例，研究民国初期上海食品包装设计的特点；上海师范大学倪晓梅(2011)指出上海土特产包装多采用具有上海文化特色的建筑、景致以及装饰纹样来体现地域文化元素，如石库门老酒的包装等。在商标研究方面，昆明理工大学姜婉秋(2014)对清末民国时期上海食品的老字号商标艺术进行了深入探讨，通过梳理上海食品老字号的演变历史，分析老字号商标命名的特点，归纳其商标特征及文化属性。文化方面，华东师范大学李培(2016)分析归纳了上海食品包装的发展特色，并总结了上海设计风格对食品包装的影响及其设计体现。这些研究均为本书的研究提供了有价值的参考。

归纳上述研究，笔者认为其对于上海老字号包装设计的研究在整体上仍存在三点不足：①现有成果主要集中在老字号品牌活化策略方面，对于上海老字号包装的研究理论还相对匮乏；②深入探究上海文化对包装设计元素所产生的影响和探讨设计变化的研究不足，从收集的文献来看，主要集中在对于老字号商标的研究上，从包装设计元素出发系统研究老字号包装设计方法的相关文献较少；③对于上海老字号的研究主要集中于食品老字号的包装设计方面，对于其他行业类型的研究文献较少。

1.3 主要研究内容和方法

1.3.1 本书主要研究内容

（1）上海老字号包装艺术继承特征——嵌入情境特征与创新构念维度。

为了保证研究的效度，本书特意在嵌入情境视角下对主要研究构念进行测评，细致梳理国内外相关研究文献，结合比较研究法和定性分析方法，分析上海老字号包装构念的内涵及其沿革，探索其设计融合关系及影响因素，总结出上海老字号包装的继承特征。

（2）上海老字号包装艺术形态原型构建——不同信息线索与信息加工选择。

按照老字号包装现有的研究成果，建立其设计流程，探索上海文化元素的提取与迁移过程，总结出上海老字号包装设计方法，并开发与实现上海老字号包装辅助创意设计系统。重点贯穿两项主题：一是老字号包装艺术形态的中心线索和边缘线索对于设计路径的选择问题；二是相应设计结果呈现的优先性问题。

（3）上海老字号包装艺术发展评估——印象联想与价值判断。

从老字号包装的艺术发展、发展传承度及可移植性展开分析，构建老字号包装形象的定位方法。从消费者对老字号包装艺术发展的评价方法着手，建立基于感性消费观的老字号包装形象、个体对“老字号包装”的印象和艺术形态的“价值”认同，以及消费者对本土包装价值观的联想与“文化”印象。

（4）上海老字号包装艺术传播效应——老字号构建与管理价值。

借助于上海老字号包装艺术形态的文化传播和创新设计研究，建立广告传播和渠道传播策略，将文化继承象征、包装消费、文化发展与传播等方面的研究不断深化，提升世界对中国文化的高度认同感。

（5）上海老字号品牌产品及其伴手礼包装应用实践——设计实践指南。

以“雙妹”老字号护肤品、旗袍盘扣图形的上海伴手礼、“老大房”点心伴手礼等为例,分析上海老字号品牌产品及其包装意象,运用网络爬虫工具、网络文本分析、NCD色彩意象空间分析、体验周期、通用性设计探究等方法,对老字号品牌产品及其包装通用性中的一致性、包容性和可变性进行分析研究,为上海老字号品牌产品及其包装的创新设计提供实践指南。

1.3.2 研究基本思路和方法

"老字号包装设计艺术将作为文化传播及文创产品开发的基本内涵"是展开本书研究的基本前提。文化传播研究是文化人格化隐喻下的全新视角,从消费者角度分析,上海老字号包装设计艺术所传达的象征意义可帮助其构建身份认同,由此,本书所要揭示的是,消费者如何与体现他们所崇尚的"上海老字号包装设计艺术"的文化产生密切联系,并构建"上海老字号包装设计艺术"的文化传播及文创心理过程。

传统的包装设计研究焦点在于如何表现商品品质和功能性属性以满足消费者需求。本书突破了传统研究的束缚,将上海的老字号包装定位调整为更多兼顾文化自信的体验战略,为包装设计艺术研究开辟了新的视角;同时,在国家"一带一路"倡议下,在打响"上海文化"老字号品牌的诉求下,通过构建上海老字号包装设计艺术文化观念,形成设计方法论,使文化强国理念"落地",并发挥其设计应用价值。

本书主要研究方法如下。

文献研究法:在预期实现的研究目标基础上,将相关研究内容作为主要的理论脉络,梳理和分析学界关于包装设计艺术及其文化的文献资料,从而厘清本书的相关思路,形成清晰明了的研究假设。

解释学方法:以"受众如何与其所崇尚艺术的文化传播发生密切联系"为主题进行内容分析和资料搜集,并将此类经验转换为同时具有个体性和分享性意义的理论知识,从而提供出鲜活的证据素材。

1.4 ▸ 本书的组织架构

根据研究内容,本书主要分为11章,具体组织架构如下:

第1章绪论,重点分析了包装设计、包装设计方法相关理论、上海老字号产品包装设计的研究现状，以及本书的内容和组织框架。

第 2 章上海文化与老字号包装艺术，分析了上海文化及其老字号包装艺术的概念、意义，上海老字号品牌及其包装设计的研究现状，阐述了上海老字号文化与包装设计的关联性。

第 3 章上海老字号包装艺术继承特征分析，细致梳理了国内外相关研究文献，结合比较研究法和定性分析方法，分析上海老字号包装构念的内涵及其沿革，探索其设计融合关系及影响因素，总结出上海老字号包装的继承特征。

第 4 章上海老字号包装艺术形态的原型构建，按照老字号包装现有的研究成果，建立其设计流程，探索上海文化元素的提取与迁移过程，总结出上海老字号包装设计方法，并开发与实现了上海老字号包装辅助创意设计系统。以曹素功老字号为例进行包装设计，验证系统的可行性。

第 5 章上海老字号包装艺术发展评估。从老字号包装的艺术发展、发展传承度及可移植性展开分析，建立了老字号包装形象的定位方法；从消费者对老字号包装艺术发展的评价方法着手，建立了基于感性消费观的老字号包装形象、个体对“老字号包装”的印象和艺术形态的“价值”认同，以及消费者对本土包装的价值观联想与“文化”印象。

第 6 章上海老字号包装艺术传播效应，借助老字号包装艺术形态的文化传播和创新设计研究，建立起广告传播和渠道传播策略，将文化继承象征、包装消费、文化发展与传播等方面的研究不断深化，提升世界对中国文化的高度认同感。

第 7～10 章是上海老字号包装的设计应用实践。

第 11 章对全书进行了总结与讨论。

本书的组织结构如图 1－1 所示。

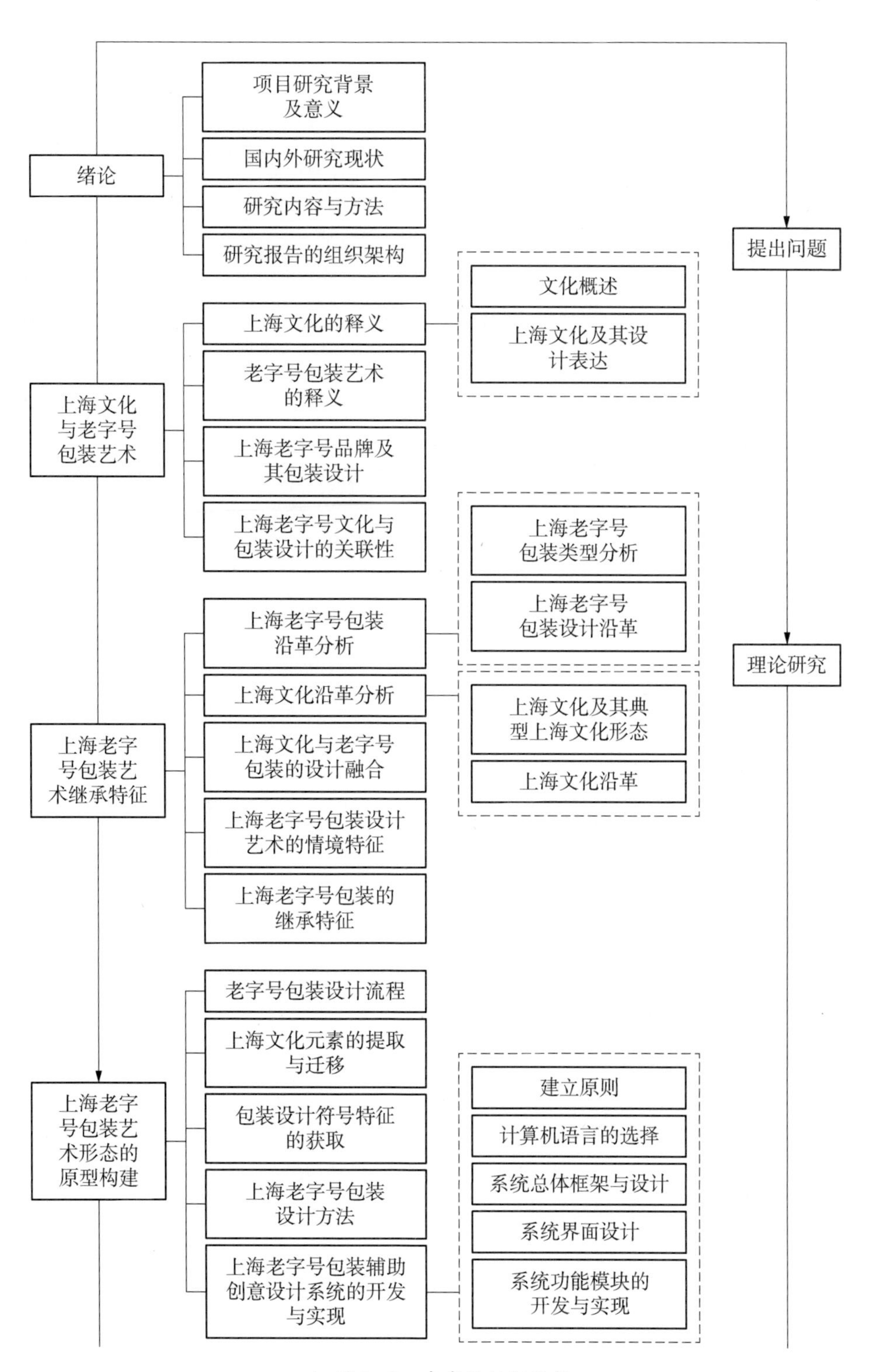

绪论
项目研究背景及意义
国内外研究现状
研究内容与方法
研究报告的组织架构
提出问题
上海文化与老字号包装艺术
上海文化的释义
老字号包装艺术的释义
上海老字号品牌及其包装设计
上海老字号文化与包装设计的关联性
文化概述
上海文化及其设计表达
上海老字号包装类型分析
上海老字号包装设计沿革
上海老字号包装艺术继承特征
上海老字号包装沿革分析
上海文化沿革分析
上海文化与老字号包装的设计融合
上海老字号包装设计艺术的情境特征
上海老字号包装的继承特征
理论研究
上海文化及其典型上海文化形态
上海文化沿革
上海老字号包装艺术形态的原型构建
老字号包装设计流程
上海文化元素的提取与迁移
包装设计符号特征的获取
上海老字号包装设计方法
上海老字号包装辅助创意设计系统的开发与实现
建立原则
计算机语言的选择
系统总体框架与设计
系统界面设计
系统功能模块的开发与实现

▲ 图 1-1　本书的组织结构

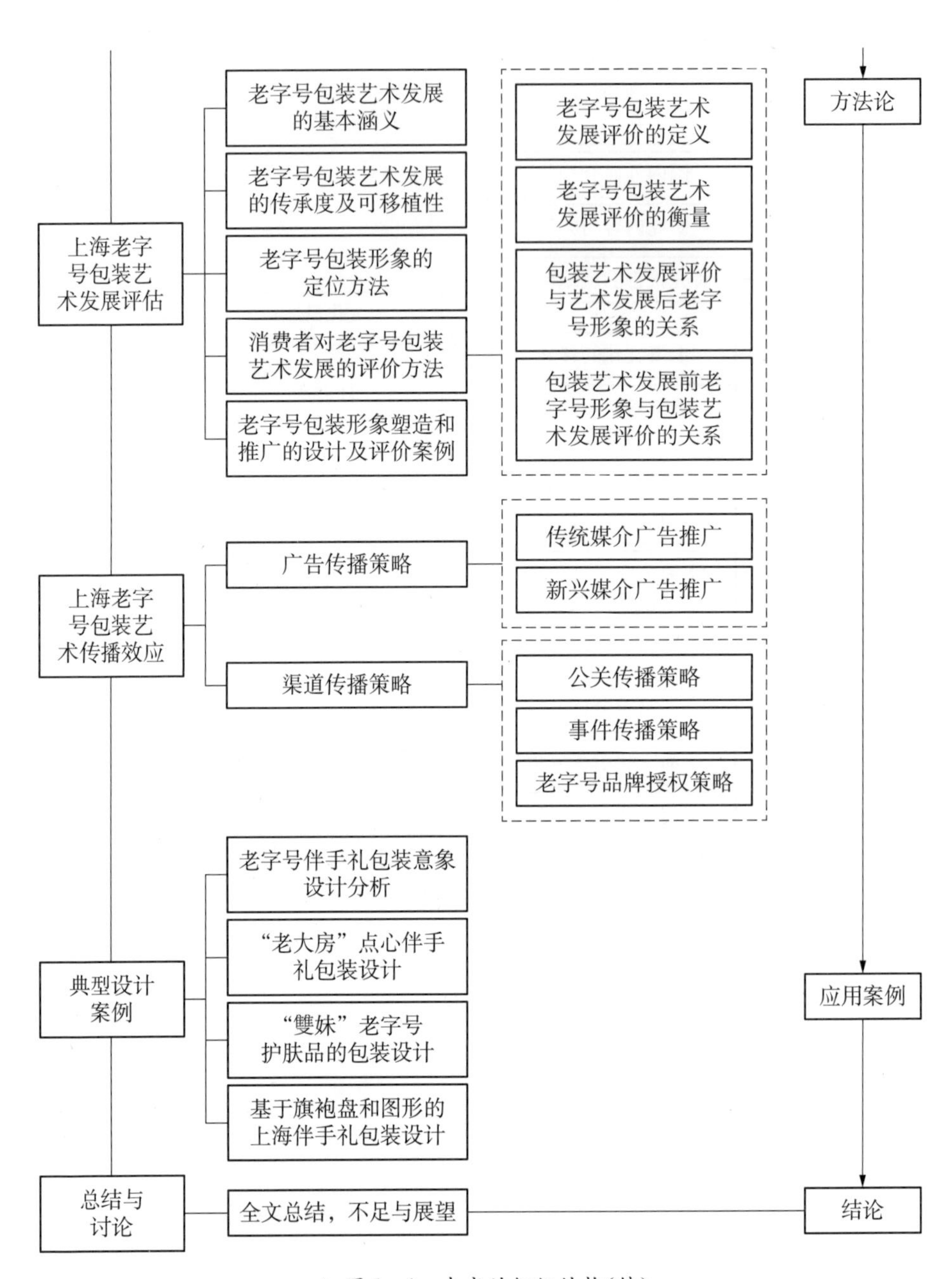

▲ 图 1-1　本书的组织结构(续)

第2章 上海文化与老字号包装艺术

“文化”二字从字面意思而言，文即“记录、表达和评述”，化就是“分析、理解和包容”，所以“文化”二字可以理解为“具有记录、分析、理解与包容并蓄的行为过程，以及形成的意识形态特征”。传统的观念认为：文化是相对政治、经济而言的人类全部精神及活动产品，是凝结于物质之上，能够为人类相互交流且普遍认可的意识形态，它包括国家或民族的历史、传统习俗、生活方式、文学艺术、价值观念等能够传承的感性知识。也可理解为，文化是在一定的时间范围内，一定的物质生产方式基础上发展起来的精神生活形式之综合。不同的地理位置，不同的种族会创造出各自鲜明的文化特色。文化一直保持渐进，其不间断地动态发展，不仅会产生具有划时代意义的文明产物，也会延续相对稳定、具有传承意义的文化物质。

2.1 上海文化的释义

2.1.1 上海文化

上海文化是中华文化与西方文化的结合体，它融合了外来与中国之文明、精英与通俗之文化，成为不断创新、广采博纳的现代文化形态，具有“海纳百川、兼容并蓄”的城市特征。上海文化植根于中华传统文化，吸纳了吴越文化与其他地域文化的精华，同时也深受世界文化尤其是西方文化的影响，形成了一种多元的中式文化。上海具有特殊的地理背景——它由苏北、广东、安徽等地移民共同融合与创建，拥有独特的生态、民俗和传统习惯，形成了其特有的地域文化。经过无数次陈规陋习的淘汰，上海文化具有了鲜明特色及划时代意义的文化内涵，是中华民族的宝贵财富。

2.1.2 上海文化的设计表达

上海文化的设计表达受到文化的驱动，不仅要秉承传统文化的传承和创新精神，把握文化元素、设计符号，更要承接经典，体现时代流行表现，主要体现出三个特征：

(1) 注重文化理念的挖掘。设计要彰显上海文化的地域特征，深度挖掘本土文化理念。一个有灵魂的设计必须有文化理念作支撑。设计过程要全面体现上海经典文化、优秀传统文化、区域特色文化等内涵的具体特征信息，深入挖掘上海的文化价值内涵，萃取精华并提取文化特征。

(2) 注重文化元素的迁移。设计要承接经典，把握上海文化元素的有效迁移，对文化元素的内涵和本质了解到位，应用游刃有余。

(3) 注重设计符号的文化表达。设计要将上海地域文化特征转化为文化的设计符号，并以此作为设计创意，在造型、材质、色彩、图案等设计内容上借鉴和引用；应把握设计符号的文化表达，注重传统文化内涵、设计符号和产品特质三者的糅合，实现设计与传统文脉的完美结合。

2.2 ▸ 包装艺术的释义

“包装”是一个既古老又年轻的概念，其名词晚至近代才出现。而作为一种人类造物行为的发展与实施，并不能以概念的形成为起始。包装作为一项造物活动，与其他造物行为一样，也经历了一个漫长的历史过程，它与人类的生产、生活密切相关。“包装”作为词语属于现代词，在我国也多被认为是一个舶来词，因为“包装”一词在我国古代历史文献中未出现，迟至1983年才被解释作为一项造物活动的专业词汇，即：包装是为了在流通过程中保护产品，方便储运，促进销售，按一定技术而采用的容器、材料及辅助物等的总体名称；也指为了达到上述目的而在采用容器、材料和辅助物的过程中施加一定技术方法等的操作活动。

由此可见，“包装”明显有两重含义：①用来盛装产品的容器或其他包装用品;②把产品盛装或包扎的活动。查阅古代历史文献,没有发现与“包装”内涵完全相同的词汇,只有“包”或“装”单个词,或者是与“包装”相近含义的词,如“包裹”“包藏”等。其中,“包”字在汉语中主要为包裹、包容、包藏等词义,而“装”字则有裹束、装饰、装配等几种解释。显然,这与“包装”作为一项人类造物活动的专用术语内涵有着相当大的差别,从某种程度上看,因时代与地域的不同,“包装”这个概念会有所差别,也会因不同领域的人存在不同的认识。因此,不能因为古代未出现“包装”一词,而否认我国古代对“包装”的认识和理解,必须以辩证的眼光去理解各时期“包装”的内涵和外延。而包装的发展在某种意义上呈现出特定时代的审美价值和艺术特性,并通过包装的形状、色彩、图案及材质等元素在设计上集中表达。

2.3 ▸ 上海老字号品牌及其包装

上海老字号是在长期的生产经营活动中,取得社会广泛认同、赢得良好商业信誉的企业名称及产品。它们在上海地区沿袭民族优秀文化传统,创造出了具有鲜明上海文化特征、历史痕迹以及独特的工艺和经营特色的产品、技艺和服务。

2.3.1 上海老字号的起源

我国的老字号崛起于清朝末年。公元1291年,上海建立了县级政权,成为漕粮运输中心以及重要的贸易港口,到了清朝时期,更是成为当时全国非常重要的贸易转口地,茶叶、大豆等大量商品在这里转入,并发往全国各地。故清嘉庆时期(1796—1820年),上海便有了“江海之通津,东南之都会”的美誉。

1840年鸦片战争开始,西方列强不断侵占中国商品市场,在半殖民地半封建的社会大背景下,民族资本家不畏重重困难,不断开拓市场。面对西方列强的肆意侵略,国人在爱国主义情怀的感召下,自发抵制洋货,由此诞生和发展了一批民族老字号,“真老大房”(1842年)、“邵万生”(1852年)、“老大同”(1854年)等老字号品牌在西方列强的压制下浴火而生。图2-1为清末时期邵万生的牌匾。

▲ 图2-1 1870年的邵万生牌匾

2.3.2 上海老字号的发展

老字号作为品牌是一个综合且整体的概念，不仅是一种文化现象，也是市场竞争的强有力手段。旅游业的兴盛带动了旅行购物的消费热潮。2019年，中国旅游业对GDP的综合贡献为10.94万亿元，占GDP总量的11.05%，达到2014年以来的新高。阿里研究院联合北京大学发布的《中华老字号品牌发展指数》(2018)中，上海品牌占据老字号品牌发展指数前二十榜单的六席，它们分别是恒源祥、回力、美加净、红双喜、光明、马利。在总榜单的数量上，上海也以20家居首。综合目前老字号发展情况来看，老字号品牌伴手礼头部品牌表现优秀，但这仅是少数，大多数老字号品牌仍处于被动状态，也未能对旅游经济的消费热潮做出符合时下趋势的应对。

老字号作为品牌的细分类型，具有特定的内涵和价值。老字号品牌核心竞争力由物质（产品或服务）、精神（文化）和审美（形象）三个层面共同构成。本书通过文献研究对三者的内涵和关系进行了分析梳理。

(1) 物质层面。老字号商品作为产品和服务，具有一定的实用价值和经济价值。老字号产品为人所用，在日常生活中满足了人们对物质的基本需求功能。从现有老字号品牌的分类不难看出，其产品及服务多数以满足老百姓的日常生活、衣食日用为主。老字号的品牌市场表现、产品创新、技术创新、营销理念、旅游体验等因素都会影响老字号品牌的经济效益，只有最大限度满足消费者需求的产品、让人难忘的卓越服务体验，才能得到消费者的青睐，从而提升在同类产品中的竞争优势。

(2) 精神层面。老字号的文化内核由历史文化、地域文化和生活文化共同构成。老字号是社会文化的历史缩影，老字号的“老”体现在时间的跨度上，它会在长期参与大众的社会活动与事件中积累厚度。与此同时，老字号产品与品牌所在地的生活饮食习惯息息相关。清朝宫廷内熬制秋梨膏作为药膳饮品，由御医传出宫廷后在民间流传开来，又因为秋梨膏一直用的是北京郊区的秋梨调制，并在当地售卖，所以成了北京的传统特产，体现出很强的地域文化属性。近几年来，秋梨膏品牌推出了单次独立包装（见图2-2），以适应现代人的饮食习惯，反映出老字号对不同时代消费者的文化生活顺应性。这些文化要素的构成将直接影响到消费者对品牌的认可度，其认同感将深入消费者内心，并且会对

▲ 图 2-2　秋梨膏包装

▲ 图 2-3　梅林午餐肉 90 周年包装

其审美产生一定影响。

(3) 审美层面。老字号形象是品牌核心文化价值诉求的视觉载体，有其独特的风格特征。老字号的审美形象通常通过产品形态、包装结构和整体视觉形象来体现。例如，图 2-3 中的上海梅林午餐肉 90 周年的包装，将 20 世纪上半叶的现代主义视觉风格与现代简约的线性风格相结合，其中的元素既有老上海的老式有轨电车，也有新上海的城市地标东方明珠。在材质的选择上运用瓦楞纸自然肌理的复古质感，呈现出老字号品牌 90 年历史的立体面貌。产品一上市，消费者就很快接受了这种丰满的审美形象，品牌好感度不断提升，对老字号品牌的影响力起到了极大的促进作用。

综上所述，如图 2-4 所示，老字号品牌属性中的物质、精神、审美三个层面的品牌核心竞争力相互影响，物质基础决定了品牌精神，也支撑其审美形象的体现。经过时间锤炼和消费者持续的消费认同，老字号品牌会不断凝练出其鲜明的文化内涵，并通过物质层面的产品和所提供的服务实现外化。而老字号的审美形象则是对其品牌精神的视觉外观体现，是老字号精神外化于产品的表达之一，最终会促进其产品或服务在文化或商业影响力方面的发展。

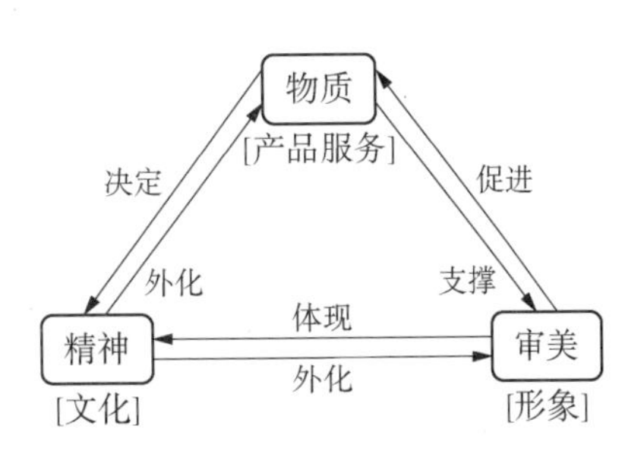

▲ 图 2-4　老字号品牌属性关系

相关资料统计表明，新中国成立初期约有老字号企业 16 000 家，而到了 1990 年减至 1 600 家左右(中央贸易部认定)，其他的老字号企业要么破产、倒闭，要么就是被兼并收购了。2006 年，商务部发布“振兴老字号工程”方案，先后于 2006 年、2011 年、2023 年开展了三批“中华老字号”认定工作，截至目前，除去因各种原因被移出名录的 17 家，上海入选“中华老字号”品牌数量达到 197 个，居全国各省份首位。杏花楼、冠生园、老凤祥、恒源祥、百雀羚、“雙妹”等著名企业发展较好，但是还有很大一部分老字号企业发展举步维艰。

从企业寿命的角度考虑，老字号主要突出一个“老”字，之所以被称为老字号，一般都带有较长时间的历史文化积淀。然而，凡事都有利弊，老字号的“老”在新的市场环境中常常带来一定的陈旧，特别是在经营管理理念、老字号宣传策略等方面显得创新力不够，这也是其不断衰弱的主要原因。包装作为传播老字号文化的重要媒介，当前受到政府、企业及消费者越来越多的关注，本书研究的上海老字号产品的包装设计方法，正是提升老字号品牌影响力，增强老字号产品市场竞争力的有效方法，对新时代上海老字号产品的包装设计具有一定的现实指导意义。

2.3.3 上海老字号包装及其分类

上海文化的历史积淀对于上海老字号包装的形式美塑造具有重要的影响，包装设计不仅要考虑其实用性，还要涉及其社会功能的表达，尤其是丰富的文化气韵的呈现。上海老字号包装的内涵包括包装的实用功能与社会功能，即实现上海老字号产品包装的使用价值和精神价值(见图 2-5)。使用价值即实现保护产品、方便储运、携带、使用、处理等实用功能；精神价值即实现上海老字号

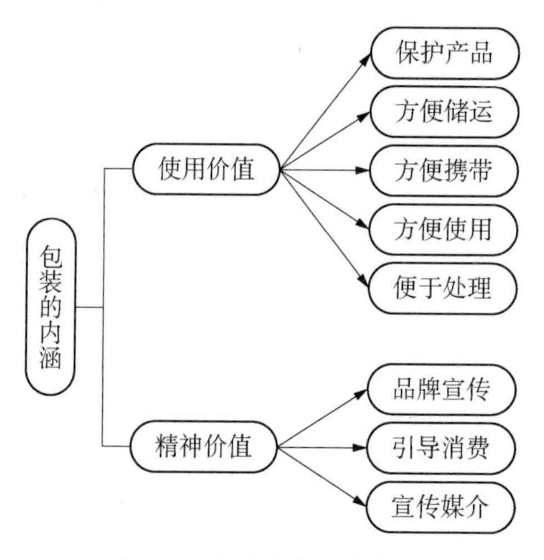

▲ 图 2-5　上海老字号包装的内涵

品牌的宣传，通过包装激发消费者对老字号的认同感，进而产生购买老字号产品的行为等。

上海老字号包装的文化气韵应该突出表现品牌文化。用现代包装设计语言将上海老字号文化元素运用到包装设计中，必须准确理解上海老字号文化与包装设计的关系，探究上海老字号文化在包装设计中的深刻表达。

表 2－1 对部分被商务部认定的上海“中华老字号”企业（第一批、第二批入选的 180 家）按照具体行业进行了分类，主要分为食品类、餐饮类、药品类、服装衣料类、生活用品类、化妆品类、工业品类和其他等。根据不同行业的需求，其包装在材料的选择及功能设计上不尽相同，如食品类包装要考虑材料的安全性、包装的保鲜功能、防腐功能等；茶产品包装要考虑防潮、防异味、防高温、遮光等；化妆品类的包装要考虑包装结构的防震性等。

表 2－1　上海“中华老字号”企业行业分类

时代划分	食品类	餐饮类	药品类	服装衣料	生活用品	化妆品类	工业品类	其他	合计
1919 年之前	23	11	4	2	9	1	3	1	54
1920—1948 年	18	11	4	26	16	0	17	3	95
1949—1956 年	7	2	0	7	4	0	6	0	26
年代不详	5								5

注：截至 2023 年底，已有 17 家被移出名录，另有 34 家入选名录。

上海老字号包装根据分类标准还可以分成不同的类型，如按材料可分为纸质包装（见图 2－6）、金属材质包装（见图 2－7）、玻璃材质包装（见图 2－8）、塑料材质包装、复合材料包装等；按包装结构可分为管式折叠结构、天地盖式包装结构、摇盖式包装结构、开窗式包装结构等；按包装设计风格可分为装饰性包装、简约包装、复古包装、系列化包装等。

▲ 图 2－6　纸质包装

▲ 图 2-7　金属材质包装

▲ 图 2-8　玻璃材质包装

2.3.4　上海老字号包装的发展

随着时代的不断变迁，包装技术与工艺、包装材料、审美等不断变化，促使包装快速发展。不同时代环境下包装的发展状况有所区别，上海老字号包装的发展随着时代的变化一直在向前推进。

我国古代制作了众多造型独特、结构巧妙、功能齐全，具有一定包装功能属性的器物，然而，由于缺乏相应的文字记载，加上古人对包装认识的局限，与人类生产、生活密切相关的包装不但发展十分缓慢，而且发展脉络极为模糊。随着时代的进步，消费者对包装的要求进一步提高，我国包装经历了从漠视包装到接受包装、从接受包装到过分追求包装的裂变式过程。上海老字号包装历史悠久，其发展脉络相对比较模糊，但是可以从时代变革的角度，看清其清末民国以来的发展概况。

图 2-9 为上海老字号包装的发展脉络。清朝末年民国初期，国外资本的入侵及政治列强的瓜分使得民族救亡运动高涨，民众开始抵制洋货，提倡国货，激荡的运动推动了民族资本主义的初步发展。然而，西方的商品物美价廉，颇受广大民众喜爱，因此民族资本企业开始效仿西方的包装形式，并全面学习西方的文化以及科学技术。这一时期出现了保护老字号利益的防伪钢印，上海老

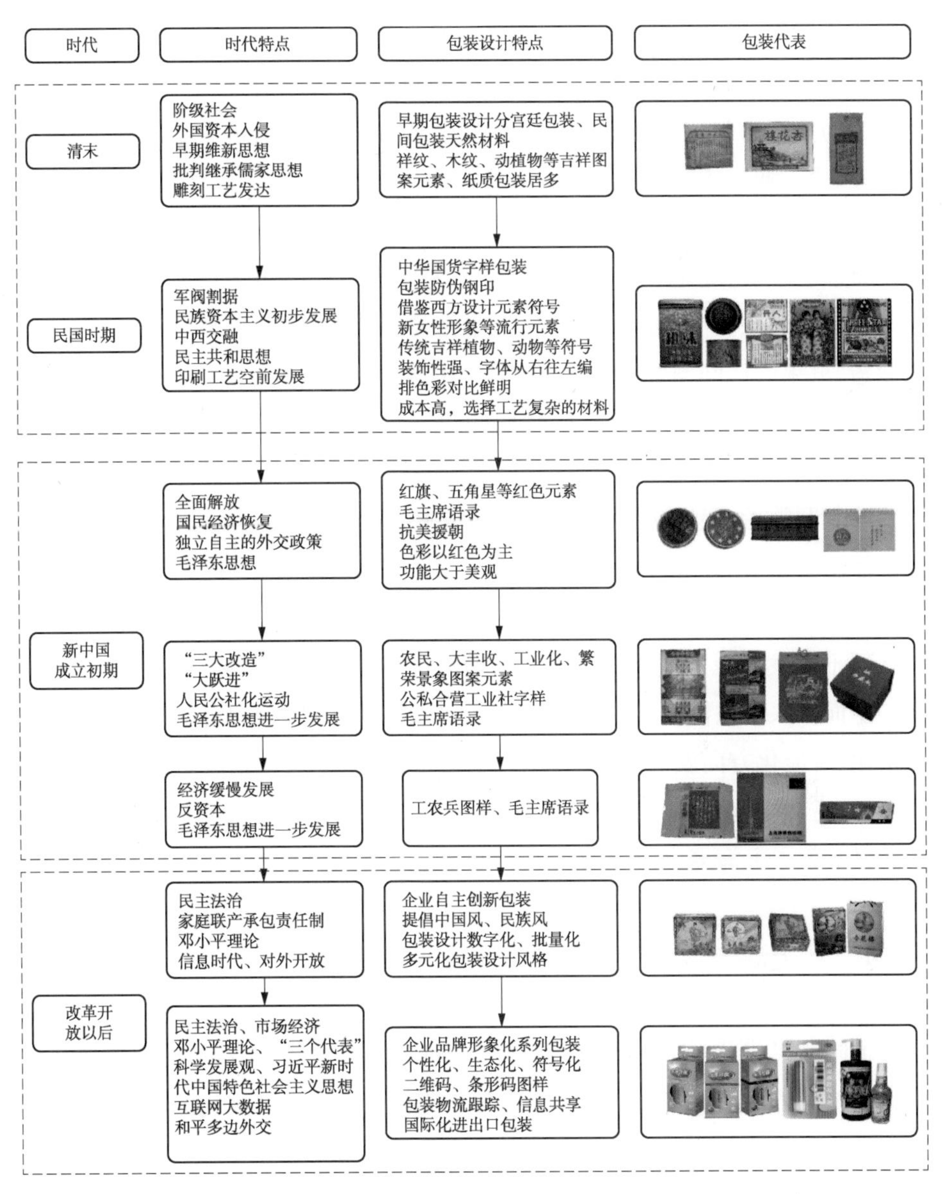

▲ 图2-9 上海老字号产品包装的发展

字号产品包装得以向中西合璧、传统风格、上海风格等装饰性较强的包装风格方向发展。

新中国成立初期，我国在政治上确立了社会主义民主法治的基础，国民经济复苏。在这一时期，上海老字号产品包装整体呈现出强烈的红色政治特色，主要运用红旗、五角星等元素，以表达对中国共产党民族解放精神的崇高赞颂。相比民国时期强烈的装饰感，这一时期更注重包装功能的优化，红色政治成了当时极为典型的包装风格。社会主义改造时期，民主政治进一步发展，经济上对农业、手工业和资本主义工商业进行社会主义改造，经历了“大跃进”、人民公社化运动，毛泽东思想进一步发展。“三大改造”时期注重整改，经济发展相对缓慢，包装发展也随之放缓。这一时期上海老字号产品包装作为大众媒介，大量宣传政府思想，并通过展现农民、工业化、繁荣等生活场景来传达人们对“三大改造”成果的认同与赞扬。“文化大革命”期间，经济缓慢发展，上海老字号包装发展也相对放缓，与社会改造时期的包装设计大致趋同，但红色印记更为明显。

改革开放后，民主法治不断完善，经济上实行家庭联产承包责任制，由计划经济体制转入市场经济体制，外交上实行对外开放政策，“一国两制”方针推进了祖国统一。这一时期上海老字号产品包装随着经济的发展稳步提升，包装设计队伍不断发展壮大，包装开始向系列化、品牌化、批量化的方向发展。当前，我国全面步入互联网时代，信息科技不断发展，计算机的普及使得包装正在向数字化、智能化方向发展，包装的形式更为多元和细致，包括线上包装、物流包装等。在技术不断发展的同时，设计师更为注重传统文化在包装中的表达，时代背景造就了上海老字号包装正向着多元化风格方向快速发展。

2.4 上海老字号文化与包装设计的关联性

不同的时代背景、社会文化孕育出不同的包装设计风格，不同的地域条件也影响着包装设计的变化。上海老字号文化作为上海地域文化的分支，与上海老字号包装设计有着必然的关联性。

2.4.1 上海老字号文化与包装设计的相关性

上海老字号文化有着百年的历史积淀，每个老字号企业都有其独特的文化，这种文化直接影响到消费者对于老字号的心理认可度，而认同感的强弱也会直接影响到消费者的审美取向。如何将上海老字号文化运用到包装设计中，并引起人们心理上的认同、情感上的共鸣，正成为当代包装设计师的目标追求。

上海老字号文化为现代包装设计提供灵感源泉，设计师通过对上海老字号文化元素的不断了解、认识、提炼、抽象，从最初的感识逐渐上升到深刻领会。设计师将上海老字号文化元素直接应用于现代产品包装设计之中，使其在保持上海老字号传统底蕴以及文化特点的同时，也满足当代市场的需求。

在现代包装设计中，很多上海老字号产品的包装均体现出鲜明的上海老字号文化。图 2-10 为“杏花楼”月饼包装，自 1933 年起，杏花楼月饼的包装就采用了上海画家杭稚英设计的“嫦娥奔月”彩盒。“嫦娥奔月”一直是杏花楼月饼的老字号形象，留下了“但愿人长久，岁岁杏花楼，嫦娥奔月，杏花飘香”的佳话。百年来，杏花楼月饼被消费者视为欢度中秋的独特符号，为消费者传达着一种对老字号的情感认同，充分体现了上海老字号品牌文化与包装设计之间的深刻关系。

▲ 图 2-10 “杏花楼”月饼包装

2.4.2 上海老字号文化在包装设计中的表达

上海老字号文化为其包装设计提供灵感，包装设计也通过包装向消费者传达一种对上海老字号的情感诉求，两者相互作用，共同发展。在当前文化至上的环境下，上海老字号文化元素在包装设计中的体现越来越重要。

1. 上海老字号文化在包装设计中具有地域感

上海作为我国著名的旅游城市，一直提倡将民族、地域文化元素，利用不同的方式与表现手法，借助老字号产品的包装来传达城市文化与精神。这不仅可以凸显产品的地域性，还可以表达上海特有的文化痕迹、民俗风格。图 2-11 为“老城隍庙”五香豆的包装，其包装的图案设计中，除了老字号标识之外，包装底部的装饰图案以城隍庙的造型为原型，运用线描的表现手法，将城隍庙的造型特征运用到包装设计中，表达了上海老字号文化在包装设计中的地域感。

▲ 图 2-11 “老城隍庙”五香豆包装

2. 上海老字号文化在包装设计中具有时代感

一个时代的变迁以及更换都伴随着社会的不断发展以及更替，随着时代的不断变迁，任何产品包装设计都要紧跟时代潮流，彰显时代感。上海老字号文化元素虽然传承于旧时代，但是随着时代的变迁，现代人越来越多地对旧元素产生怀旧情结，复古元素越来越受到人们的追捧。于是，在复古元素逐渐盛行的市场环境下，各种各样的传统元素在现代设计的“批判地继承”中得以表达出来。

▲ 图 2－12 “雙妹”沐浴露包装

时代感是现代设计既要突出又要完美呈现的内容之一，从设计师的眼光来看，理应在包装设计领域强烈进行表达，因为包装所表达的文化都是经时代变迁，且现代与传统元素相融合的产物。图 2－12 展示的是“雙妹”老字号沐浴露的包装，包装标贴中的图像继承了民国时期著名月份牌画家杭稚英为其设计的“两个穿着旗袍的时尚女性”的老字号形象图形，加上植物藤蔓装饰图案等元素，赋予了包装一种老字号的时代感。

地域感、时代感是上海老字号包装表达中突出的文化特征，彰显着本土文化的自信。上海老字号文化在包装设计中的表达，应紧随时代快速发展步伐，以最深的情怀来歌颂“时尚之都”“世界设计之都”的气质。

综上，本章阐述了上海老字号的起源与发展；介绍了上海老字号包装的分类，梳理了上海老字号包装的发展脉络；进而分析了上海老字号文化与包装设计的关联性，即上海老字号文化为包装设计提供灵感，包装设计又促进了上海老字号文化的传播。

第3章 上海老字号包装艺术继承特征

为了保证研究的效度，探索上海老字号包装艺术继承特征——嵌入情境特征与创新构念维度，本章分析上海老字号包装的沿革，探索影响包装变化之上海文化沿革，以及上海文化与上海老字号包装的设计融合关系，通过梳理上海老字号主要行业包装设计的演变历程，归纳出上海老字号包装艺术继承的特征。

3.1 上海老字号包装沿革分析

3.1.1 上海老字号包装类型

上海老字号品牌是指在上海拥有悠久历史和世代传承的产品，具有鲜明的上海地域传统文化背景和深厚的文化底蕴，能取得当代社会广泛认同且具有良好信誉和口碑的老字号。

上海现有老字号品牌200多家，其中经商务部认定为“中华老字号”的企业共有197家，位居各省份第一。这些老字号涵盖食品、药业、金融、工业美术、服饰、饭庄酒肆等行业，许多为人们熟知，如食品行业代表冠生园、杏花楼、正广和，药品行业代表雷允上、童涵春堂、蔡同德堂等，以及工业美术类代表，如凤凰牌、朵云轩、曹素功、西冷印社等品牌。

3.1.2 上海老字号包装设计沿革

清末、民国、新中国成立初期及改革开放后四个时期是上海老字号包装设计研究的重要阶段。在这四个阶段，商标、包装形态、色彩、图案、材质等包装元素的设计持续创新，体现了上海老字号包装在不同时期的艺术演变，历久弥坚。

3.1.2.1　商标沿革

光绪三十年六月廿三日（1904 年 8 月 4 日），清政府批准颁布了第一部商标法规，而在此之前，字号多作为老字号展示商业文化的一种形式存在。字号、商标的演变与不同时间段的商业文化息息相关。通过收集和分析清末以来的上海老字号商标，可以发现其商标形式主要分为三种：文字商标、图形商标及文字图形商标。

文字商标主要由汉字（简体或繁体）、汉语拼音、英语大小写字母、数字等构成。汉字是中华传统文化的精髓，是传承文明的载体。汉字字体形象之美是世界其他文字无法比拟的，承载着中国的时代感和文化厚重感；图形商标以象征图案或几何图案为主要构成要素，具有很多丰富的图形结构及很强的结构组合规律；而文字图形商标是文字加图形组成的商标形式，具有文字的文化厚重感及图形形象感。

如图 3－1 所示，晚清时期，商标主要使用中文繁体字，图形采用中国传统吉祥图，例如药业老字号蔡同德堂设计的“鹿鹤寿星”商标图样和鼎丰食品公司“鼎丰”牌商标，其中，“鼎丰”牌采用了三足鼎的图形，并将“丰”字巧妙地与之结合，显得画面生动，且“鼎”兼有聚财纳福、传承之意，并有保佑众人幸福安康的寓意，体现了老字号商标图形的中华文化之浑厚意蕴。晚清时期商标主要使用印章式、篆体书法等艺术形式。

民国时期的文字商标注重英文字母和汉字的结合，出现了中西并存的商标图形特征，不仅有虎、马等中国文化象征图形，以及印章式商标形式，还存在纯英文、数字商标以及盾牌形、圆形等多种形状并存的商标图形，艺术形式相当丰富。

新中国成立初期，商标表现形式多样，造型趋于简约，出现了文字图形化、字体立体化等形式。在图形设计上，常常采用体现“向往光明”“新的征程”的象征图形，商标设计表达了新中国成立初期国人对新生活寄予厚望的思想情绪。

改革开放以来，社会经济发展迈向新征程，商业繁荣，经济突飞猛进，

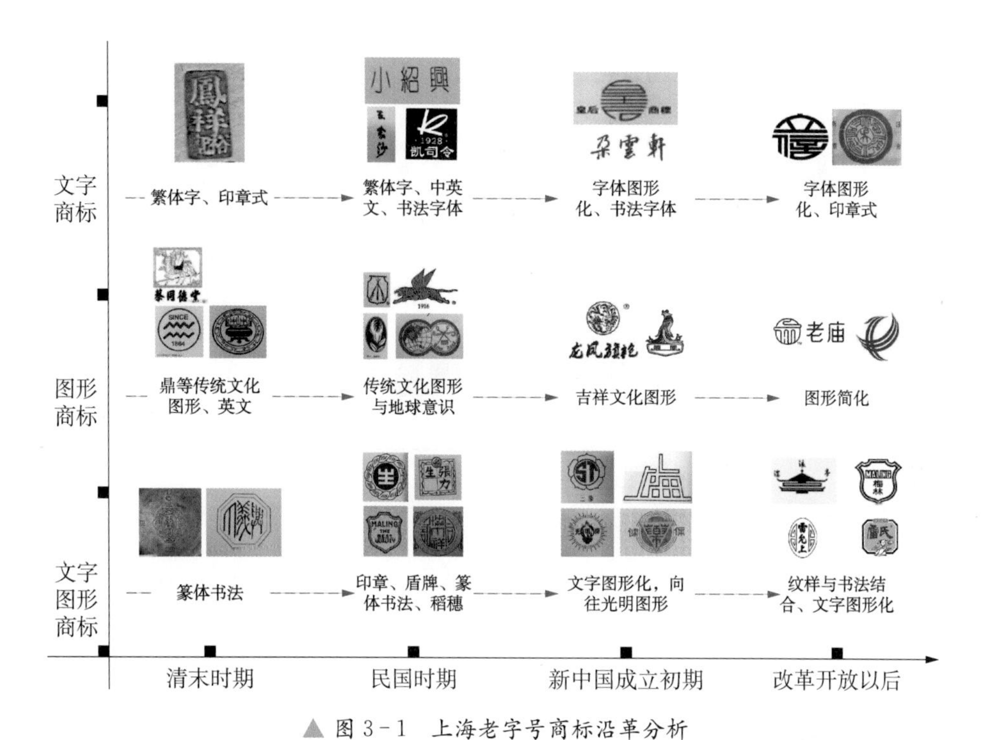

▲ 图 3-1　上海老字号商标沿革分析

商标文化百花争放，商标设计趋向简约化，且更加注重商标图形的整体效果，延续了中国博大精深的传统文化。例如，“西冷印社”老字号商标的文字采用富有变化的篆体和印章式的表现方式，以传达“西冷印社”的书画艺术文化。

就上海老字号商标设计而言，清末以来至今，商标设计始终沿袭书法艺术风格，喜爱龙、凤等吉祥图形，文字图形和图形商标呈现出“外图形内文字”、几何图形与传统图形结合、书法字体和英文文字结合的商标特征，喜用对称式、中心式构图形式，以及印章式和文字图形化的艺术形式。

3.1.2.2　包装形态沿革

本书提取了清末、民国、新中国成立初期及改革开放四个时期不同包装类型的典型包装，利用电脑二维绘图软件提取典型包装的外轮廓形态特征，并进行了沿革分析。包装形态沿革分析过程如图 3-2 所示。

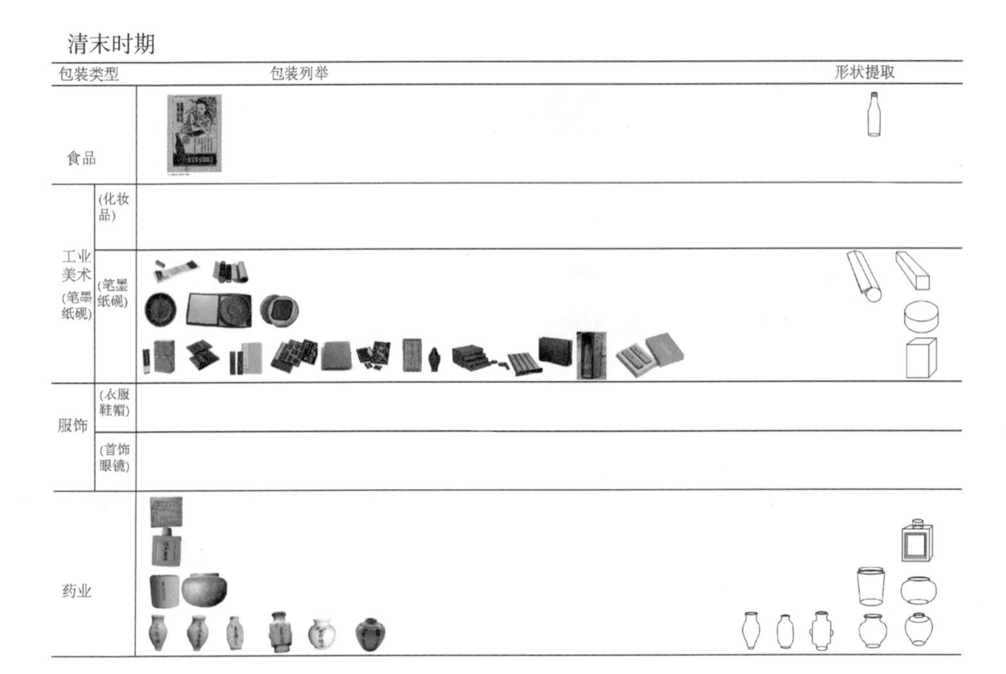

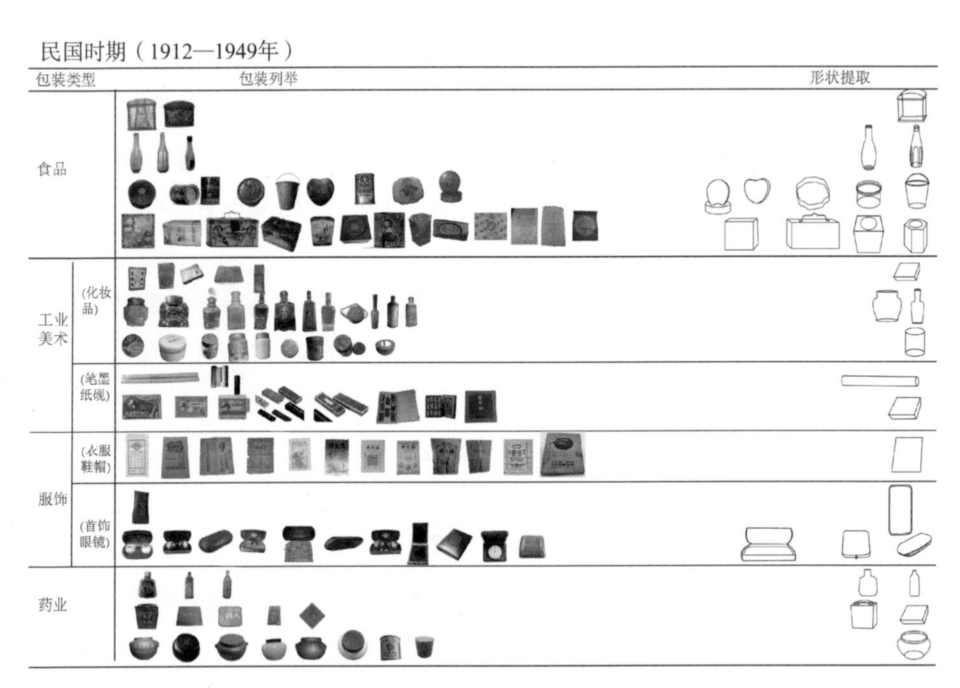

▲ 图 3－2　上海老字号包装形态沿革分析

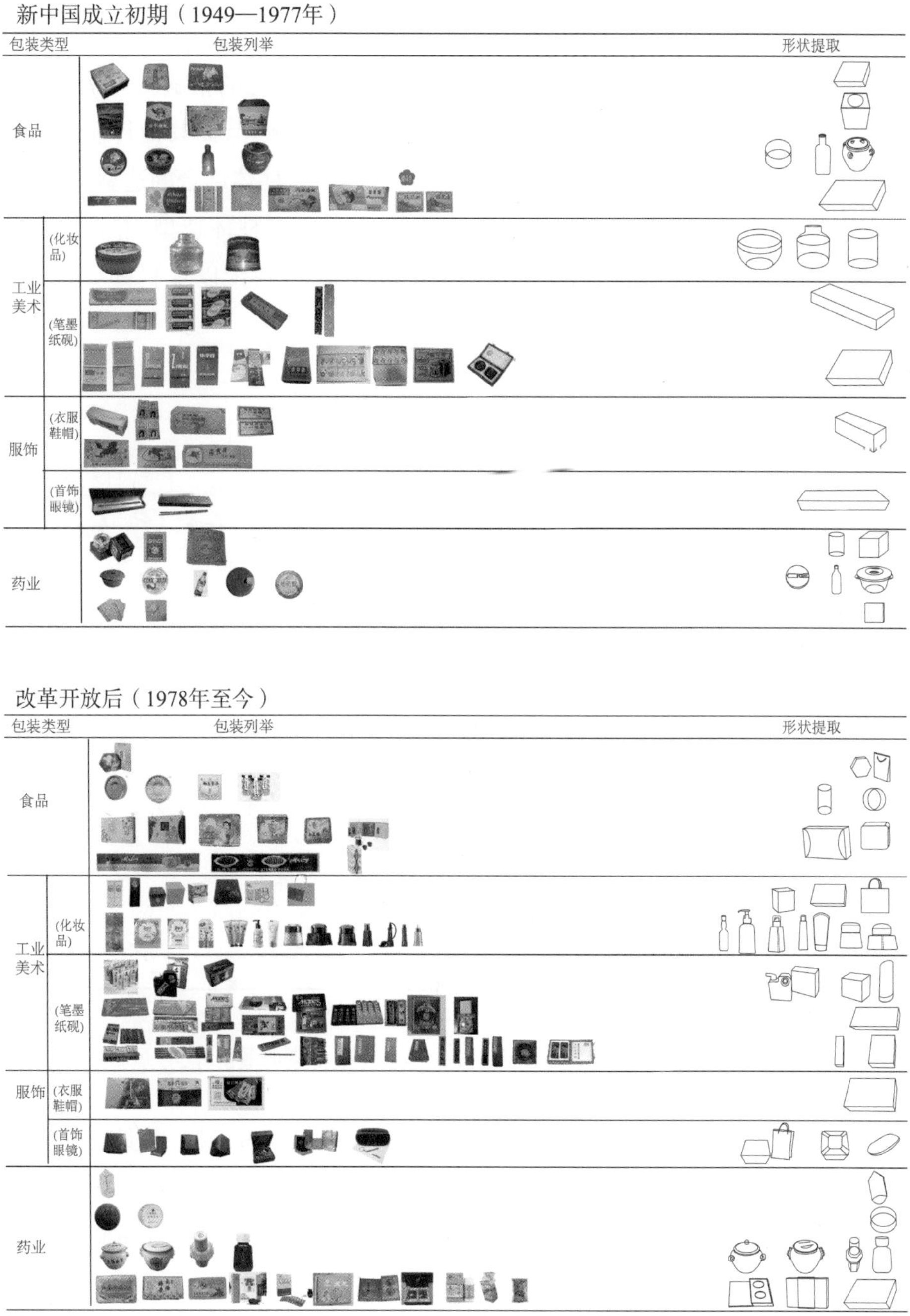

新中国成立初期（1949—1977年）

包装类型		包装列举	形状提取
食品			
工业美术	(化妆品)		
	(笔墨纸砚)		
服饰	(衣服鞋帽)		
	(首饰眼镜)		
药业			

改革开放后（1978年至今）

包装类型		包装列举	形状提取
食品			
工业美术	(化妆品)		
	(笔墨纸砚)		
服饰	(衣服鞋帽)		
	(首饰眼镜)		
药业			

▲ 图 3-2　上海老字号包装形态沿革分析(续)

图 3-3 是上海老字号包装形态沿革分析，图中可以直观地观察到每个时间段，不同行业典型的包装形态特点。清末时期是中国古代包装文化的鼎盛阶段，此时的包装集成了中华优秀传统文化及地方民俗文化的精髓。药品包装主要选用长罐形，瓶口较小，底部呈尖状，适合药品封闭保存，而其他行业的包装造型较为单调，主要采用长方体、圆柱体以及方体和圆柱体结合的造型，如清咸丰年曹素功手卷墨的包装考虑其画卷的特点，设计为圆柱体造型，并且为了减少墨与墨之间的摩擦，特用两片长方形合页造型隔开，再配以木制材质的长方体外包装造型，彰显出浓浓的书墨气息。

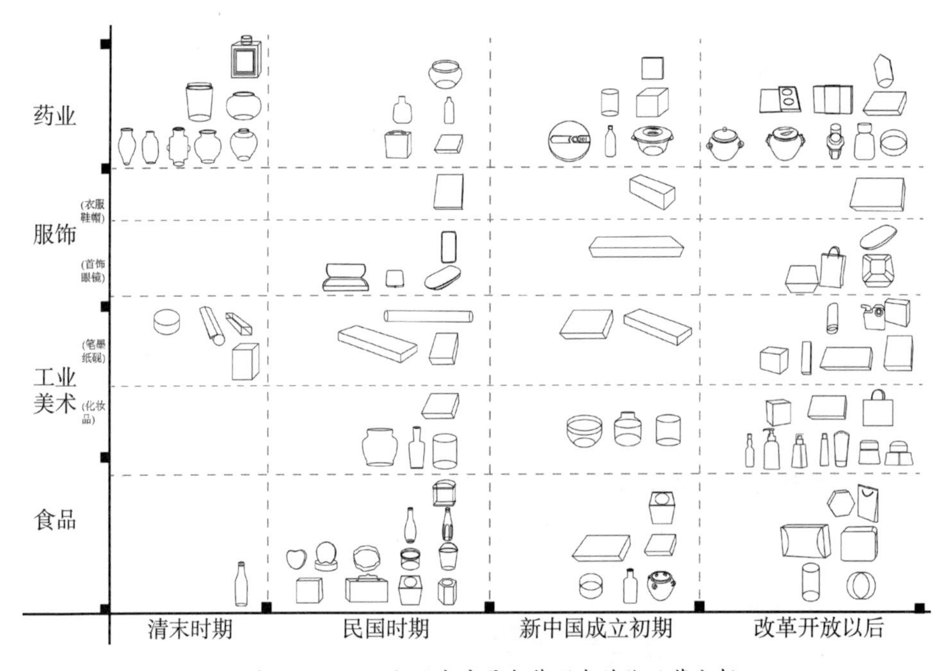

▲ 图 3-3　不同行业老字号包装形态总体沿革分析

较清朝而言，民国时期上海老字号包装造型变得丰富多样，并具有异国风情气息，在食品包装造型上尤为突出。除了圆柱体、长方体造型外，增添了孔形、圆心形、五边形、八边形等造型，在对边角的处理上运用了大圆角和小圆角相结合的方法，不但美观，而且体现出很强的舒适性和人文关怀。

新中国成立初期，包装造型设计主要考虑产品的功能性和人机舒适性，包装结构巧妙且使用方便，如“童涵春堂”（药业）和“益民”酿造公司在其产品包装上都设计出宜人端放的“耳朵”造型；“龙虎”人丹包装盒采用滑推结构的设计原理，药丸出口露出，体现了这个时期设计师对包装使用功能和用户体验的关注。

改革开放后，包装造型呈现多元化趋势，采用了功能性和审美性共存的表达形式。如“雙妹”老字号日用化妆品的瓶状包装使用了多边形、圆柱形，以及不同曲线形状的瓶身等，极大地满足了大众的审美需求。

纵观不同行业上海老字号包装形态的沿革，可以发现，其包装形状多为圆形、方形或方圆结合造型，瓶状包装的腰身设计多为凹凸有致的曲线造型；人机方面注重便携性和安全性，包装设计有双耳式、圆弧和半圆弧等提手造型。

3.1.2.3　包装色彩沿革

NCS(Natural Color System)色彩系统来自瑞典，通过颜色编号可以判断颜色的基本属性，如：黑度、彩度、白度以及色相。该色彩系统有 6 大基准色，即白(W)、黑(S)、黄(Y)、红(R)、蓝(B)、绿(G)，如图 3-4 所示。利用 NCS 色彩体系中的色彩圆环可以确认每个颜色的属性，如图 3-5 所示；利用色彩三角可以确认每个颜色的黑度(S)、白度(W)以及彩度(C)，如图 3-6 所示。

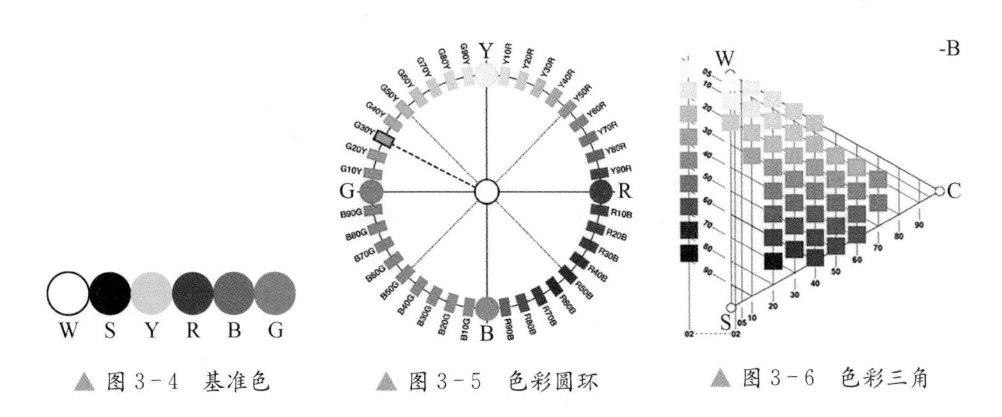

▲ 图 3-4　基准色　　▲ 图 3-5　色彩圆环　　▲ 图 3-6　色彩三角

本书通过 Adobe Illustrator 软件的颜色吸管对包装色彩进行提取，并采用国际上广泛使用的 NCS 色彩系统分析工具对包装的色彩数据进行分析。主要从以下两个方面对上海老字号的包装色彩沿革展开分析：一是四个不同时间段呈现出的包装色彩特点；二是不同包装行业的包装色彩特性。

上海老字号包装的色彩提取过程如图 3-7(民国时期包装色彩提取)和图 3-8[工业美术(笔墨纸砚)包装色彩提取]所示，分别从包装主色、辅色、装饰色三个方面进行了提取。通过 NCS 色彩系统对提取的色彩数据进行分析，总结出

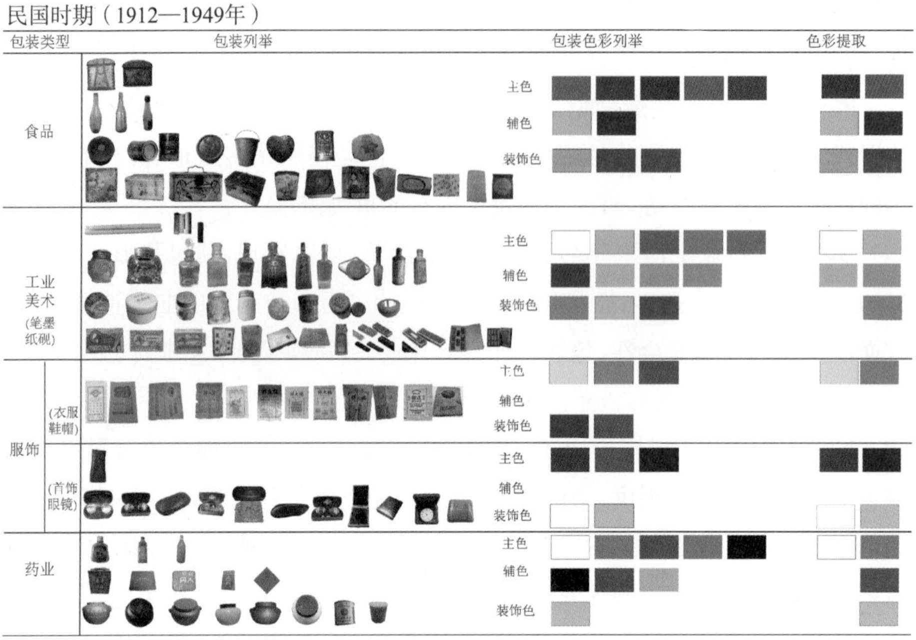

民国时期（1912—1949年）

包装类型		包装列举	包装色彩列举	色彩提取
食品			主色 辅色 装饰色	
工业美术（笔墨纸砚）			主色 辅色 装饰色	
服饰	（衣服鞋帽）		主色 辅色 装饰色	
	（首饰眼镜）		主色 辅色 装饰色	
药业			主色 辅色 装饰色	

▲ 图 3－7　民国时期包装色彩提取

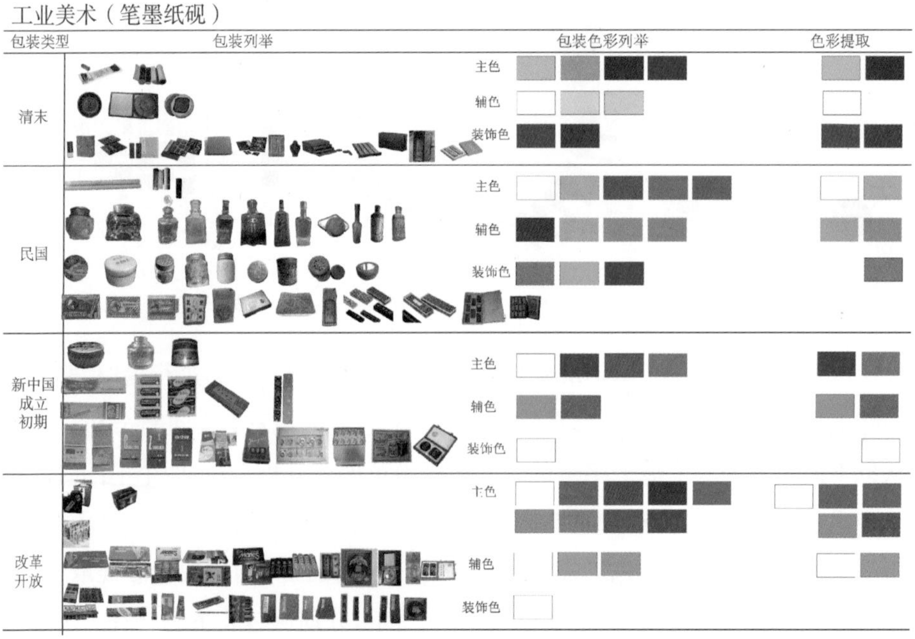

工业美术（笔墨纸砚）

包装类型	包装列举	包装色彩列举	色彩提取
清末		主色 辅色 装饰色	
民国		主色 辅色 装饰色	
新中国成立初期		主色 辅色 装饰色	
改革开放		主色 辅色 装饰色	

▲ 图 3－8　工业美术（笔墨纸砚）包装色彩提取

四个不同时期的上海老字号包装的色彩特点，以及不同行业类型的包装色彩特点。

1）不同时期的上海老字号包装色彩特点

（1）清末时期。清末时期上海老字号包装总体颜色较少，如图3－9所示。色相方面，清末时期上海老字号包装比较分散，有红色、蓝色、黄色和绿色区域，但从色相的整体分布情况可以看出，这个时期主要采用暖色系，红色色彩色相比较丰富。

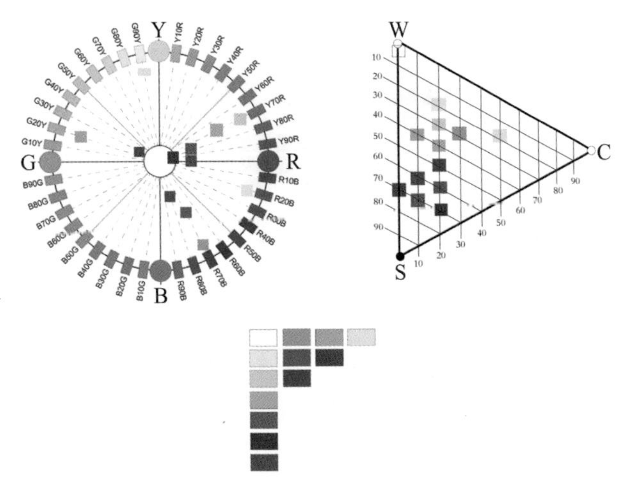

▲ 图3－9 清末时期上海老字号包装归纳色及在NCS中的位置

黑度方面，包装色彩在低黑度的（0～30）有4个，中黑度的（35～60）有4个、高黑度的（65～90）有3个，这一时期的低黑度和中黑度占了大部分。彩度方面，主要集中在低彩度（0～30）范围内；明度方面，明度高和明度低的色彩各占一半。

综上所述，清末时期上海老字号包装色彩在NCS的红、黄、蓝、绿色系均有分布，以红黄色系的棕色为主，呈暖色色调，以中低黑度、低彩度颜色为主。

（2）民国时期。民国时期上海老字号包装色彩如图3－10所示，包装色彩的色相比较集中，主要分布在红色、黄色和蓝色区域，绿色系涉及较少。其中红色系有14只，黄色系有4只，蓝色系有8只，从色相上可以看出，红色类色阶比较小，色彩相对比较丰富。

民国时期上海老字号包装色彩中，在低黑度的（0～30）有12个，中黑度的（35～60）有9个、高黑度的（65～90）有12个，可见这一时期的低黑度和高黑度

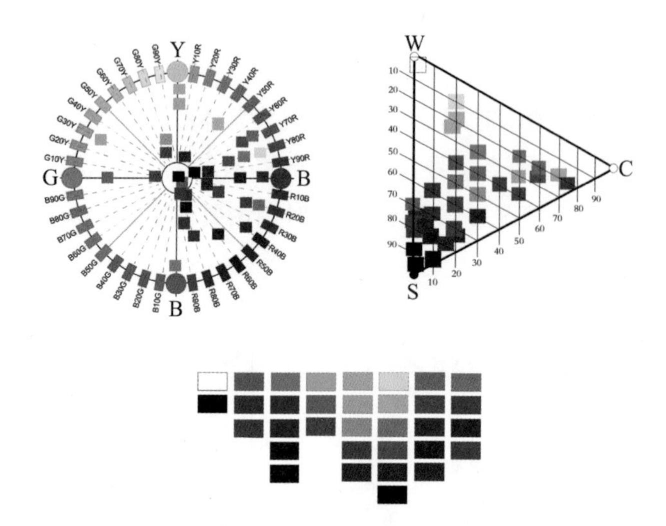

▲ 图 3-10 民国时期上海老字号包装归纳色及在 NCS 中的位置

成为主流，说明整体明度分布比较均匀。彩度方面，主要集中在低彩度(0～30)和中彩度(35～60)范围内，高彩度的颜色比较少。

综上所述，民国时期上海老字号包装色彩主要集中于红、黄、蓝三色系，呈现以红黄色系的暖色色调为主，蓝色系的冷色色调为辅，低黑度和高黑度并存的特点。

(3) 新中国成立初期。新中国成立初期上海老字号包装色彩的色相在红色、黄色、蓝色和绿色区域均有分布，其中红色系有 7 只，黄色系有 4 只，蓝色系有 6 只，绿色系有 7 只，可见，这个时期的色系分布比较均匀。

色彩方面，在低黑度的(0～30)有 8 个，中黑度的(35～60)有 18 个、高黑度的(65～90)有 1 个，可见这一时期以低黑度和中黑度为主体，色彩比较明亮。彩度方面，包装色彩主要集中在中彩度(35～60)和高彩度(65～90)区域内。

综上所述，新中国成立初期上海老字号包装色彩在红、黄、蓝和绿色系分布较为均匀，中低黑度、中高彩度为多，其中蓝色和红色体现出明艳的特点，如图 3-11 所示。

(4) 改革开放以来。改革开放后的上海老字号包装色彩如图 3-12 所示。包装色彩的色相在红色、黄色、蓝色和绿色区域均有分布。从色相上可以看出，红黄色系的色阶比较小，色彩相对比较丰富。

黑度方面，改革开放后上海老字号包装色彩在低黑度的(0～30)有 20 个，

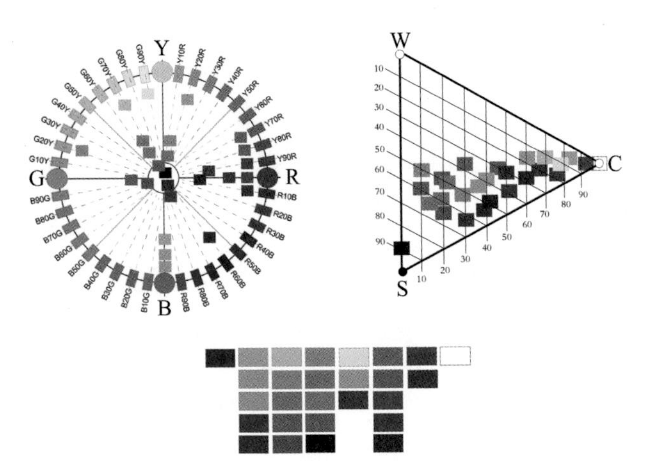

▲ 图 3-11　新中国成立初期上海老字号包装归纳色及在 NCS 中的位置

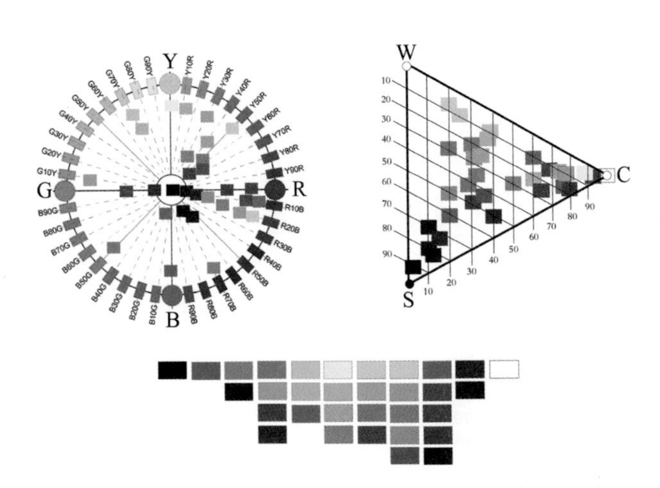

▲ 图 3-12　改革开放后上海老字号包装归纳色及在 NCS 中的位置

中黑度的(35～60)有 7 个、高黑度的(65～90)有 5 个,可见这一时期低黑度成为主流,整体上,色彩趋向于明亮。彩度方面,改革开放后包装色彩主要集中在中彩度(35～60)和高彩度(65～90)范围内。

综上所述,改革开放后上海老字号包装色彩在红、黄、蓝和绿色系分布较为均匀,以低黑度、中高彩度为主,其中黄色和红色呈现出鲜艳的色彩特点。

2) 不同行业类型的包装色彩特点

色相方面,基本上每个行业都涉及红色、黄色、蓝色、绿色等颜色,其中工业美术的红色色彩层次丰富，整体色彩呈现低黑度趋势；食品包装行业，中黑度和高彩度的色彩特性突出，整体色彩显得较为鲜艳和饱满；药业包装呈现低黑度和高黑度并存，各彩度均有分配的色彩特点；服饰包装整体呈现出多使用低黑度和中黑度，彩度分配均匀的特点，如图 3－13 所示。

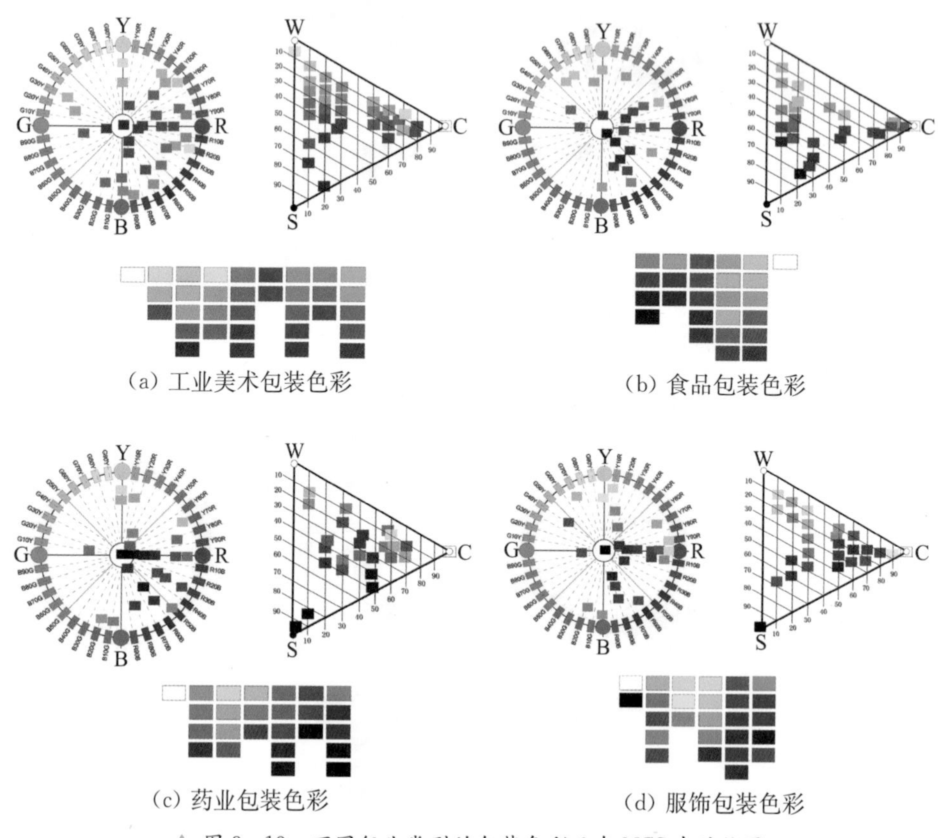

(a) 工业美术包装色彩

(b) 食品包装色彩

(c) 药业包装色彩

(d) 服饰包装色彩

▲ 图 3－13　不同行业类型的包装色彩及在 NCS 中的位置

通过对不同时期不同行业上海老字号包装色彩的沿革分析，可以发现，其包装色彩均涵盖红、黄、蓝等三种色系，总体呈现出低黑度和中低彩度的色彩特性。

3.1.2.4　包装图案沿革

如图 3－14 所示，不同行业在包装图案类型及图案的艺术表现上各自有所偏重。食品包装和工业美术包装的图案类型和构图艺术整体而言比较丰富，都是选用人物、动物、植物、场景、文化符号和文字等图案类型。

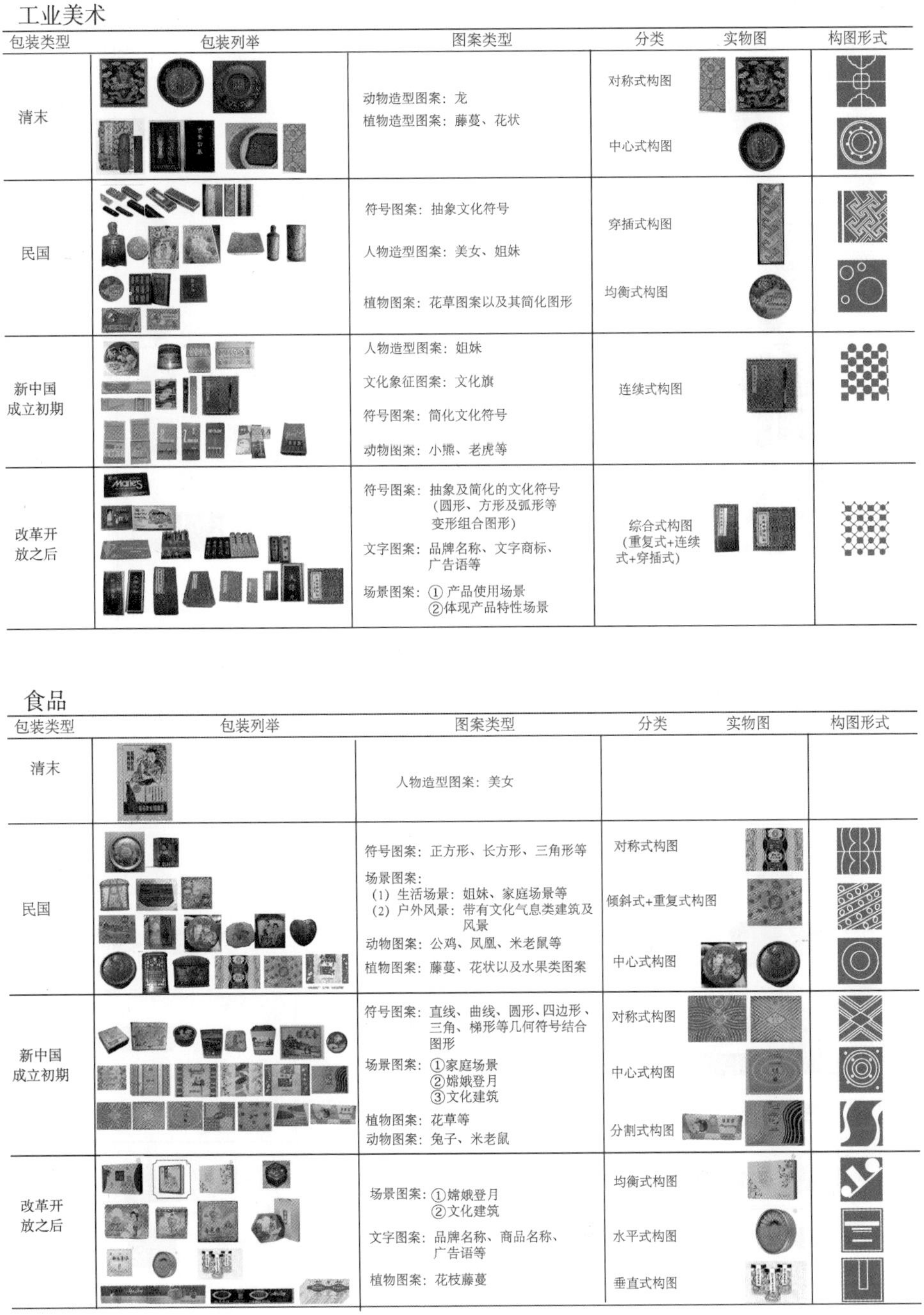

工业美术

包装类型	包装列举	图案类型	分类	实物图	构图形式
清末		动物造型图案：龙 植物造型图案：藤蔓、花状	对称式构图 中心式构图		
民国		符号图案：抽象文化符号 人物造型图案：美女、姐妹 植物图案：花草图案以及其简化图形	穿插式构图 均衡式构图		
新中国成立初期		人物造型图案：姐妹 文化象征图案：文化旗 符号图案：简化文化符号 动物图案：小熊、老虎等	连续式构图		
改革开放之后		符号图案：抽象及简化的文化符号（圆形、方形及弧形等变形组合图形） 文字图案：品牌名称、文字商标、广告语等 场景图案：①产品使用场景 ②体现产品特性场景	综合式构图（重复式+连续式+穿插式）		

食品

包装类型	包装列举	图案类型	分类	实物图	构图形式
清末		人物造型图案：美女			
民国		符号图案：正方形、长方形、三角形等 场景图案： （1）生活场景：姐妹、家庭场景等 （2）户外风景：带有文化气息类建筑及风景 动物图案：公鸡、凤凰、米老鼠等 植物图案：藤蔓、花状以及水果类图案	对称式构图 倾斜式+重复式构图 中心式构图		
新中国成立初期		符号图案：直线、曲线、圆形、四边形、三角、梯形等几何符号结合图形 场景图案：①家庭场景 ②嫦娥登月 ③文化建筑 植物图案：花草等 动物图案：兔子、米老鼠	对称式构图 中心式构图 分割式构图		
改革开放之后		场景图案：①嫦娥登月 ②文化建筑 文字图案：品牌名称、商品名称、广告语等 植物图案：花枝藤蔓	均衡式构图 水平式构图 垂直式构图		

▲ 图 3-14　不同行业类型的包装图案沿革分析

药业

包装类型	包装列举	图案类型	分类	实物图	构图形式
清末		文字图案：品牌、以及药品名称说明	垂直式构图		
民国		场景图案：生活场景 文字图案：文字介绍说明	弧线形构图 边角式构图		
新中国成立初期		象征图案：商品商标图案 文字图案：店铺名称、说明等	弧线形构图 边角式构图		
改革开放之后		植物图案：体现药性功能植物图案 符号图案：抽象及简化的文化符号（祥云、回形纹等）	弧线形构图		

服饰

包装类型		包装列举	图案类型	分类	实物图	构图形式
清末	(衣服鞋帽)					
	(首饰眼镜)					
民国	(衣服鞋帽)		文字图案：文字介绍说明 风景图案：上海建筑物，文化风景	均衡式构图		
	(首饰眼镜)		商标图案：品牌商标图案及品牌名称图案	中心式构图		
新中国成立初期	(衣服鞋帽)		象征图案：商品商标图案	均衡式构图		
	(首饰眼镜)		商标图案：品牌商标图案及品牌名称图案	中心式构图		
改革开放之后	(衣服鞋帽)		商标图案：品牌商标图案及产品图案	重叠式构图		
	(首饰眼镜)		商标图案：品牌商标图案及品牌名称图案	边角式构图		

▲ 图 3-14　不同行业类型的包装图案沿革分析(续)

在构图形式上，食品包装喜用对称式、中心式、均衡式、分割式、重复式、垂直式等多种构图形式；工业美术包装除了对称式、中心式构图，更偏爱于穿插式、均衡式、连续式和综合式构图；药业包装图案的选用和艺术形式相对而言比较稳定，多选用老字号或药品名称作为文字图案，或是体现药性的植物图案，或是抽象的文化符号如祥云等，构图形式沿用垂直式、弧线形和边角式构图；服饰包装图案也相对比较单一，主要是文字说明图案、风景图案和老字号商标图案，喜用均衡式、中心式、重叠式、边角式等构图形式。

图 3－15 和图 3－16 分别为不同时间段上海老字号包装图案素材的沿革分析和构图形式的沿革分析。

图案素材方面，清末时期，上海老字号包装上出现了美女人物形象，以及祥云、龙等具有吉祥、权贵意义的图案，植物图案的运用主要有花枝藤蔓、花草等图案。另外，由于清末时期民间经济已经开始大发展，人们对售卖的商品有了商标意识，故利用字号、商品名称作为老字号包装图案的比比皆是。

民国时期，人物、动物、植物以及几何图形被广泛运用到包装图案设计中。人物素材方面，除了美女图案外，姐妹、家庭人物场景以及科技类素材也开始得到广泛运用，如“杏花楼”牌月饼包装盒的图案引用嫦娥奔月的题材，“雙妹”牌化妆品的包装采用姐妹图案。而在动物图案方面，具有中国传统意义的龙凤、公鸡，以及具有异国风情的兔子、米老鼠等在包装设计中均有体现。

新中国成立初期，老字号的包装中减少了美女图案题材的使用，取而代之的是具有新生含义的文化符号，如文化旗等。改革开放以来，为了满足人们的审美需求和老字号的传承性，图案设计更加趋向于简化，整体而言图案素材上并没有发生太大变化，但呈现出丰富多彩的图案艺术形式。

构图形式方面，清末时期，上海老字号包装图案主要使用对称式、中心式、垂直式和重复式。民国时期，除了日常使用的对称式、中心式以外，包装图案增加了具有创新意识的弧线式、均衡式、穿插式和边角式构图形式。新中国成立以来，另增添了许多构图形式，如连续式、分割式、水平式等，特别是新出现的综合式构图，极大地丰富了老字号包装的构图形式。随着商业经济的快速发展，人们对包装的审美需求逐渐提高，图案综合式构图成为这一时期的一大显著特点。

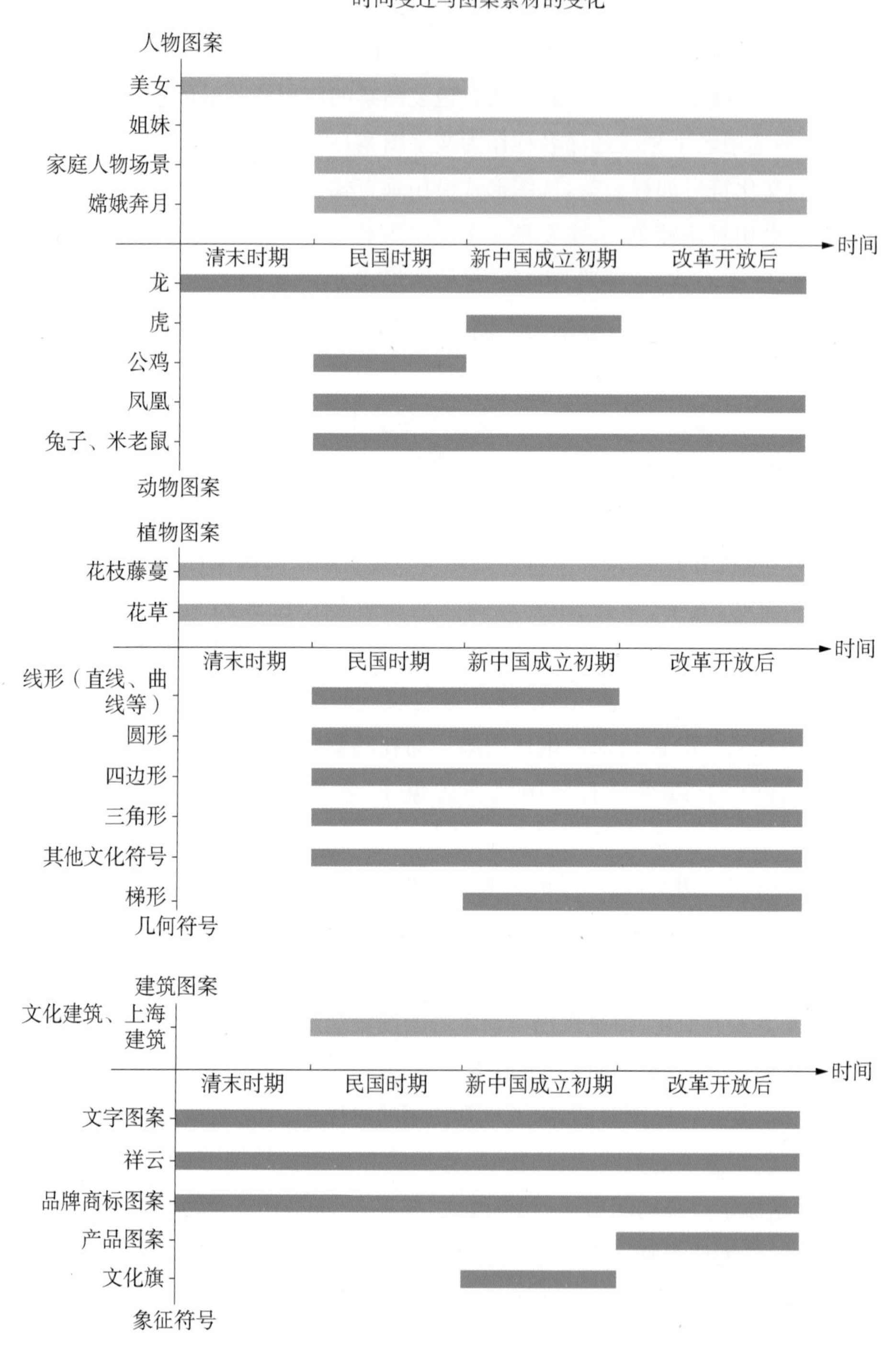

▲ 图 3 - 15　上海老字号包装图案素材的沿革分析

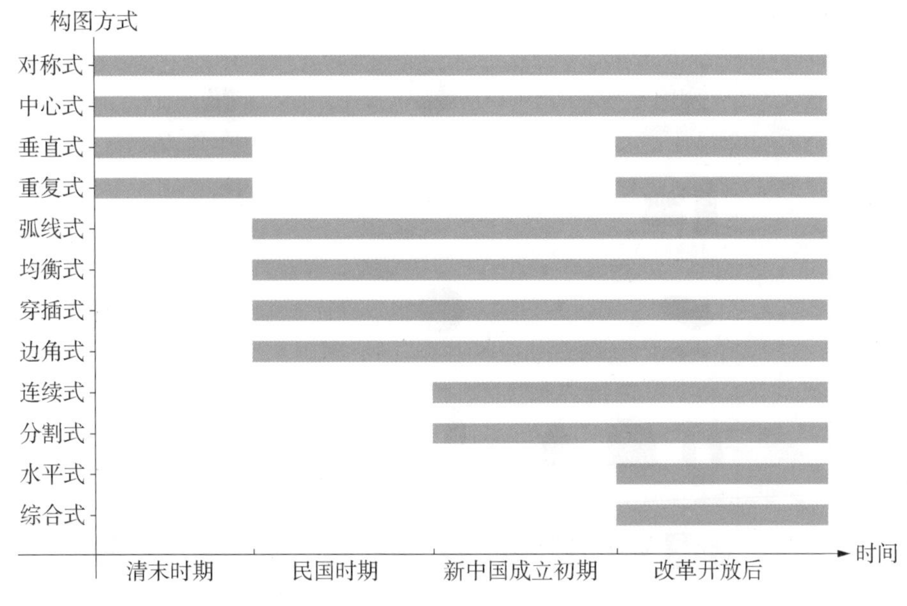

▲ 图 3-16　上海老字号包装图案构图形式沿革分析

通过上述上海老字号包装图案素材和构图形式沿革分析可知，清末以来至今，上海老字号包装图案设计一直喜用花枝藤蔓、龙、祥云等吉祥素材，偏好使用文字图案和老字号商标作为包装图案，在图案创新性方面逐渐重视四边形、三角形等几何图形的使用；多沿用对称式、中心式、均衡式等构图形式。

3.1.2.5　包装材料沿革

如图 3-17 所示，清末时期，上海老字号包装以纸制、木制、陶瓷和漆制包装材料为主，其中，纸质、木制和漆制包装材料在笔墨纸砚包装中使用最为广泛。纸制和木制材料本身就具有原木的自然文化气息，因此更适用于笔墨纸砚的包装。如清光绪年间，曹素功学士墨的包装选取具有硬朗特点的实木材料，包装盒用漆描绘龙腾祥云图，并饰有红、黄和蓝色色彩，给人一种华贵并带有笔墨文化气息的感觉。而陶瓷材质因其本身具有的封闭性高以及稳定性强的特点，被广泛用于药品包装。

民国时期，各种进口材料传入，材料种类增多，尤其是玻璃、金属、木制和纸质材料等，被广泛应用于食品、日用品和药业行业。新中国成立以来，随着科技的快速发展，加工技术逐渐成熟，各种新型材料尤其是塑料和纸制材料被广泛使用。

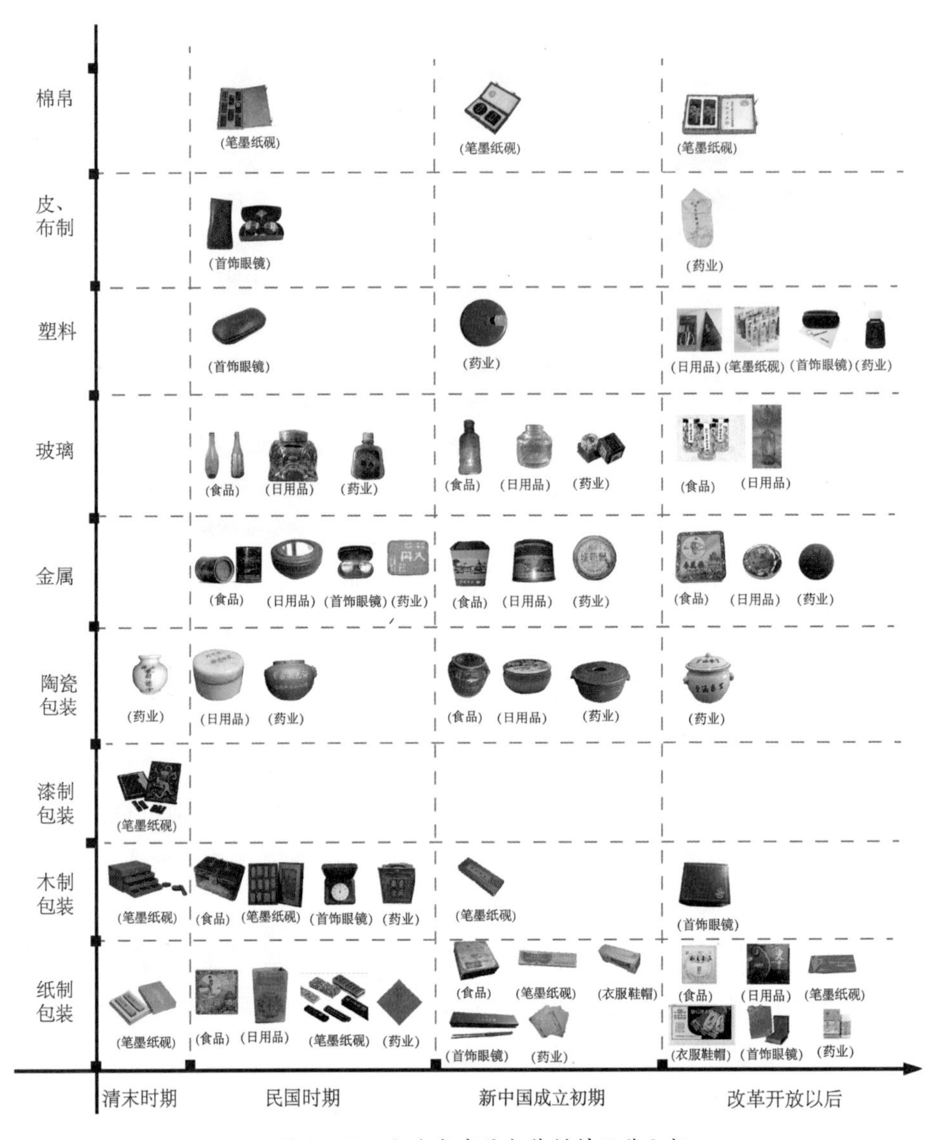

▲ 图 3-17　上海老字号包装材料沿革分析

通过对上海老字号包装材料的沿革分析可见其易生产和稳定性强的特点。清末以来，纸质、木材、陶瓷一直被沿用，塑料、金属、玻璃等材料的优势也在包装设计中被不断发掘出来。

3.1.2.6　包装设计元素沿革之共性

通过分析上海老字号包装商标、形状、色彩、图案和材质的沿革过程，可以发现，不同时期的上海老字号包装在历史文化的传承中呈现出一定的共性。

如表 3-1 所示，清代以来商标设计沿袭书法艺术及龙、凤等吉祥图形特点，呈现“外图形内文字”、几何图形与传统图形结合、书法字体和英文结合的商标特征；喜用对称式、中心式构图形式，以及印章式和文字图形化的艺术形式。包装形状多为圆形、方形或内圆外方、腰身凹凸有致的曲线造型；人机方面注重便携性和安全性，主要表现在双耳式、圆弧、半圆弧等提手造型上；色彩方面总体来说以红、黄、蓝，低黑度和中低彩度为主；图案方面，清末以来主要使用花枝藤蔓、龙、祥云等吉祥素材，多使用文字和老字号商标作为包装图案；沿用对称式、中心式和均衡式等构图形式。另外，纸质、木材、陶瓷、金属等材料因易生产和稳定性强的特点而被一直沿用。

表 3-1　上海老字号包装沿革共性分析

商标	形状	色彩	图案	材质
素材：书法字体及龙、凤等吉祥图形 **商标特征**：外图形内文字、几何图形与传统图形结合、书法字体和英文结合 **艺术形式**：对称式、中心式构图形式；印章式和文字图形化	**造型**：多为圆形、方形或内圆外方，腰身曲线造型 **人机方面**：注重便携性和安全性，主要表现在双耳式、圆弧、半圆弧等提手造型上	**色相**：红、黄、蓝为主 **黑度**：低黑度 **彩度**：中低彩度	**素材**：花枝藤蔓、龙、祥云等吉祥图形，文字图形和品牌商标素材 **构图形式**：对称式、中心式、均衡式等	纸质、木材、陶瓷、金属等材料

3.2 ▸ 上海文化沿革分析

3.2.1　上海文化及其典型形态

人们常说“两千年历史看西安，一千年历史看北京，一百年历史看上海”，近代上海在短短一百年的光阴中迅速崛起，成为中国城市发展史上的一个奇迹，而有“海派文化”之称的上海文化正是其勃勃生机和活力的源泉。

1843 年开埠以前，上海文化归属于我国古代的江南文化，它源于长江流域的江浙古吴越文化。吴越文化是一种水文化，实质上是一种流动文化，上海文化承袭了吴越文化，对异质文化表现出宽容的姿态，并善于接受外来的新文化，形成多元开放的文化特点。开埠后,西方文化开始传入中国,上海由一个小镇迅速蜕变为全国的商业经济中心,逐步形成了中西大汇融的“海派文化”。

文化形态一般被划分为器物文化、制度文化和精神文化三种层面。其中,器物层和制度层是显露于外的物质形式,易于把握;而精神文化层则反映在民众个体及族群的心里,较难把握。本书对上海文化的研究,从文化形态的多维结构入手,以图 3-18 呈现出海派文化结构层面的关系,深刻反映不同时期上海文化的典型特征。

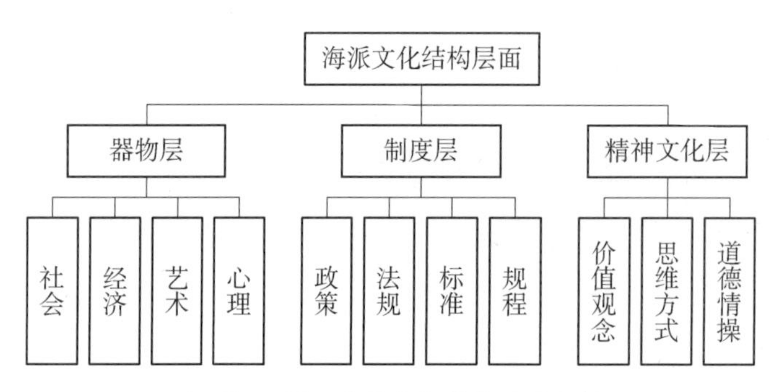

▲ 图 3-18 海派文化结构层面分析

上海文化处于外来与传统文明之间,在精英文化和通俗文化之间呈现出“海纳百川,兼容并蓄”的特性,具体表现为敢于打破成规,锐意革新。这种包容与创新之特质在上海书法、绘画、服饰、建筑群等方面得以彰显,比较典型的表现有:令人熟知且能够展示女性婀娜多姿身段的民国时期的旗袍,以及一幅幅运用西方透视、明暗造型等绘画技法的上海绘画作品。

各种文化形态的形成和发展是促进和塑造具有兼容并蓄特征的上海文化的重要原因。本章从服饰、书法、绘画、包装科技、政史等的具体文化内涵上来进一步探索海派文化的艺术特性和发展规律(见图 3-19)。

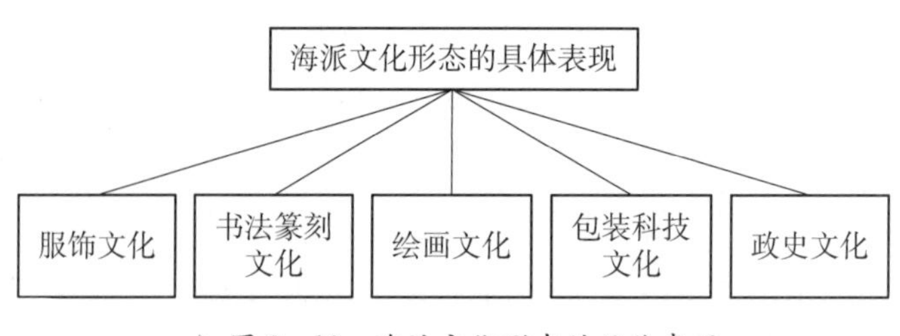

▲ 图 3-19 海派文化形态的具体表现

3.2.2 上海的文化沿革

1）服饰文化

清朝时期，长袍马褂、满族旗袍等是上海服饰的典型代表。这些服装的整体造型宽大平直，呈直线型。民国时期的代表服装是中山装和改良型旗袍，其造型以曲线美为主流。新中国成立以来，列宁装、学生装、布拉吉等流行服装趋于个性化，多呈直曲线造型。

就色彩的变化趋势而言，上海服饰主流色从清朝时期的黄色、淡粉色，民国时期的青色、紫色，发展到新中国成立以来的蓝色、灰色及青绿色，再逐渐发展至五颜六色（见图 3－20）。从上海服饰文化沿革分析来看，其服饰造型趋势也从直线的单一造型逐渐转变为凹凸有致的曲线或直曲结合的造型。在色彩方面，各时期均保留了低纯度灰色系的色彩，且服饰色彩体现了当时的社会文化。如清朝时期用黄色代表尊贵，民国时期以青色、紫色象征高贵。

2）书法篆刻文化

如图 3－21 所示，上海的书法沿革呈现出博大精深的上海文化内涵。篆刻从清代金石篆刻、碑与篆体结合、象形甲骨文书法形式，演变为现代的虫篆刻、草篆刻文化；书法则由金石碑学、碑帖互济的形态，发展为小篆和古籀文结合、小篆与金文结合、篆法掺入隶书等艺术形式。且随着新中国成立以来楷书、行书、帖学书法和现代书法高度发展，书法上呈现出了一派繁荣的趋势。

总体而言，上海书法在发展过程中始终保留着篆体的艺术，并随着时代的更迭出现一些创新书法字体，如行书、楷书等；而篆刻之形状均为方正造型，以长方形或正方形作为文字的外包围图形，中间文字多取自上海书法字体，并进行创新设计而成，其字体笔画多趋于圆润。

3）绘画文化

如图 3－22 所示，清代绘画素材主要取自民间喜闻乐见，源自生活的事物，如白菜、紫藤等植物，色彩引用宫廷、民间鲜艳之色，结合西方水彩，引用散点透视和焦点透视等西方绘画技法。民国时期，除花鸟、山水等传统素材外，增添了时装美女、仕女和戏曲人物等人物素材，喜用互补色、邻近色，浓墨与鲜艳并存，多采用写实和工笔写意相结合的手法。新中国成立初期，画家多使用劳动人民

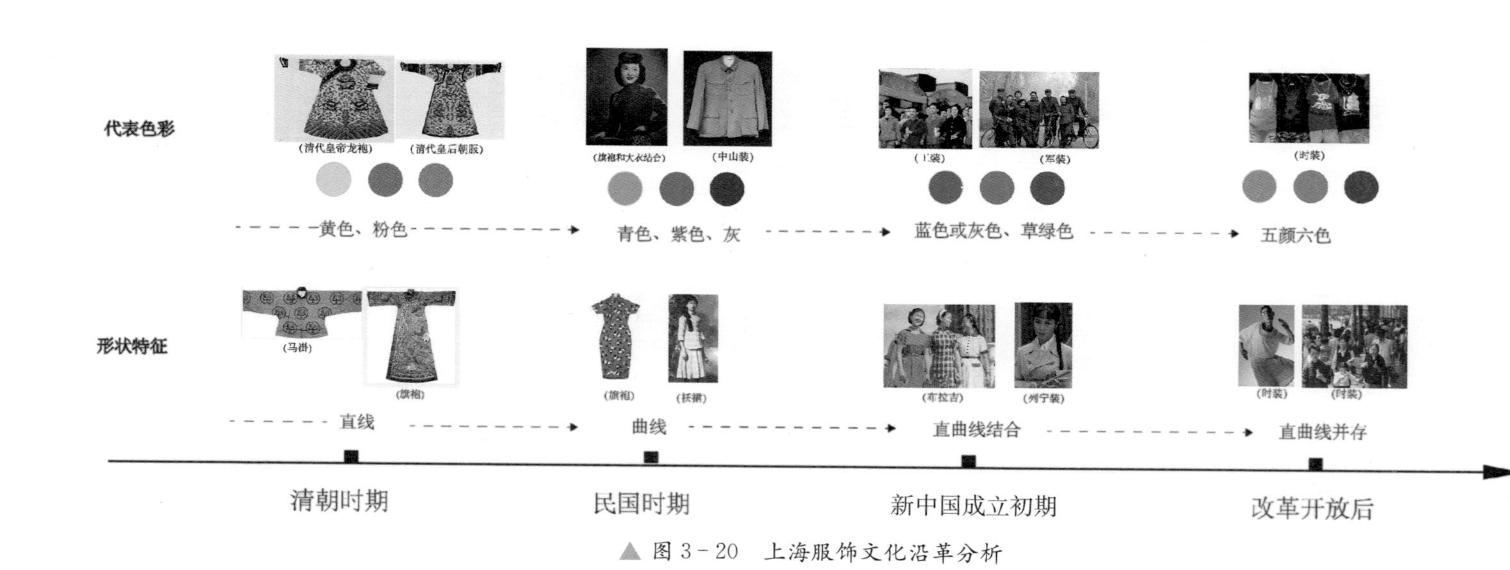

▲ 图 3 - 20　上海服饰文化沿革分析

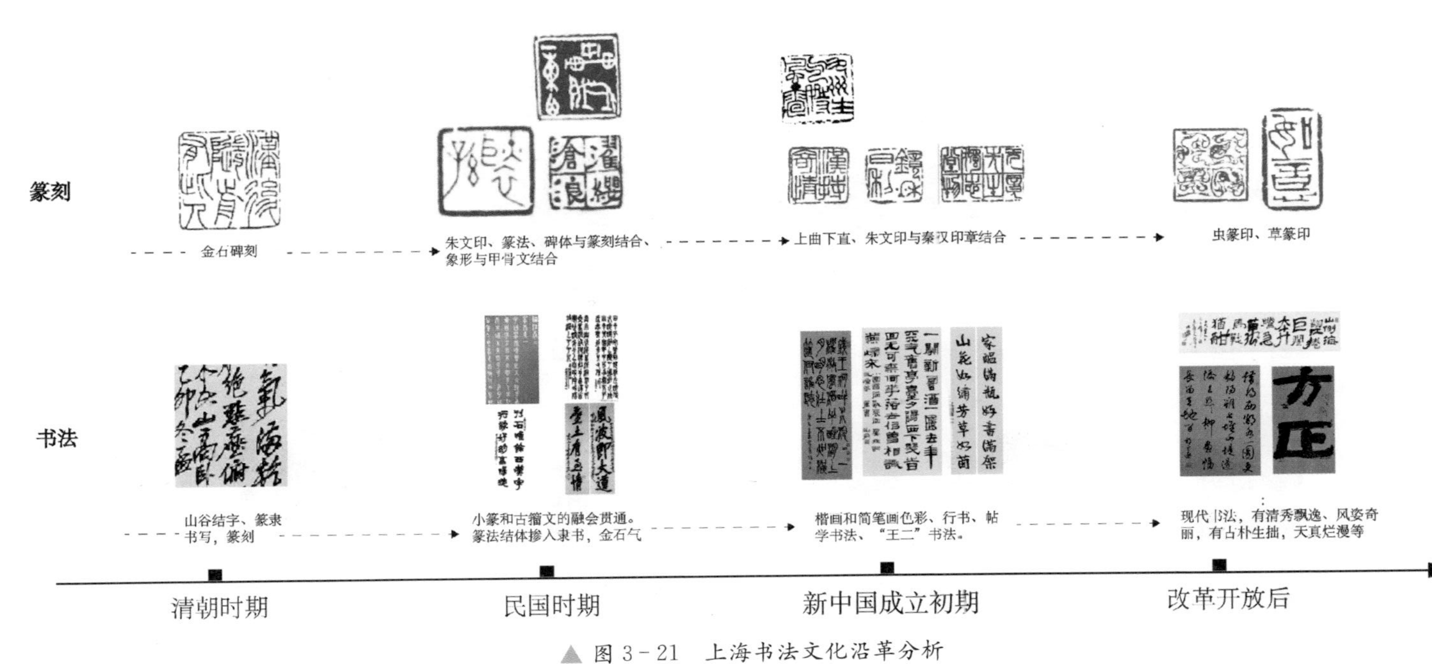

图3-21 上海书法文化沿革分析

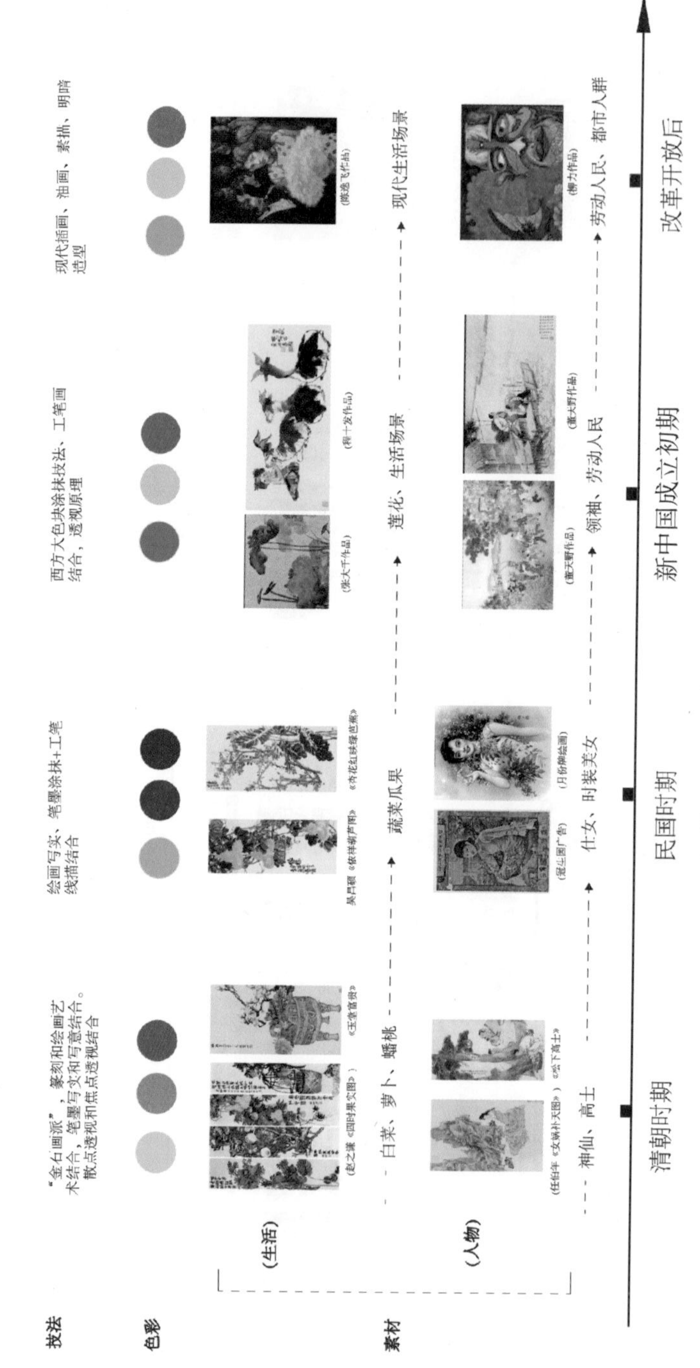

▲图 3-22　上海绘画文化沿革分析

形象作为政治宣传,喜用蓝色、灰色和草绿色。改革开放后,现代插画、素描、明暗造型、"写真"等多种现代绘画艺术形式不断涌现。

通过分析上海绘画文化沿革过程,可以发现,其绘画素材多取自生活用品或当时的人物形象,绘画色彩一般有三种,从清末时期的淡雅色调逐渐发展流行于纯度高的颜色,绘画技法呈现出中西合璧的特色,绘画过程中结合了西方的焦点透视、明暗造型等绘画技法。

4) 包装科技文化

科技进步对包装发展产生积极的影响。如图 3-23 所示,清朝末期,珐琅、玻璃等新材料,五彩、粉彩技术和铜版印刷技术都被引用到包装制造中。民国时期,大规模的机器铅活字印刷技术得以发展,印刷与设计公司陆续开张。新中国成立以后,特别是改革开放以来,美术商业设计机构、广告装潢业迅猛发展,及物联网、3D 打印、CAD/CAM 自动化系统等现代化技术的涌现,包装实现了机械自动化设计制造。

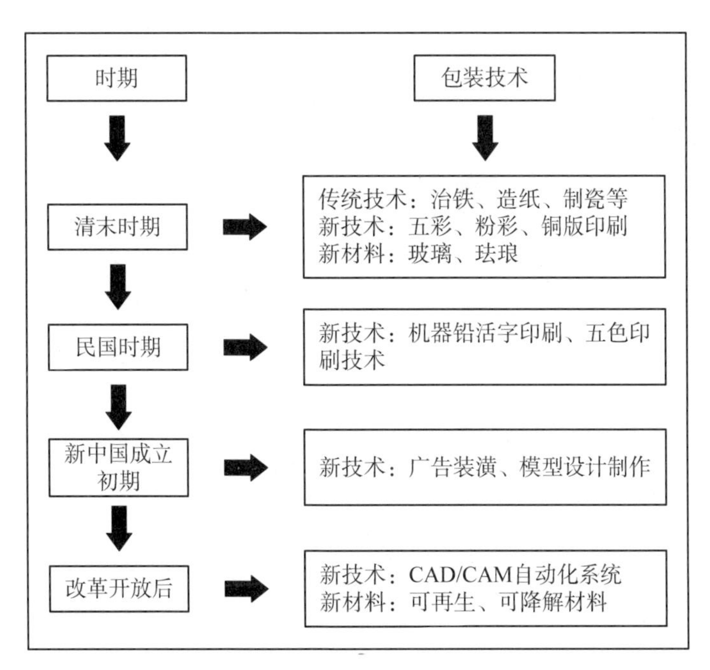

▲ 图 3-23　包装制造发展沿革分析

通过包装科技的沿革分析可知,包装设计的科技发展来源于新材料、新型印刷、新型广告模型的出现以及自动化加工技术的快速发展，且随着新技术的引入，包装行业发展势头极为迅猛。

5）政史文化

晚清和民国时期是宫廷文化、民族文化、中外文化大融合的时期。鸦片战争、太平天国运动、第一次世界大战、辛亥革命、女性解放运动及提倡国货等事件，对人们的社会生活产生了极大影响，成为中国旧传统和西方文化兼容并存且相互竞争的时代。新中国成立初期出现了社会主义改造、"文化大革命"等运动，强调自力更生，艰苦奋斗。改革开放以来，上海的商业迅猛发展，东西方交流日益平常化，呈现出开放、兼容、变化的时代特征，如图 3－24 所示。

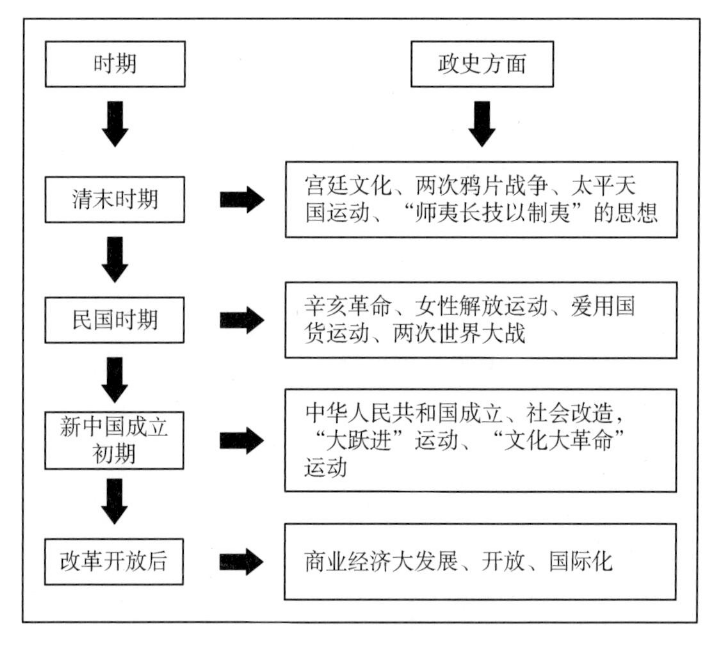

▲ 图 3－24　政史沿革分析

通过研究发现，政史事件不但影响人们的思想意识，而且对当时生活的主题和色彩也造成一定的影响，如"文化大革命"时期，人们的生活艰苦，所以强调自力更生、艰苦奋斗的生活主题和社会意识。

3.3 ▸ 上海文化与老字号包装的设计融合

3.3.1 上海老字号包装设计的历史成因

从上海老字号包装设计的演变历程来看，其包装设计史的发展呈现波浪形递进的特点，每一次向前推进都包含着对其历史的沿袭、继承与创新，此过程达到一定阈值又必然触发新一轮的转变。从图 3－25 中可以看出，上海老字号包装的演变经历了较为明显的三个阶段，即装饰阶段（19 世纪末至 20 世纪 50 年代）、功能阶段（20 世纪 50 年代至 80 年代）和人本阶段（20 世纪 80 年代至今）。

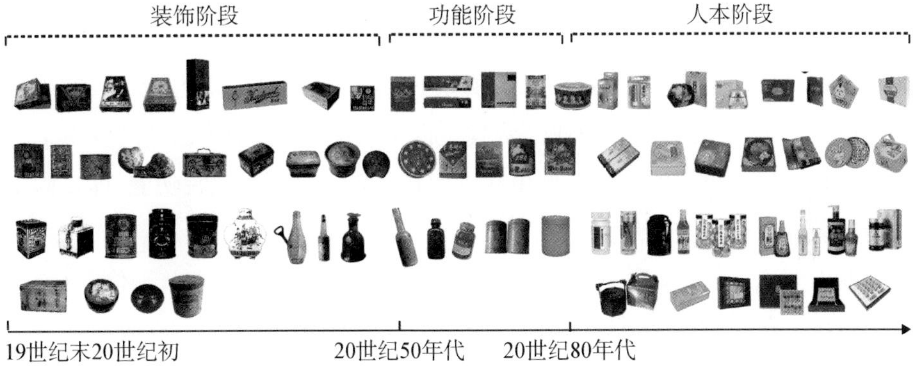

装饰阶段 功能阶段 人本阶段

19世纪末20世纪初 20世纪50年代 20世纪80年代

▲ 图 3－25 上海老字号包装设计发展的三个阶段

1）装饰阶段（19 世纪末至 20 世纪 50 年代）

如图 3－26 所示，这一时期上海老字号产品包装整体呈现出五大特点：中西文化影响下的包装装潢、视觉题材下的传统与现代、以上海文化为核心的包装设计、商标与老字号自主意识的觉醒，以及印刷技术的广泛运用。这一时期的包装设计侧重于对包装形式美的设计。由于当时西方商品包装精美且价格低廉，得到了广大民众的喜爱，这对本土企业造成了巨大的冲击，促使国人开始注重包装的形式美设计。

2）功能阶段（20 世纪 50 年代至 80 年代）

社会的变革促使各种商业体系发生变化，包装设计的侧重点也随之发生变

时代背景	包装类型	包装特点	典型包装
1. 军阀混战、政治迭起、社会失序。西方列强的侵略。 2. 中国旧传统与西方文明兼容并存且相互竞争。 3. 民族资本主义初步发展。 4. 印刷工艺空前发展。	爱国情怀的包装	通过“中华国货”字样来提醒民众要抵制洋货、提倡国货	
	传统包装	包装上运用寓意吉祥的动物、人物、纹样等符号	
	中西融合的包装	包装上使用外文字体，同时学习西方使用大面积的色块、抽象的集合元素来增加视觉冲击力	
	流行元素包装	包装上大量使用新女性形象	
	防伪包装	包装上加入防伪标识	

▲ 图 3－26　装饰阶段的上海老字号包装设计

化。新中国成立后，在中国共产党的领导下，建立起了独立且比较完整的工业制造体系和国民经济体系，商业经济发生巨大改变，包装设计也随之发生了很大的变化。这一时期的包装设计由注重形式美转变为注重包装功能，即在满足功能的前提下追求美观最大化。

新中国成立初期，毛泽东大力倡导勤俭节约。1955 年，他在《勤俭办社》一文中指出：“勤俭经营应当是全国一切农业生产合作社的方针，不，应当是一切经济事业的方针。”1956 年 4 月，他在《论十大关系》的报告中指出：“生产费管理费都要力求节约。”同年 11 月，他强调：“必须反对铺张浪费，提倡艰苦朴素作风，厉行节约。”在《毛泽东选集》第五卷“宣传勤俭新中国成立，提倡艰苦朴素”中，毛泽东指出：“要狠抓报纸。要通过报纸宣扬勤俭新中国成立，反对铺张浪费，提倡艰苦朴素、同甘共苦的精神。召集新闻记者、报纸记者和广播工作人员进行宣传。”包装作为一种宣传媒介，表达着那个时代的政治诉求，同时，包装设计也遵循了朴素、节约的原则。

图 3－27 为该时期上海老字号产品的典型包装。包装改变了之前极强的装饰感，整体上较为朴素。包装的视觉语言相对简单，文字信息主要是《毛主席语录》，色彩使用大面积的红色，图形使用五角星等，这些视觉符号都带有浓厚的政治色彩。简而言之，这一时期的包装设计在满足产品自身功能的基础上，

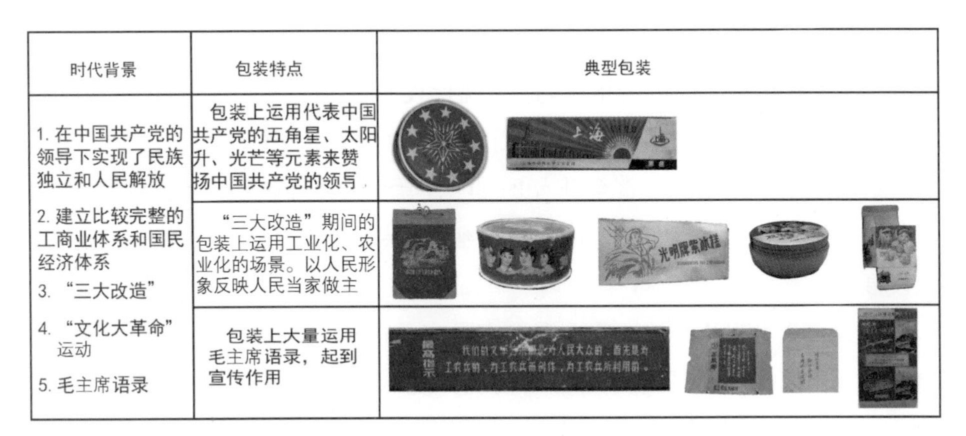

时代背景	包装特点	典型包装
1. 在中国共产党的领导下实现了民族独立和人民解放 2. 建立比较完整的工商业体系和国民经济体系 3. “三大改造” 4. “文化大革命”运动 5. 毛主席语录	包装上运用代表中国共产党的五角星、太阳升、光芒等元素来赞扬中国共产党的领导	
	“三大改造”期间的包装上运用工业化、农业化的场景。以人民形象反映人民当家做主	
	包装上大量运用毛主席语录，起到宣传作用	

▲ 图 3－27　功能阶段的上海老字号包装设计

作为一种国家宣传媒介在宣扬政府的政治思想。新中国成立后，由于整个国家都在进行社会主义改造、整顿，经济发展相对较慢，包装设计也在转型中缓慢推进。

这一时期的包装设计更加注重功能，要求每个设计元素都应有其功能，认为设计首先要解决的是功能问题。包装设计整体呈现出朴素的特点，并带有浓厚的政治色彩，这与当时政府提倡勤俭节约的思想有着密不可分的联系。这种风格一直持续到 20 世纪 80 年代。

3）人本阶段(20 世纪 80 年代至今)

1978 年，党的十一届三中全会决定把党的工作重心转移到经济建设上来。这次会议的召开，使中国政治、经济、文化各方面的局面都得到扭转，包装行业响应国家政策，缓慢进行改革。包装不能仅仅考虑功能设计，还要坚持以人为本，以消费者需求作为重点开展设计。受此影响，上海包装设计开始复苏。

改革开放初期，大规模的政治创作与发行逐步停止，新生代的力量不断突起，新老设计师们都在不断突破自己。与此同时，西方的审美方式逐渐传入国内，影响着包装的发展方向。包装设计开始表现出欧美现代主义、包豪斯及国际主义的现代设计等风格，呈现出繁荣的景象，然而这只是昙花一现。20 世纪 90 年代的改制、公私合营、外资引进严重冲击了老字号品牌的发展，导致这一时期的包装设计开始沉沦，部分老字号企业走向倒闭。曾经摩登的上海商业美术设计也从高潮陷入低谷，引起设计师们的思考，他们开始寻找新出路。痛定思痛，统一思想后，他们意识到包装设计的重要性，设计不能只注重功能，还要从现代审美角度，追求现代设计意识。设计师们积极学习西方现代设计的理论及方法，但同时也面临着 20 世纪 90 年代中期实用新型工具(电脑等)所带来的困扰。直至进入 21 世纪，上海包装行业开始重铸辉煌，部分优秀的老字号企业占据了一定的市场份额，包装设计开始向多样性、复合型方向发展。

图 3 - 28 为改革开放至今上海老字号产品的典型包装。这一时期的包装追求系列化设计，以增强老字号品牌的认知度，包装开始向个性化、生态化、简约化、智能化方向发展，也更加注重消费者的体验。

时代背景	包装类型	典型包装示例
1. 市场经济 2. 经济全球化 3. 互联网大数据 4. 可持续发展 5. 以人为本	系列化包装	
	智能化包装	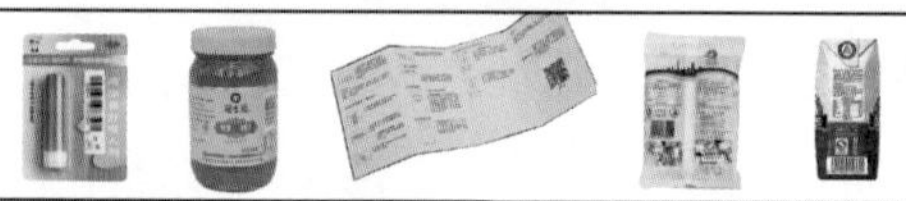
	个性化包装	
	简约包装	

▲ 图 3 - 28　人本阶段的上海老字号包装设计

作为包装设计发展的人本时期，在市场经济条件下，包装设计开始坚持以人为本的原则，立足于消费者，注重人性化的设计，并考虑包装的市场细分、包装的便利功能等因素来迎合消费者喜好，以达到增加市场份额的目的。

3.3.2　包装文化与设计的关系

任何时代的设计都与当时的文化紧密联系在一起。本书根据包装文化与设计的相互关系，从目标层、形态层、影响层、设计层和因子层这五个层次确定了上海老字号包装文化表达结构模型(见图 3 - 29)。其中，包装文化表达主要由器物层、制度层和精神文化层三部分组成，即形态层。器物层主要涵盖社会、经济、艺术和心理层面；制度层包括政策、法规、标准等内容；精神文化层包含价值观念、思维方式和道德情操等内容。形态层的具体内容对设计层产生一定的影响，会影响不同包装设计因子的选用及创作效果。

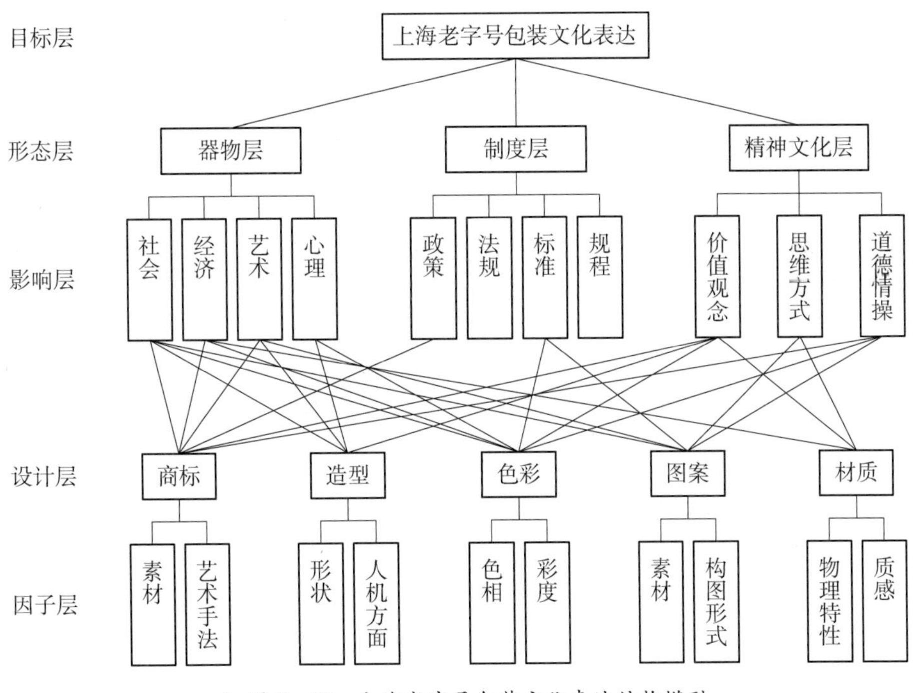

▲ 图 3-29 上海老字号包装文化表达结构模型

3.3.3 融于上海文化的老字号包装设计

本书致力于基于上海服饰、书法篆刻、绘画、包装科技文化、政史文化形态，深刻探究上海人文、民俗文化，科技文化信息，挖掘器物层、制度层和精神文化层这三个层面的文化内涵。研究表明，上海老字号包装与文化呈现出两种关系：一是基于不同时间段，在不同文化影响下，包装呈现出特定的艺术表现形式和技法；二是清末至今，上海老字号包装始终在时代变迁中保持着其相应的艺术特点。

1）上海文化与包装设计元素的关系

通过对老字号商标、形状、色彩、图案、材质等包装设计元素的沿革分析发现，上海各种文化形态对单个或多个包装元素产生影响，并表现出典型的艺术特点（见图 3－30）。

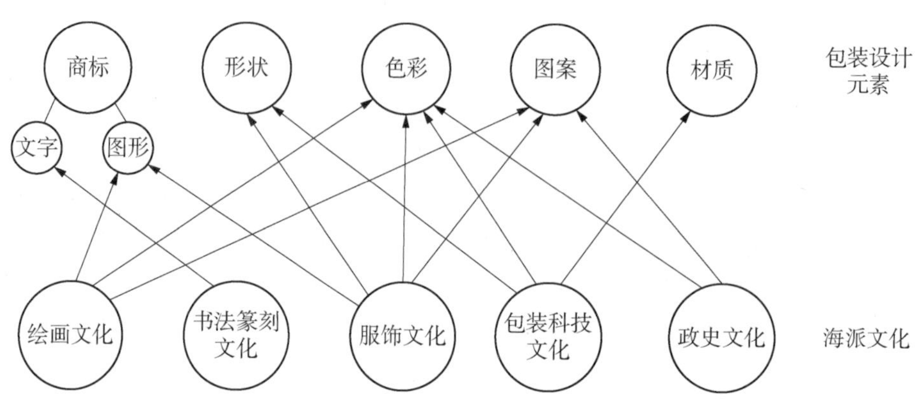

▲ 图 3－30　上海文化与包装设计元素的关系

如图 3－31 所示，通过分析上海服饰的色彩和造型艺术，可以看出同一时期上海老字号包装有着相同的设计准则。如服饰造型从直线到曲线的流行，再到如今形成直曲线结合的艺术转变。这不仅影响了人们的艺术审美，同时也被运用于上海老字号包装设计之中。

老字号商标设计受上海书法篆刻文化的影响相当大，为了体现老字号历史悠久、文化浑厚的特性，许多商家采用当时的书法艺术来丰富和美化老字号商标。如图 3－32 所示，可以发现，此类商标一般都是以中文书法字体构成，商标设计借鉴印章式艺术，字体设计与同期的书法艺术有着明显相似的特征，彰显了源远流长的传统文化内涵。

2）上海包装风格的传承

不同包装设计元素之间的组合在达到有机统一时，会演变成相应的设计风格。不同时代，上海老字号包装呈现出不同类型的风格，但风格的变化仍在上海文化影响的范畴内，呈现出一种老字号包装的独特韵味。以上海老字号包装形状沿革为例，清朝至今，上海老字号包装喜爱方圆结合、圆弧手提及优美曲线的造型。例如，药业包装从最开始便于保存和放置，演变成瓶口大、瓶底小的造型，并一直沿用至今，瓶身两侧还配有双耳便于提拿（见图 3－33）。

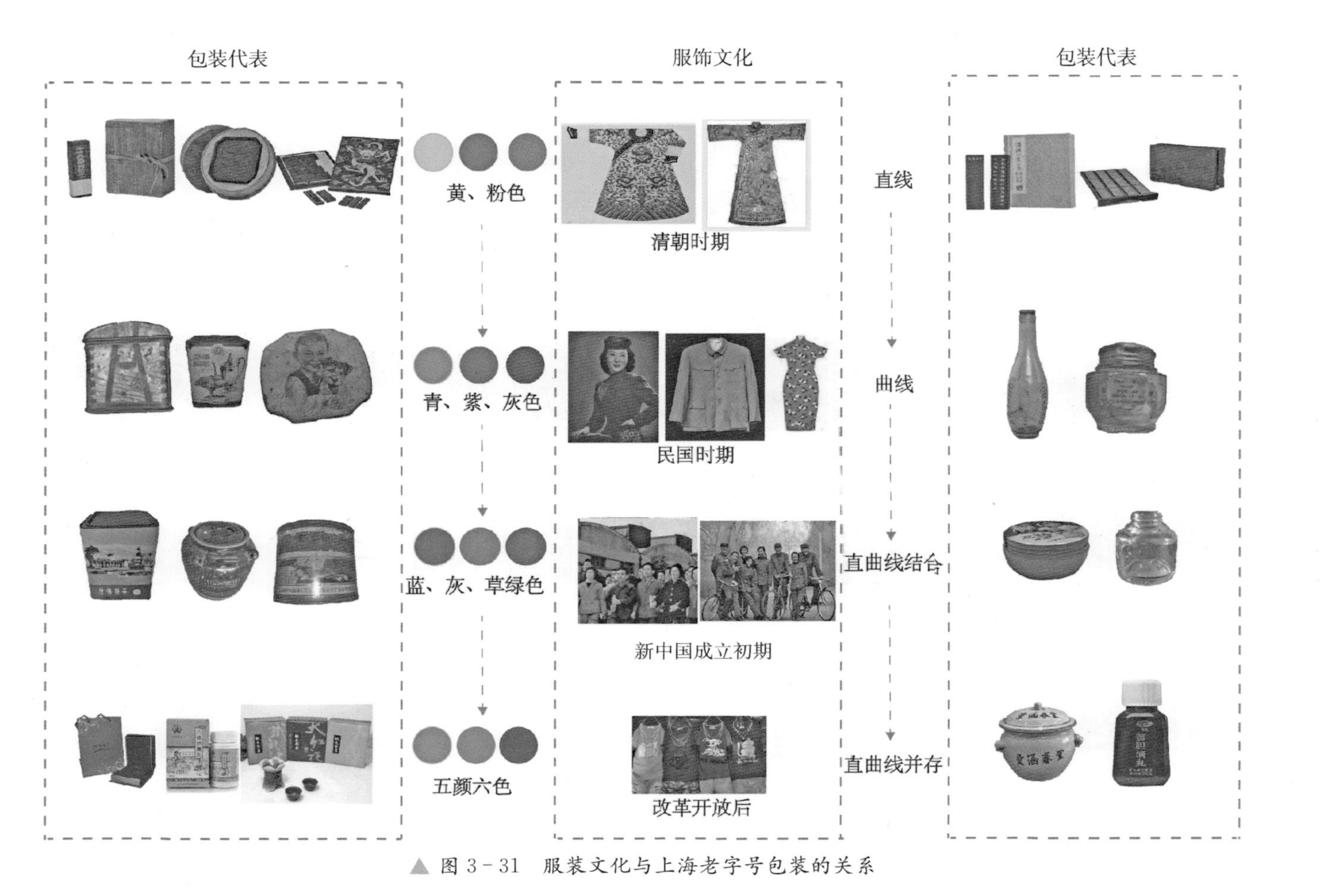

▲ 图 3-31 服装文化与上海老字号包装的关系

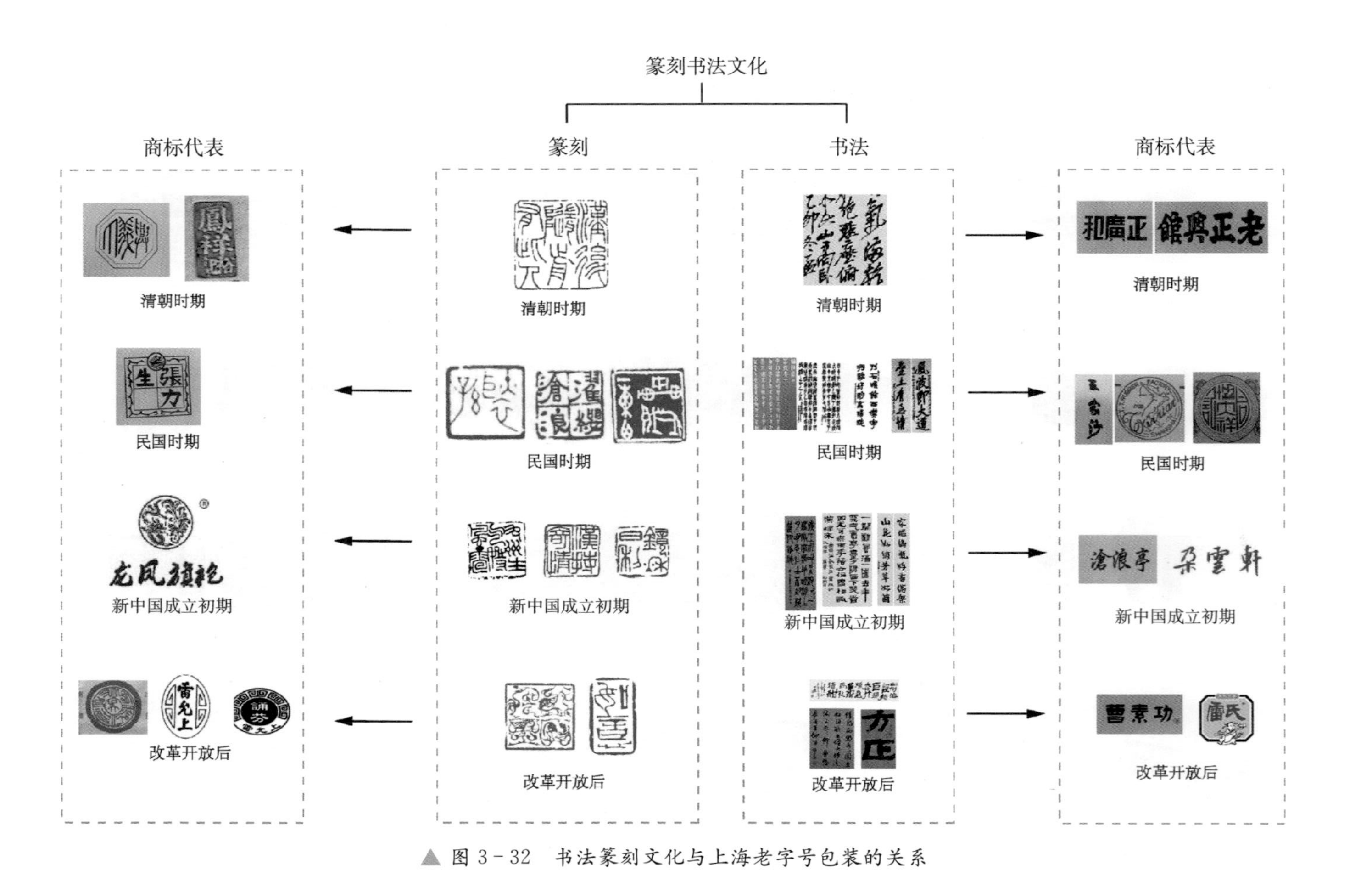

▲图 3－32　书法篆刻文化与上海老字号包装的关系

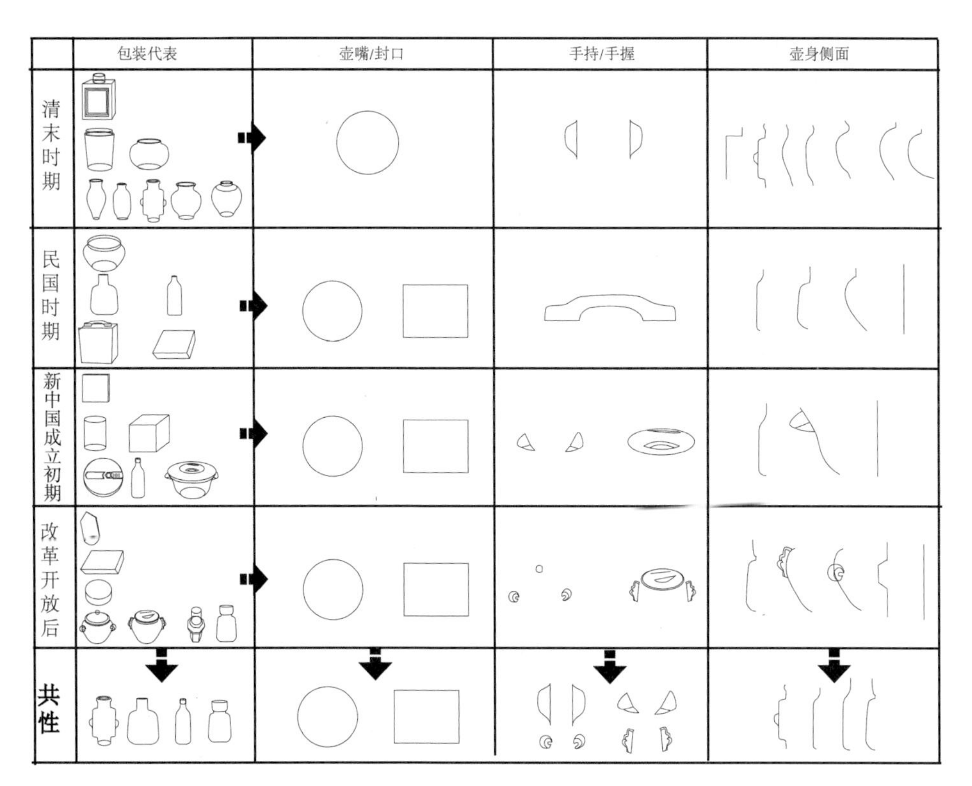

▲ 图 3－33　药业包装形状沿革共性分析

由于受到不同阶段上海文化的影响，老字号包装在各个时代形成了具有鲜明特征的风格。它继承了某种典型的上海特征，并随着时间的流淌不断推陈出新，继承发展。其过程如图 3－34 所示。

3.4 ▸ 上海老字号包装设计艺术的情境特征

对上海老字号包装设计的演变规律及其沿革的分析表明，上海老字号包装设计的情景特征呈现为外部特征和内部特征两个方面。外部特征体现在包装所展示的政治、经济、文化、科技、外交等方面；内部特征体现在包装设计自身的设计理念、设计原则及方法、构成、风格等方面。外部特征与内部特征呈现出共同作用、相互融合的关系，如图 3－35 所示。

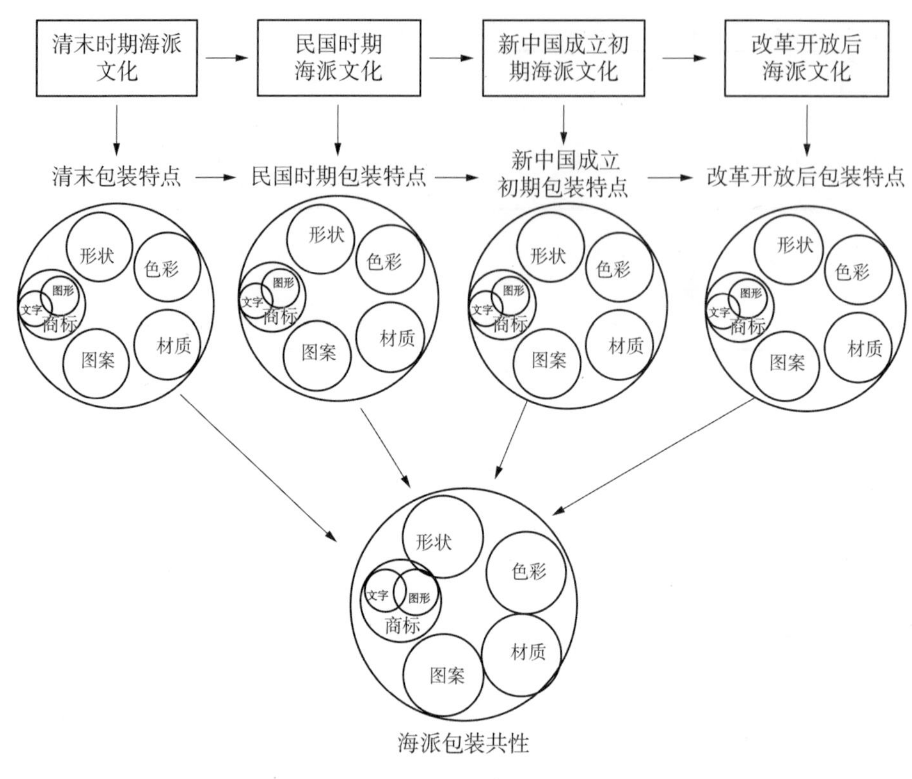

▲ 图 3-34　包装风格传承

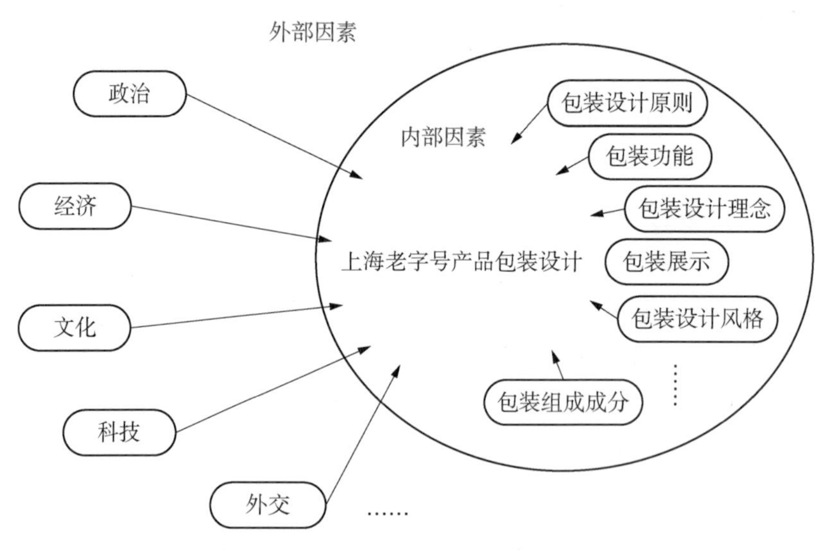

▲ 图 3-35　上海老字号包装设计的情境特征

3.4.1 外部特征

从外部特征来看，包装所处的社会环境影响着包装设计的发展，而人类创造的精神文明成果和社会生产的进步程度也影响着包装的设计，是包装所要表达和折射出的政治、经济、文化、社会、科技等多方面文化内涵的总和。本书所研究的上海老字号包装设计的外部特征主要体现在政治思想、经济状况、文化属性、生活方式、科学技术等五个方面。

1）政治思想

政治特征会影响包装设计的发展，较为典型的是在20世纪50年代，这一时期上海老字号产品的包装设计运用五角星、红旗、大面积的红色块、毛主席语录等符号元素，使整个包装呈现出一种红色的政治格调。除此之外，19世纪末20世纪初，西方向中国倾销商品，导致中国经济衰败，在这样的时代背景下，包装作为一种传播媒介，其设计上出现了“中华国货”字样，提醒消费者要支持国货，表现出一定的政治色彩。

2）经济状况

经济发展促进了包装行业的发展。伴随着包装行业经济投入力度的加大和人们消费水平的提升，消费者对于包装的需求也发生了很大的转变，需求的变化促使包装设计更加人性化，直接推动了包装设计的发展。

3）文化属性

不同的时代背景和不同的主流文化在上海老字号包装的形饰中都留下了鲜明的痕迹。如19世纪末，文人画家的介入使得包装设计盛行故事人物和山水形象；20世纪初，新女性形象、月份牌形象作为当时的流行元素被广泛运用在各行业的包装上。

4）生活方式

文化与技术特征都会对人类的生活方式产生影响，而生活特征又会对包装设计产生直接的影响。随着生活条件的日益改善，各类产品日益丰富、层出不穷，包装的种类及构成元素也随之发生了相应的变化。21世纪以来，随着互联网的发展，网购已经成为人们生活中的一部分，线上商品展示设计越来越受到重视。此外，随着物质生活水平的提高，人们开始追求精神上的享受，出现了旅行包装，并且更注重文化的表达。

5）科学技术

随着时代的变迁，科学技术特征开始得到淋漓尽致的表达，人类对于材料的认知和应用越来越深入，包装行业的材料、技术、器械的发展也影响着包装的设计。如在19世纪末20世纪初，纸包装技术、印刷器械与印刷技术迅速发展，推动了纸质包装的发展；新型包装材料的出现，促使包装向节能、低耗、防污染方向发展，从而达到更好的环保作用；包装防霉技术、防湿技术、防震技术、防锈技术的发展，也对包装设计产生了一定的影响。

3.4.2 内部特征

影响包装设计变化的内部特征主要体现在包装的设计法则、设计思潮及设计风格等方面。

1）设计法则

包装设计是一个宏观范畴，各行业包装的标准及侧重点不同，因此，包装设计法则、设计程序、设计思路、设计形式等这些特征都会影响包装的设计。

2）设计思潮

从设计历史的角度出发，上海老字号产品的包装设计经历了多种设计思潮的浸润。如民国时期的设计受新艺术运动、装饰艺术运动的影响，在包装设计中过分强调画面的装饰性和象征性，包装设计中运用大量装饰图案，追求装饰效果。20世纪40年代，功能决定形式的现代主义设计思潮注重功能的设计；五六十年代出现的CIS企业识别系统、后现代设计思潮、环保设计理念，以及当前的绿色设计、高新技术设计、非物质设计、符号设计、传统文化与现代风格并存、人性化设计等多元化的设计理念，都对包装的设计产生了重要的影响。

3）设计风格

从设计风格的角度而言，不同的时代、地域、企业、设计师风格都直接影响着包装的设计。地域风格的包装就是用设计学原理对地域文化元素进行整合、提炼、变化，最终设计出能够反映一种地域风格的包装。本书在后续研究中，将在包装设计元素库中加入上海地域文化元素，以体现影响包装设计的情景特征之地域文化性。优秀的企业都具有自己独特的产品包装设计风格，当前的包装除了具有保护产品、促进销售的功能外，还是宣传老字号形象与产品特色的媒介。基于此，我们在进行包装设计时，必须考虑设计风格的继承性特征。

3.5 ▸ 上海老字号包装的继承特征

上海老字号包装的设计应嵌入情境特征，创新其构念维度，不断地新陈代谢，不断地成长，不断地进化。包装风格的变与不变，并不是非此即彼的选择，而是一种因为对老字号的爱而催生的有关区分的智慧，是区分哪些该变，变则延年益寿；哪些不该变，变则功亏一篑的智慧。而“变”永远是老字号包装传承的主旋律，包装设计师要紧紧把握好包装传承的创新本质，既要在构念维度上寻突破，更要坚持“适度”的创新原则，改良造型中无碍设计风格的设计符号元素，防止那些受人喜爱的真正核心诉求和老字号的视觉形象受到破坏和损害。

3.5.1 上海老字号包装设计的痛点

上海老字号包装设计主要存在以下痛点：

(1) 上海文化在包装设计中的体现较弱。上海地域文化作为上海文化的分支，也是中华优秀传统文化的重要组成部分，具备深厚的文化内涵。随着经济全球化时代的到来，中华传统文化受到了巨大的冲击，致使很多包装设计忽视了本土文化的价值和精神传承，没有体现出本土的文化自信。

(2) 上海老字号包装设计中老字号文化的表达较弱。当前消费者消费的关注点渐渐从产品本身转向老字号文化，部分上海老字号品牌由于对自身老字号保护意识弱，且对包装设计不够重视，包装设计中老字号文化的传达效果较弱。

(3) 设计理念陈旧，创新意识不足。一部分老字号包装的设计理念陈旧，缺乏其构念维度上的突破，包装设计进入了误区，以为文化历史悠久，越陈越香，导致：包装设计过于传统、守旧；包装形式传统，给人档次较低之感；构念维度不突出，创新性不强。

3.5.2 上海老字号包装的继承性

3.5.2.1 包装设计继承中的“适度”原则

包装艺术继承中，要认识和把握“度”(适当的形态、体量、尺度、结构以及色彩、质感的变化)。"度"是包装质与量的统一,是包装保持自己本质的量的限度、幅度、范围的数量界限。老字号包装的老字号视觉形象一旦确立,若设计师一味适应新的潮流风格而进行无"度"的创新,就会伤害既有消费者的老字号忠诚度。故老字号包装传承中要处理好变与不变之关系,适度规划好包装的传承度。

3.5.2.2 对立统一是包装传承的思想方法

对立统一规律是唯物辩证法的实质和核心。唯物辩证法是普遍联系和发展的科学,而普遍联系的根本内容就是对立面之间既对立又统一的联系,矛盾即对立统一。量变与质变、肯定与否定,以及原因与结果、必然性与偶然性等都是对立统一的关系。老字号包装传承的过程就是处理矛盾关系的过程,传承应把设计所体现的物质性与非物质性、商业价值与文化价值、内在功能与外在功能、形式法则中的构成安排、包装元素的变化与重构等对立的矛盾关系正确地处理好,寻找其中的联系,去利用和化解它,使矛盾从对立走向统一,达到和谐。

1)"一把钥匙开一把锁"

矛盾的普遍性和特殊性,即矛盾的共性与个性、绝对与相对的关系,是矛盾问题的精髓。"不懂得它,就等于抛弃了辩证法"。矛盾是普遍存在的,矛盾也是千差万别的,各有其特殊性,各有其独特的内容与特定的表现形式。毛泽东在《矛盾论》中说:"马克思主义最本质的东西,马克思主义的活的灵魂,就在于具体地分析具体的情况。"主观和客观、理论和实践、知和行是具体的历史的统一,真理也是绝对性与相对性的统一。因此,包装的传承设计要反对僵化的唯理论和经验论,做到具体问题具体分析解决。

功能和形式上的设计法则是普遍原理,而每个具体的包装设计都有各自的特殊性。每一次老字号包装设计所要解决的问题会随着社会环境、社会文化、工业化水平的变化而不同。设计所处的时代文化背景不同,则老字号文化的凝练升华程度也不同。包装设计师要认真研究这些矛盾的特殊性,从而确定创新的内容和构念维度。俗话说,"一把钥匙开一把锁"。只有坚持具体问题具体分析,从设计与文化,设计与制造,设计与管理,造型设计的人机性、人因性等多角度进行扬弃性传承,避免设计中的"教条化"与"程式化",才能彻底摒弃"换汤不换药"的抄袭和造型的模仿。

2）传承内容的主导与有序

矛盾发展的不平衡性主要表现为主要矛盾和次要矛盾、矛盾的主要方面和次要方面的不平衡。这些关系要求设计师处理问题要坚持"两点论"和"重点论"的统一。"两点论"就是一分为二地看问题，"重点论"就是要善于把握主要矛盾和矛盾的主要方面，即要求包装设计师在老字号包装传承中抓住重心，有主有次，主次结合。"乱花渐欲迷人眼"，一件老字号包装所包含的视觉与理念信息往往是多元、复杂的，多元的信息要围绕主导信息有序地排列组合，否则信息杂乱无章将导致设计主题的传达模糊，引起老字号形象的"变异"。传承的主体元素不能也不应该轻易地改变，它关系到老字号产品造型的认知性。

事实上，一个老字号包装设计问题的主要矛盾，即创新改良的主要问题有时可能只有一个，有时可能有互相结合的两个或多个。设计想要传达给受众的主要内容，在大多数情况下就是设计主题。主题属于设计的语义信息层，是老字号包装的主要视觉表现点，它所包含的认知、审美等非物质因素，要求包装传承要慎重把握主要矛盾或矛盾的主要方面，要切实地保持老字号包装个性和设计风格及系列包装外在表现的一致性。老字号包装的每一个设计要素都将被用来加强、保持老字号和传递体现在其中的价值。包装传承可通过有效的设计管理，整合产品的概念、形态、色彩、材料、细节、体量等要素，以及其他有助于包装识别的元素，在传承中确保设计风格的一致连贯，从而有助于受众对包装风格的理解和巩固，使其中造型风格的信息迅速持久地传递给受众。造型传承应保留或延续能反映包装风格的主要设计要素，只有将抽象而不可视的老字号概念通过形态、色彩、材料等视觉化，将概念转化为各种包装的造型要素，从抽象到具体，并且在传承中不断重复强调或进行共性化处理，才能确保包装造型始终保持一个统一的视觉形象。

尽管每次诉求的侧重点不同，但消费者认知的信息是一致的，包装传承就是要在求新的设计中确保老字号包装造型整体视觉传达系统持续一致地传递出老字号的含义，形成经久而强有力的冲击力，创造出老字号包装永久的熟悉感、延续性和可信赖感。

此外，在包装传承评价中往往要对老字号包装的形象构念维度进行传承度计算，其中涉及形态、色彩、材质、界面等多维度的模糊计算问题，设计评价师也应紧紧抓住老字号包装传承的主要矛盾及其主要方面，基于感性工学理论合理地选择好各维度指标间的权重系数，以确保包装风格的持续一致。

3）老字号包装传承的合理状态：批判地继承

老字号包装传承意味着对已有包装的突破，但传承并不等于简单的抛弃，而是要对包装形象所涉及元素作合理的继承。继承不能是简单重复或照单全收，而是要立于批判的精神基础之上。在唯物辩证法看来，一切事物的存在都是暂时的，不存在任何最终、绝对、神圣的东西。唯物辩证法的这一观点，对如何在包装传承设计中正确处理好风格保持与构念创新的关系有重要的启示：沿袭继承已有的包装元素不是为了因袭前贤，墨守成规；创新，也不只是简单地否定原有设计风格，只有在批判地继承的基础上，才能实现真正的创新。

3.5.3 上海老字号包装创新设计的趋势

上海老字号包装创新设计的趋势有：个性化设计、地域特色化设计、符号化设计、文化性设计和高新技术应用设计。

（1）个性化设计。由于人类生活水平的提高，对于包装的要求除了实用，还要其具备相应的美观、特殊、内涵性，因此，个性化设计成为包装未来的设计趋势。

（2）地域特色化设计。上海作为近现代设计的发源地，其文化底蕴深厚，在未来包装设计中，应该注重消费者对上海老字号的文化认同感，地域特色化设计也是未来上海老字号包装设计的一个方向。

（3）符号化设计。在未来上海老字号包装设计中，会更注重符号的国际化，即用图形符号代替文字符号的表达。

（4）文化性设计。即注重传统文化与现代风格融合的设计。在当前弘扬中华文化自信的新时代背景下，消费者的精神需求不断提升，包装设计会更加注重上海本土传统文化在现代包装设计中的应用。

（5）高新技术应用设计。互联网的发展会带动包装设计的发展，计算机辅助设计、计算机辅助制造、人工智能、元宇宙、数字孪生设计、高新技术材料、一体化设计、先进包装技术等的快速发展，将促使上海老字号包装创新设计向智能化高端设计方向发展。

本章一是对上海老字号包装设计的演变历程及其设计沿革进行了分析，将上海老字号包装设计的发展分为装饰、功能、人本三个阶段，并分别对三个阶段上海老字号产品包装设计的特点展开了论述；二是梳理了上海老字号主要行业包装设计的演变，从现代设计学的交叉性角度，对上海老字号包装设计的造型、结构、材料、视觉传达的设计沿革规律展开分析，归纳了上海老字号包装设计的情境特征，探讨了上海老字号产品包装的继承特征，为上海老字号包装设计方法的研究提供了理论依据。

第4章 上海老字号包装艺术形态的原型构建

老字号包装所传递出来的文化自信为社会主义新时代带来了强大的精神动力，其艺术形态表达策略类似于其社会信息加工的一般策略，消费者评价老字号包装需要利用类别化知识进行形态原型判断。上海老字号包装艺术形态原型构建主要关注两项研究主题：一是老字号包装艺术形态的中心线索（主题元素）和边缘线索（辅助元素）对于信息加工路径（设计流程）的选择问题；二是相应信息加工结果（包装形态）呈现的优先性问题。

4.1 老字号包装设计流程

上海老字号包装设计流程包括设计策划、设计创意、设计执行和包装印刷四个阶段。对于包装设计而言，每个阶段涉及的研究内容有所区别，各个阶段包装设计的内容分析如图 4－1 所示。

4.1.1 设计策划

设计策划包括市场调研和包装设计计划两部分。市场调研是了解老字号企业、商品、消费群以及文化的重要阶段，有助于作出准确的设计定位。市场调研的同时，应制订出包装设计计划，如规划包装类型、建立产品包装的文化理念等。

4.1.2 设计创意

设计创意分为文案表达、设计图形表达和可行性分析三个部分。文案表达

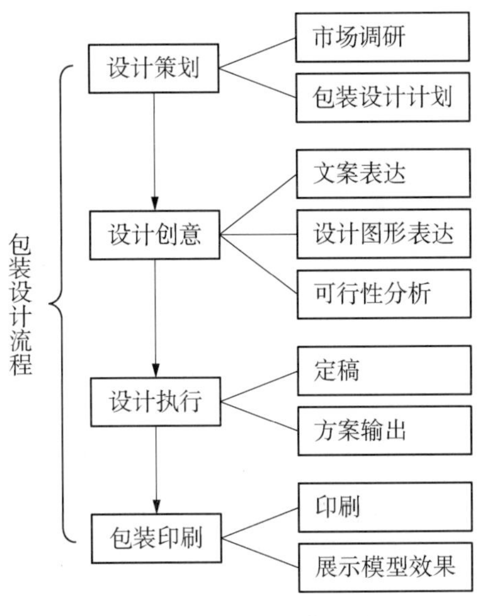

▲ 图 4-1　老字号包装设计流程

主要在于文化的选用和创意的表达，设计图形表达着重于包装设计元素的艺术表达和应用研究，涵盖商标、包装形状、色彩、图案、材质等内容，以及不同需求下其艺术形式的选用。例如，可根据不同包装类型选定材质种类，依据不同文化需求进行图形设计等。包装设计创意的可行性分析，暗指文化内涵与设计图形表达层的契合及判断。文案表达和设计图形表达在满足设定条件下所形成的设计创意不一定符合包装设计计划，故需通过可行性分析，筛选和剔除包装策划与创意中的矛盾方案，并提出建议方案。

4.1.3　设计执行

设计执行包含定稿和方案输出环节，通过上述设计创意可行性筛选和判断环节，客户可选定心仪方案，设计师确认定稿并最后输出方案。

4.1.4　包装印刷

包装材料主要分为纸张、纸板、塑料、薄膜、金属、玻璃等，人们按照预选材料，对展开的二维设计图样进行包装印刷后，安装包装结构，制作包装模型并进行模型展示。

4.2 ▸ 上海文化元素的提取与迁移

在上海老字号品牌的包装设计中，其艺术形态的核心线索就是要选择合理的设计流程，并对老字号包装设计流程中的设计策划和设计创意环节进行优化，获取符合老字号文化理念和包装设计需求的上海文化元素，并提取其文化符号。

4.2.1 上海文化元素的来源

服饰、书法篆刻、绘画、包装科技以及政史文化等上海文化形态是影响上海老字号包装设计的重要因素，也是彰显上海老字号文化自信的重要素材，通过收集和提取不同时期上海文化形态典型特征，如色彩、形态、文字、图案等文化特征，把握上海文化形态中不同的特定艺术表现形式和规律，将有利于更好地去理解文化的意蕴和开展包装设计实践。

4.2.2 上海文化元素的提取与迁移

根据老字号包装设计策划程序，确定包装的上海文化元素及特定艺术表现形式后，需要进行文化特征的提取，如用绘图软件的吸管工具提取其色彩值，用贝赛尔曲线工具提取其典型的形状特征和图形特征。具有时代特征且寓意深刻的文化元素将始终被引入并成为设计的素材，如民国服饰的造型、社会宣传的文化标语、书法文字的造型特征、时代绘画的主题等文化元素一直被引入包装设计中。随着时代的发展，特定的文化元素会派生出不同的艺术内涵，如象征生殖崇拜的原始鱼逐渐被引申出“年年有余”的含义。上海老字号包装设计应承接经典、彰显中华文化自信，设计师不仅要对上海文化元素和老字号文化的内涵与本质有深入的了解，还要把握文化元素的有效迁移，既要有效迁移其经典的文化素材，更要把握文化元素引用的规律。

4.3 ▸ 包装设计符号特征的获取

现代上海老字号品牌的包装设计在保留独特上海文化和上海老字号包装

的艺术特质的同时，还需要糅合时代观念。本节将结合人们对包装元素的感性评价，对清末以来的上海老字号包装的典型符号特征和艺术表现形式进行分析和提取，进而建立其包装基因数据库。

4.3.1 上海老字号包装设计符号的获取

笔者收集了清末以来的上海老字号包装样式，并按照行业类别进行了细分。通过绘图软件对同一时期以及不同时间段的包装设计共性元素进行了提取，使用直线和贝赛尔曲线工具提取了商标的构图形式、包装二维形状特征、包装图案艺术表现形式，借助颜色提取工具提取了包装的色彩值，并将包装的二维形状用 Rhino 软件绘制成三维模型，如图 4-2 所示。

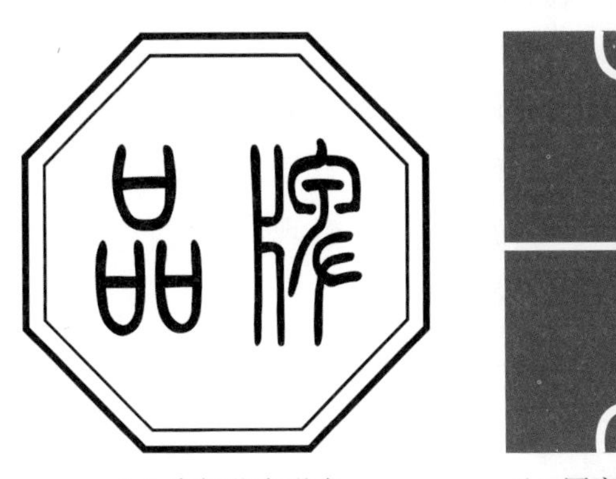

(a) 商标艺术形式

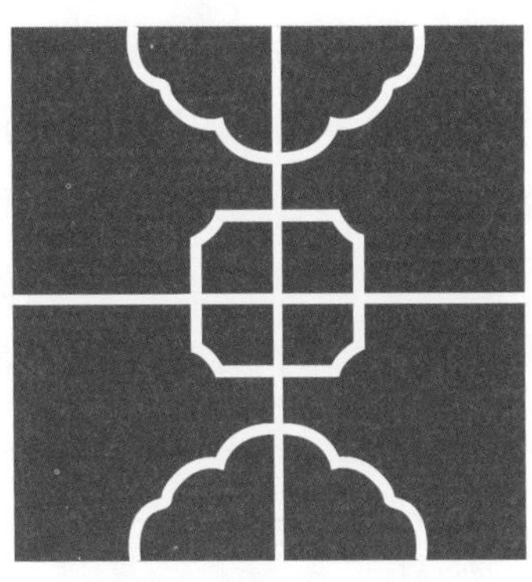

(b) 图案艺术形式(对称式构图)

(c) 包装色彩值

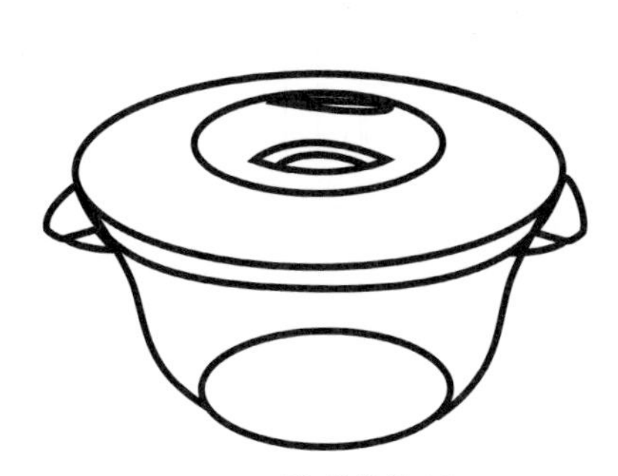

(d) 二维形状特征

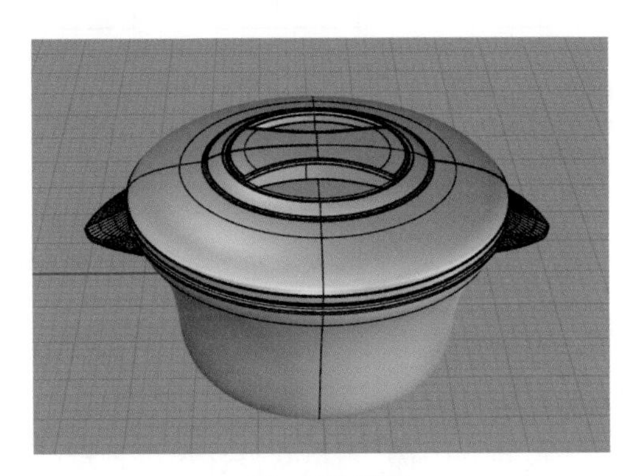

(e) 三维模型

▲ 图 4-2 上海老字号包装设计符号的提取

4.3.2 包装设计符号的存储（数据库 Access）

▲ 图 4-3　Access 软件

Microsoft Office Access（见图 4-3）是微软公司创建的关系数据库管理软件，支持 Visual Basic 语言，在数据管理、查询与分析方面有着重要作用，也可以用来开发软件，如人员管理、生产销售等企业管理软件等，其最大的优点是易学，满足非计算机专业人员使用。本书选用 Access 软件数据库，根据包装行业和包装要素对上海老字号包装的设计符号进行条理性整理，建立起上海老字号包装设计基因库。

如图 4-4 所示，上海老字号包装设计基因库主要包括商标基因库、形状基因库、色彩基因库、图案艺术基因库以及文化语义基因库（感性评价）五个部分。其中，文化语义基因库通过人员访谈的方式，确定特定文化语义词，最终选用了高贵、古典、厚重、素雅、古朴、简约、精致、时尚、实用、文气、现代等共 11 种文化语义词，并以此来归纳和记录相对应的包装设计特点。

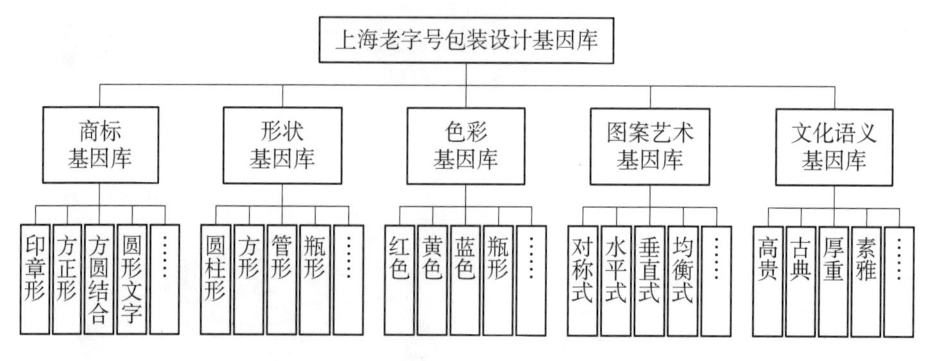

▲ 图 4-4　上海老字号包装设计基因库框架结构

商标基因库：为包装设计提供直接的原型矢量轮廓，并提供可优化修改的商标模板（Photoshop 格式文件数据）。

形状基因库：为包装设计提供直接的原型矢量轮廓，并提供可优化修改的三维形状模型数据。

图案艺术基因库：为包装设计提供丰富的图案构图艺术参考，提供图形数据支持(Photoshop 格式文件数据)。

色彩基因库:为包装设计提供直接的色彩信息。

文化语义基因库:为包装设计提供感性语义信息。

数据库包含的各包装元素基因的属性、描述和存储信息(见表4-1～表4-5)。对于包装元素基因的查询,可根据基因的名称、行业类别等属性进行,查询结果将显示该包装元素基因的相关描述、色彩值、矢量图链接,或三维模型链接等相关。

表4-1　商标艺术基因库

ID	行业类别	商标艺术名称	商标显示	商标源文件
1	药业	外椭圆内文字	/外椭圆内文字.jpg	/外椭圆内文字.psd
4	食品	方正形	/方正形.jpg	/方正形.psd
8	食品	英文商标	/英文商标.jpg	/英文商标.psd
18	服饰 ——衣服鞋帽	印章形	/印章形.jpg	/印章形.psd
……	……	……	……	……

表4-2　包装形状基因库

ID	行业类别	基本形状	材质	形状显示	形状模型(三维)
1	药业	圆柱形	陶瓷	/圆柱形 1.jpg	/圆柱形 1.3dm
2	药业	圆柱形	金属	/圆柱形 2.jpg	/圆柱形 2.3dm
3	药业	圆柱形	塑料	/圆柱形 3.jpg	/圆柱形 3.3dm
20	食品	八边形	金属	/八边形.jpg	/八边形.3dm
……	……	……	……	……	……

表4-3　包装色彩基因库

ID	行业类别	包装色彩	色彩显示	色彩值
1	药业	白色	/药业-白色.jpg	＃FFFFFF
2	药业	红色	/药业-红色.jpg	＃B18650
3	药业	黄色	/药业-黄色.jpg	＃F2E370

（续表）

ID	行业类别	包装色彩	色彩显示	色彩值
20	工业美术 ——笔墨纸砚	蓝色	/工业美术-笔墨纸砚-蓝色.jpg	＃78A3B8
……	……	……	……	……

表 4－4　包装图案艺术基因库

ID	行业类别	图案构图艺术	图案显示	商标源文件
1	药业	边角式构图	/边角式构图.jpg	/边角式构图.psd
2	药业	垂直式构图	/垂直式构图.jpg	/垂直式构图.psd
3	药业	弧线形构图	/弧线形构图.jpg	/弧线形构图.psd
28	服饰 ——衣服鞋帽	均衡式构图	/均衡式构图.jpg	/均衡式构图.psd
……	……	……	……	……

表 4－5　文化语义基因库

ID	行业类别	文化特色词汇	包装案例显示	包装形状显示	形状模型	文化特点说明
1	服饰 ——首饰眼镜	高贵	首饰眼镜/1.jpg	/方形 1.jpg	/方形 1.3dm	体现于包装的色彩和材质选用上，鲜艳颜色为主
15	药业	古典	药业包装/1.jpg	/方形 2.jpg	/方形 2.3dm	体现于包装的色彩、图案和材质运用的综合方面，紫色与红色搭配
23	食品	厚重	食品包装/1.jpg	/罐形.jpg	/罐形.3dm	体现于包装的形状和色彩方面，形状宽大与深色陶瓷材质结合
28	工业美术 ——化妆品	精致	工业美术-化妆品/1.jpg	/瓶形 1.jpg	/瓶形 1.3dm	体现于包装的形状和图案方面，形状多变，兼有精致品牌图案
……	……	……	……	……	……	……

4.4 ▸ 上海老字号包装设计方法

传统的包装设计一般在包装的前期市场调研和设计创意阶段花费大量时间和精力，不仅增加了产品开发成本，同时也不能保证产品能够保持地域文化特征和风格的一致性。

本书提出的上海老字号包装设计方法旨在基于现代包装设计流程，利用计算机的辅助功能，结合上海文化素材和老字号包装设计基因数据库，将典型且寓意深刻的文化元素和老字号包装设计的共性运用到上海老字号包装创意设计中，通过系统来延续上海文化风格和提高包装设计效率。

4.4.1 上海文化素材的使用

上海文化素材为老字号文化和包装设计提供理念指导与创意源泉。著名的老字号都拥有深厚的文化底蕴，其包装蕴含着浓厚的文化情怀，因此，上海老字号包装设计不仅要满足其包装物本身特性和老字号文化的基本需求，更要深度挖掘其深厚的文化内涵。上海老字号包装设计需要从清末以来的政史、服饰、包装科技、书法篆刻、绘画等上海文化形态中挖掘出地域的文化内涵，并提炼精髓，以糅合到老字号文化之中。图 4-5 为上海文化素材的提炼分析。

文化素材主要包含政史事件、服饰装饰图案、书法字体、绘画素材等，艺术形式包括形状特征、典型色调色彩、书法篆刻、绘画技法等。如清末以来的书法包含篆体、行书、楷书等字体，绘画技法有皴法、透视构图法等。文化素材的使用包含着深刻的文化内涵，设计师应把握文化的基本历史内涵，结合文化的时代意义，对文化素材和文化内涵进行有效迁移，以寻求老字号包装文化的时代性、包装设计符号与文化表达的一致性。

4.4.2 上海老字号包装设计基因的提取和优先性设计

包装设计基因数据库为延续上海老字号包装艺术，开展现代包装设计提供了技术支持，数据库存储有三维包装形状模型、商标和图案的构图艺术（二维平面模型），以及文化语义基因等模型数据。有了上海老字号包装设计基因数据

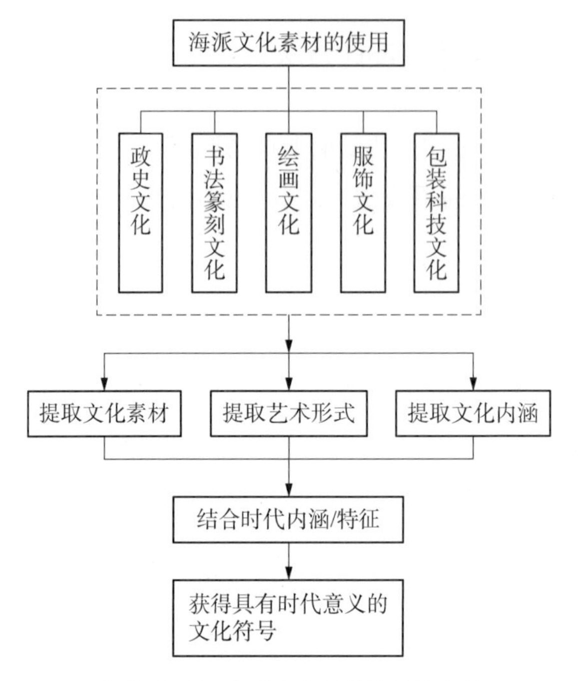

▲ 图 4－5　上海文化素材的提炼分析

库，就可以根据现代上海老字号包装设计中行业类别和包装设计要求（如形状、材质、色彩等要素的设计要求）选择上海老字号包装设计基因，并打开相对应的源文件（3dm 格式文件和 psd 格式文件）进行借鉴和优先性设计，使其包装设计与上海老字号包装形成有序统一的设计风格和视觉效果。其提取过程如图 4－6 所示。

4.4.3　包装形态的优先性解决对策

通过 Photoshop 软件提取相关的上海文化素材和艺术特征，并将其文化特征符号与包装设计基因模型进行设计结合，使其包装设计蕴含上海文化内涵，并与上海老字号包装形成统一风格，这是包装形态呈现的优先性问题的解决对策。

上海文化素材与包装设计基因的结合过程如图 4－7 所示。其中，在包装草图设计阶段，首先关注的是其老字号商标、包装形状、包装图案基因与上海文化素材的设计结合。如将虫篆印中的书法字体符号放至某一商标构图形式模

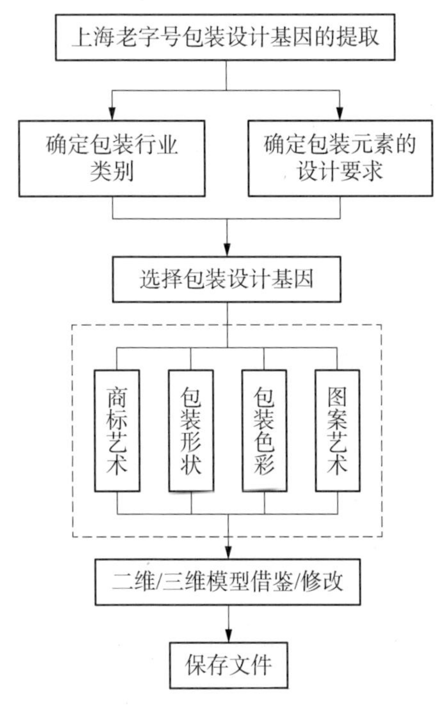

▲ 图 4-6 上海老字号包装设计基因的提取

型(psd 格式文件)中,借鉴民国时期的旗袍曲线造型对包装的形状模型(3dm 格式文件)进行再设计等。而在模型渲染阶段,对于包装材质和色彩的选择就变得尤为重要,需要关注其包装材质与色彩和上海文化素材与内涵的结合。此外,为了更好地展示老字号包装的整体性,需要关注老字号商标、图案、色彩和材质组合的整体视觉效果。

4.5 ▸ 上海老字号包装辅助创意设计系统的开发与实现

4.5.1 建立原则

基于上海老字号包装设计基因数据库开发包装辅助创意设计系统,将为包装创意设计提供计算机辅助功能,这也是延续上海文化风格和提高上海老字号包装设计效率的重要手段。其建立应该遵循以下的原则:

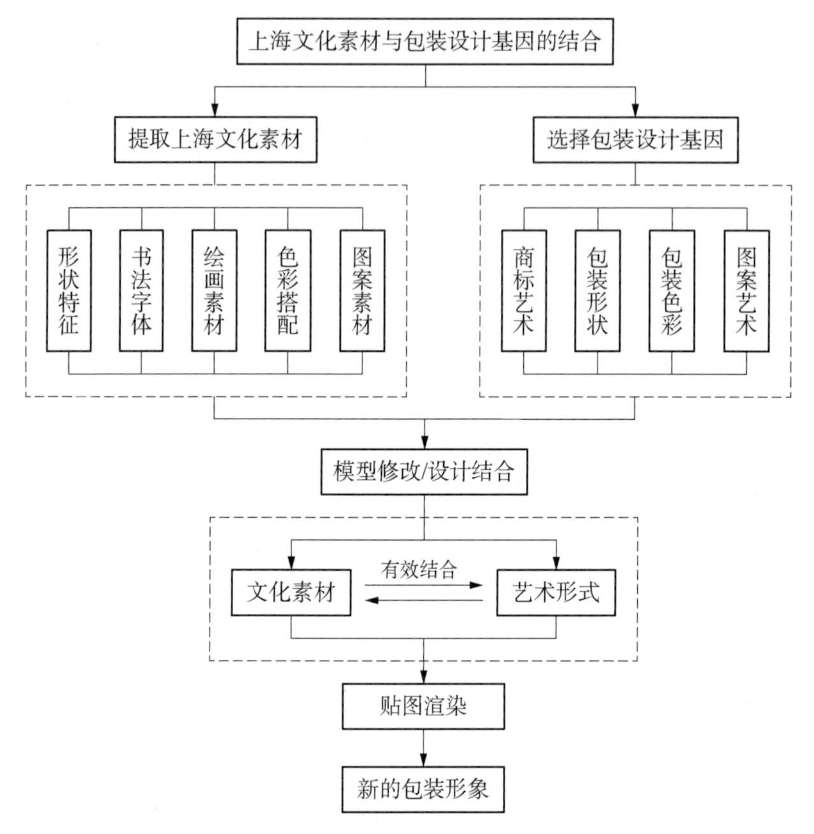

▲ 图 4－7　上海文化素材与包装设计基因的结合

(1) 系统的开发是为了存储上海老字号包装的典型艺术特征，便于开展上海老字号包装设计，因此，应确保能对库中的基因进行灵活的选择、匹配、修改和存储，以满足基本的浏览、增、删、改等操作，并做好基因库的管理与维护。

(2) 随着包装设计活动的开展及上海老字号品牌的发展，基因库应该不断丰富和完善，便于日后可持续使用。

4.5.2　计算机语言的选择

Visual Basic(简称 VB，见图 4－8)是微软公司开发的一种结构化、模块化，面向对象、包含协助开发环境、以事件驱动为机制的可视化程序设计语言。其因入门简单，容易教学，并拥有图形用户界面和快速应用程序开发系统，而成为一门应用广泛的计算机编程语言。总体而言，VB具有以下几个明显特征：

(1) 具有可视化设计平台，在设计的过程中可以看到界面的实际效果以及选择和想要的控件和属性；

(2) 拥有强大的数据库功能，可以利于数据控件访问 Access、Excel 等多种数据库系统；

(3) 语法简单，采用模块化、结构化设计语言，容易上手，有众多内部函数和数据类型。

▲ 图 4-8　Visual Basic 6.0

4.5.3　系统总体框架与设计

本节所开发的系统主要用于辅助设计人员进行包装创意设计。系统可以快速检索典型的上海老字号包装案例及其包装艺术形式，方便设计人员打开符合需求的包装模型/源文件进行再设计和应用。

4.5.3.1　系统功能结构

为了满足包装创意设计的需求，本系统主要构建以下四个基本功能模块，分别是登录、需求筛选、包装文案说明和模型调用功能。系统可以根据老字号包装发展状况实时更新包装数据库信息。此系统的设计有效整合了上海老字号包装的典型案例和艺术特征，为包装创意设计提供了技术支持。

1) 登录

登录是一个单独的模块，是对设计者/登录者信息的统一管理，登录信息(账号和密码)的添加也是信息收集的过程，这些信息将被存储至数据库。

2) 需求筛选

需求筛选是本系统的核心功能，它以所建立的上海老字号包装数据库为基础，根据设计师对包装在行业类别、商标艺术、形状、色彩、图案、材质、文化语义等方面的需求进行条件筛选，从数据库中精确筛选出符合需求的包装案例及包装艺术设计元素。需求筛选与设计说明两个模块相链接，可以查看相关的包装信息。当数据库包装数据不满足设计需求时，不会出现相对应的案例。需求筛选模块的运行流程如图 4-9 所示。

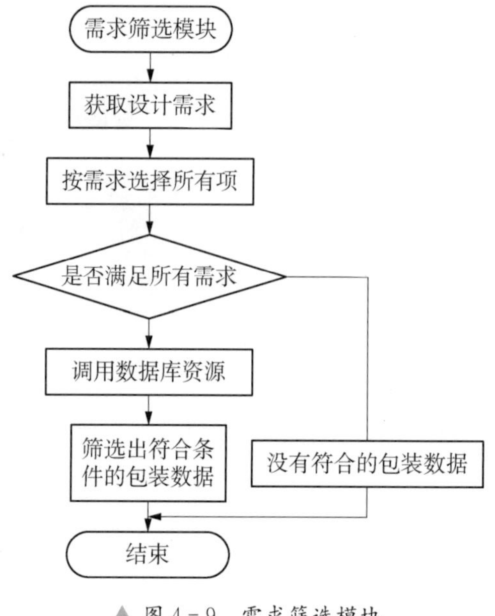

▲ 图 4-9　需求筛选模块

3）包装文案说明

包装文案说明模块是将典型的包装案例及包装艺术形式的具体信息进行整合，储存至数据库，并在包装信息展示界面中展示与此相对应的包装文字信息和图片信息。

4）模型调用

模型调用模块的主要作用在于包装图形艺术（二维模型）和包装形状（三维模型）数据的储存和调用。在模型调用界面，可以直观地看到包装的形状或包装艺术形式，这有利于设计者直观地了解、选用模型，并生成相应的 Photoshop 软件格式（二维图形）或 Rhino 软件格式源文件（三维图形）。模型调用模块的运行流程如图 4-10 所示。

4.5.3.2　系统的总体框架

本书结合系统的基本功能模块和上海老字号包装设计基因数据库内容，建立了上海老字号包装辅助创意设计系统的整体框架。具体如图 4-11 所示。

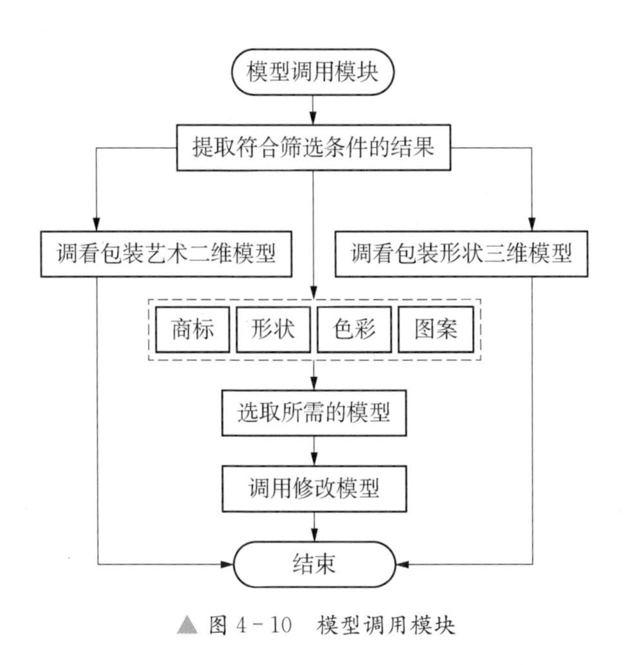

▲ 图 4－10　模型调用模块

4.5.4　系统界面设计

系统的界面设计要能满足设计者的使用需求和功能操作需求，并确保界面简洁大方、主题明了、风格统一，满足人们的日常审美。

1）界面布局

界面是人机进行交互的场所，也是系统用来传达信息的重要窗口，因此，系统界面的布局和设计必须符合以下几点标准：

（1）界面布局应注意不同功能区的划分，且布局不同面积的功能区域，要注意保持均匀分布并保持视觉上的平衡。

（2）界面布局应简洁，层次结构要清晰，并对功能信息进行整齐有序的排布。

（3）设计风格应保持一致性，界面操作对象和信息的显示要进行规范化处理。

2）文字

界面使用的字体要正式、规整，系统可统一使用宋体字体，并且大小适宜。文本框和标签框中使用的文字要注重简洁和准确性，按钮控件上的文字属性要

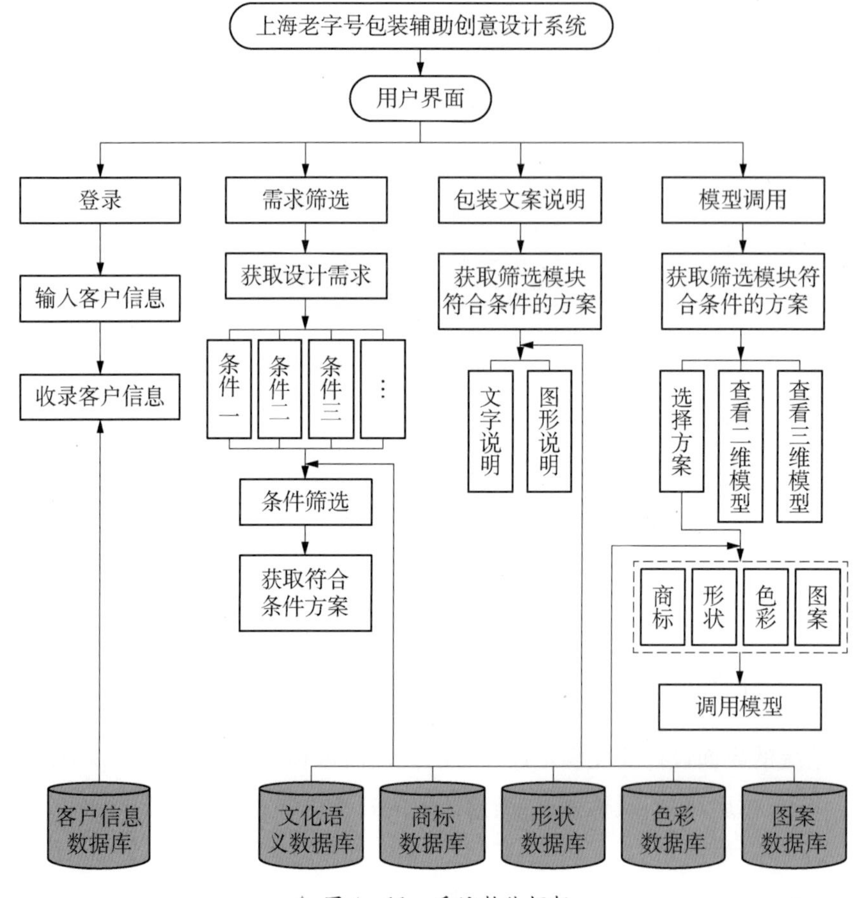

▲ 图 4－11　系统整体框架

更加强调操作的导向性。

4.5.5　系统功能模块的开发与实现

1）登录界面

登录界面主要包括系统的名称、账号密码的输入、确认和退出功能，包含 3 个 Label 标签控件、2 个 Text 文本控件，2 个 Command 按钮控件，如图 4－12 所示。

当没有输入密码，点击确定时，界面会显示"请输入密码"文字信息。账号密码输入错误时，界面显示"账号密码错误"文字信息，其代码如下：

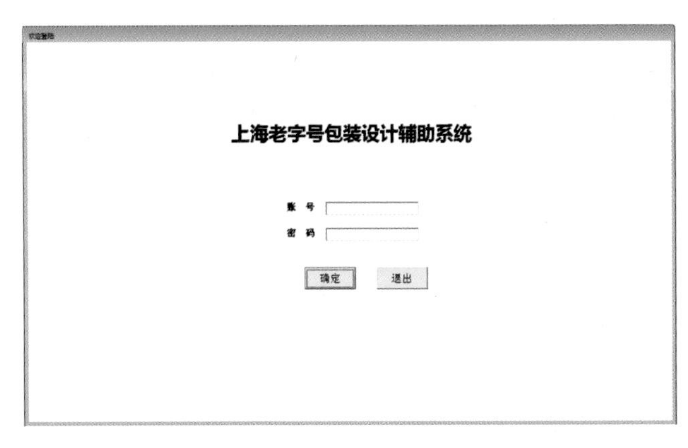

▲ 图 4-12　系统的登录界面

```
Private Sub Command1_Click()
If Trim(Text1. Text)="" Or Trim(Text2. Text)="" Then
MsgBox "请输入账号和密码"
Exit Sub
End If
Dim rs As New ADODB. Recordset
rs. Open "select * from 用户 where 账号='" & Trim(Text1. Text) & "'
and 密码='" & Trim(Text2. Text) & "'", Cnn
If rs. EOF=True Then
MsgBox "账号密码错误!"
Exit Sub
Else
strXM=Trim(rs. Fields(0))
strMM=Trim(rs. Fields(1))
strQX=Trim(rs. Fields(2))
End If
FrmMain. Show
Unload Me
End Sub
```

2）主界面设计与实现

系统的主界面运用了 7 个 Combo 控件、3 个 Label 标签控件、2 个 Command 按钮控件，1 个 SSTab 控件。其中，SSTab 控件提供了一组选项卡，用来装载包装形状、色彩、商标艺术、图案构图形式、文化特点（文化语义）控件的容器（见图 4－13）。可以从 7 个 Combo 控件选择选项，点击 Command 1 和 Command 2 可以触发按钮的 Click 事件，检索并生成符合要求的数据。

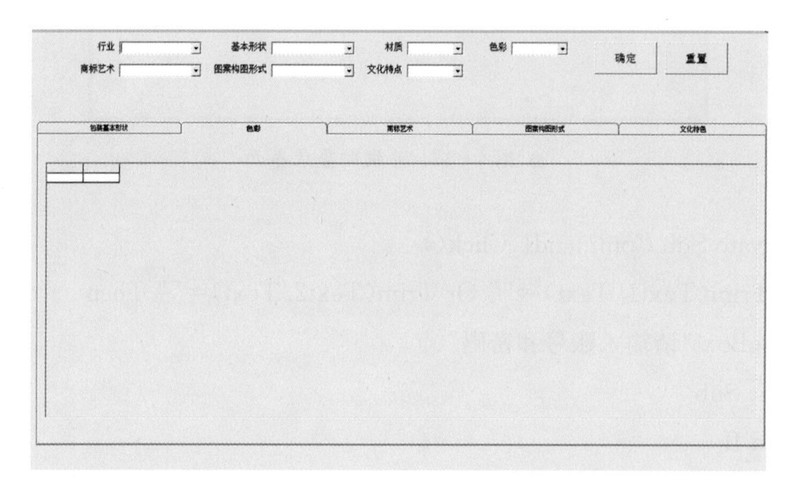

▲ 图 4－13　窗体主界面设计

（1）当没有选择行业类型时，点击 Command 1（确定键），会提示"请输入行业"。编码如下：

```
Private Sub SSTab1_Click(PreviousTab As Integer)
If Combo1. Text="" Then
MsgBox "请选择行业!"
Exit Sub
End If
```

（2）在 Combo 控件进行选择（行业为必选项）并点击确认后，检索生成符合要求的数据，以商标艺术为例，界面如图 4－14 所示，代码如下：

```
strSQL=""
If Combo4. Text <> "" Then
strSQL="and 商标艺术名称='" & Trim(Combo4. Text) & "'"
```

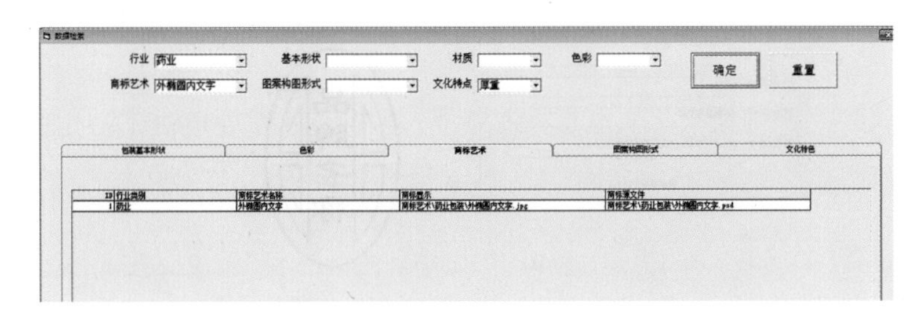

▲ 图 4-14　符合检索条件的数据结果

```
End If
rs. Open "select * from 商标艺术 where 行业类别='" & Trim(Combo1.
Text) & "'" & strSQL, Cnn, adOpenKeyset, adLockOptimistic
If rs. EOF=False Then
Set MSHFlexGrid3. DataSource=rs
Else
MSHFlexGrid3. Rows=2
MSHFlexGrid3. Cols=rs. Fields. Count
For i=0 To rs. Fields. Count-1
MSHFlexGrid3. TextMatrix(0,i)=rs. Fields(i). Name
MSHFlexGrid3. TextMatrix(1,i)=""
Next
End If
MSHFlexGrid3. ColWidth(1)=3 000
MSHFlexGrid3. ColWidth(2)=4 000
MSHFlexGrid3. ColWidth(3)=5 000
MSHFlexGrid3. ColWidth(4)=5 000
```

3）包装文案说明模块的设计与实现

对检索出来的结果作细节查看，可以显示相应的包装文案说明信息。此界面主要包括 Text 控件，Label 控件、Image 控件、Command 控件。图 4-15～图 4-19 分别是商标艺术、包装基本形状、色彩、图案构图、文化特色的界面设计。

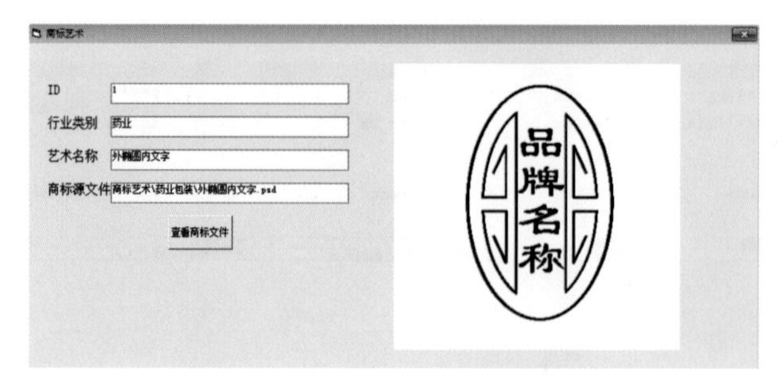

▲ 图 4-15　商标艺术的界面设计

▲ 图 4-16　包装基本形状的界面设计

▲ 图 4-17　包装色彩的界面设计

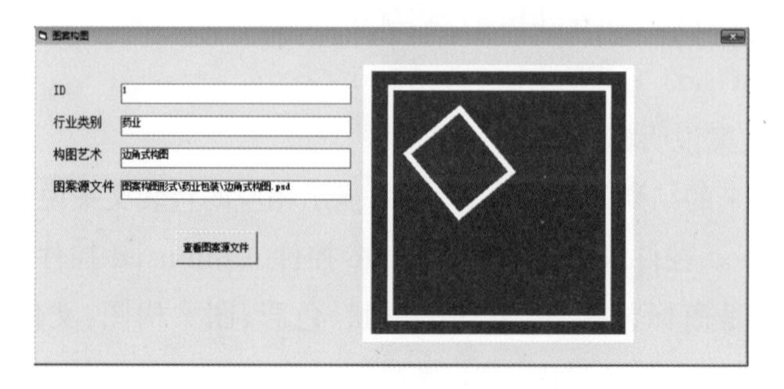

▲ 图 4-18　图案构图的界面设计

▲ 图 4-19　文化特色的界面设计

Label 控件具有标签功能，包装基本形状的文案说明界面主要有 ID、行业类别、基本形状、材质、形状模型共 5 个 Label 控件，因此有 5 个 Text 控件显示 Label 控件指向相对应的内容。Image 控件用来显示包装基本形状的图片文件，点击 Command 控件后将打开包装基本形状 Rhino 格式(三维模型)源文件。

点击检索的结果可以打开以及显示相应的包装文案说明数据。以打开包装形状为例，代码如下：

```
Private Sub MSHFlexGrid1_Click()
If MSHFlexGrid1. RowSel > = 1AndMSHFlexGrid1. TextMatrix (MSHFlexGrid1. RowSel, 0) <> "" Then
FrmJBXZ. Show
For i=0 To MSHFlexGrid1. Cols-1
FrmJBXZ. Text1 (i) = MSHFlexGrid1. TextMatrix (MSHFlexGrid1. RowSel, i)
Next
If Dir(App. Path & "\" & MSHFlexGrid1. TextMatrix(MSHFlexGrid1. RowSel, 4)) <> "" Then
Set FrmJBXZ. Image1. Picture = LoadPicture (App. Path & "\" & MSHFlexGrid1. TextMatrix(MSHFlexGrid1. RowSel, 4))
Else
Set FrmJBXZ. Image1. Picture=Nothing
End If
End If
End Sub
```

4）模型调用

包装色彩模型结合包装色彩文案说明界面所提供的色彩参考值，以及配套的色彩小插件进行构建，为后期包装的渲染提供色彩参考。除包装色彩外，其余模型的调用通过点击包装文案说明界面的 Command 控件进行链接实现，主要模型有商标艺术二维模型、图案构图二维模型、包装基本形状三维模型共三种。其中，Command 控件链接模型的代码如下：

```
Private Sub Command1_Click()
ShellExecute 0， vbNullString， App. Path & " \ " & Text1 ( 5 )，vbNullString，vbNullString，8
End Sub
```

本章基于老字号包装的设计流程，提出了上海文化元素的提取及迁移的过程和方法、获取和存储包装设计符号特征的方式；结合上海文化元素的使用方法和老字号包装基因数据库建立了上海老字号包装设计方法；根据系统开发的原则和系统的整体框架，用 Visual Basic 6.0 作为开发的载体连接数据库，开发了上海老字号包装创意设计系统。系统包含登录、需求检索、包装文案说明和模型调用等四大功能，实现了上海老字号包装艺术形态原型构建，解决了老字号包装艺术形态的中心线索（主题元素）和边缘线索（辅助元素）对于信息加工路径（设计流程）的选择问题，也阐述了相应信息加工结果（包装形态）呈现的优先性解决方案。

第5章 上海老字号包装艺术发展评估

本章基于老字号包装艺术发展的基本涵义，以及老字号包装艺术发展的传承度和可移植性理论，分析老字号包装的感性消费观、老字号包装形象的定位方法，研究老字号包装艺术造型的变化尺度（传承度），以及造型传承中消费者评价与老字号包装形象之间的关系（认知度和影响度），形成消费者对老字号艺术发展的评价方法。

5.1 老字号包装艺术发展的基本涵义

老字号包装艺术发展的定义有广义和狭义之分。狭义的老字号包装艺术发展是指用消费者熟悉的现有老字号包装造型，推出与之类别不同的新包装造型，这样能够利用现有老字号包装造型在消费者心目中的认知或印象，顺利进入新的市场。如果以新老字号包装造型在其现有的包装类别市场推出新包装，则称为"防御老字号包装"，也称为"侧翼老字号包装"。如果以新老字号包装造型推出与现有包装类别不同的新包装，这是传统的"新包装推出"。而在现有包装市场中以现有老字号推出新口味、新规格或类似的包装造型则称为"包装艺术发展"。

广义的老字号包装艺术发展则不局限于包装造型，而是与包装设计有关的所有事项。老字号名称是一种权益，而老字号包装艺术发展是把已建立起知名度的老字号品牌名称用于新的或修正的包装造型上。所以，老字号包装艺术发展也指运用某一成功的老字号名称，推出新包装，改良包装或包装线。

一些学者对老字号包装艺术发展也有更具体的定义，卢泰宏等(1995)认为老字号包装艺术发展是借助原有的已建立的老字号品牌地位，将原老字号转移用于新进入市场的其他包装或服务（包括同类的和异类的），以及用于新的细分市场中，从而达到以更少的营销成本占领更大的市场份额的目的。符国群(1998)认为老字号包装艺术发展是指将著名老字号品牌或成名老字号使用到与现有包装或原包装不同的包装造型上，是企业老字号资产利用的重要方式。

5.1.1 艺术发展方式及其优缺点

Aaker & Keller(2017)根据原包装和新包装造型之间所拥有的相同属性的多寡，把老字号包装艺术发展分为近的老字号包装艺术发展、适度的老字号包装艺术发展，以及远的老字号包装艺术发展。Broniarczyk & Alba(1994)依照包装种类的相似性程度把老字号包装艺术发展分为包装线艺术发展、相似包装艺术发展和不相似包装艺术发展。John et al.(2018)把老字号包装艺术发展划分为典型性包装艺术发展和非典型性包装艺术发展（新包装与原包装非常相似）。

可以以自由联想法了解个体对“老字号包装”的印象和艺术形态的“价值”认同。一般而言，按照包装艺术发展方向的不同，老字号包装艺术发展可分为水平包装艺术发展和垂直包装艺术发展。水平包装艺术发展是指将原有的老字号品牌名称应用在与原老字号包装种类相似或无关的新包装造型上，包括包装线艺术发展和特定包装艺术发展。垂直包装艺术发展是指用现有老字号引入与原包装种类相同，但在价格或质量上与原包装差别较大的新包装，通常垂直包装艺术发展会结合子包装或者复合包装的策略，分为向上包装艺术发展和向下包装艺术发展。

老字号包装艺术发展的优点有：

(1) 能够利用原老字号的权益和原包装与艺术发展包装之间的老字号涵义联想效果，利用原老字号品牌在市场上已经建立的强势地位，助力新包装的推出。消费者会凭着原老字号在其心目中建立的形象，迅速对新包装产生认同感，并且据以推论新包装的同质形象。

(2) 能够降低分销的成本，提高促销投入的效率。曾有研究发现老字号艺术发展包装的平均营销成本仅为推出新包装的十分之一。

（3）能够利用原老字号的知名度，降低消费者的风险意识，帮助消费者从众多的包装类目中迅速做出购买决策。

（4）强化老字号品牌的核心利益，提升公司的股票收益和广告的效率。

（5）降低上市的风险，减少推出新老字号所需的时间和大量成本，并且提高了新包装成功率。

老字号包装艺术发展的缺点在于：

（1）造成老字号权益的稀释。Tauber（2011）和 Keller（2013）均认为老字号包装艺术发展容易造成消费者认识上的混乱，进而导致老字号品牌淡化或稀释。当新包装提供的讯息与原老字号品牌形象不一致，或者相关联性太低时，消费者对此包装的传承会产生一种负面的态度，这种负面的评价不仅会使消费者无法接受新包装，还会反馈到对原老字号的认知上，使得消费者对原老字号也产生负面的态度，对原老字号的权益产生稀释的作用。Milberg, Park & McCarthy（1997）的研究发现，这种包装艺术发展不一致所导致的连带负面效果，会对原老字号品牌的属性和信念都造成稀释作用。失败的老字号包装艺术发展对原老字号的特殊属性信念的稀释作用远大于一般属性。

（2）损害原有老字号品牌形象。一个成功的老字号的价值，在于该老字号包装真正使消费者感到其无法被其他老字号所取代，具有独一无二的意义。老字号名称的不恰当使用，有可能会丧失该老字号包装原先在消费者心目中的特殊地位。老字号包装的过度艺术发展（滥用）会损坏品牌形象，即包装艺术发展陷阱。对一个具有排他性并强调尊贵、独一无二的老字号包装而言，即使艺术发展策略成功，也会因为该老字号的不恰当扩张，给消费者造成随处可见、唾手可得的感觉，从而稀释该老字号包装原本在消费者心目中的高贵、高价值形象。比如，派克钢笔一直是身份、地位的象征，其包装初始定位是高品质、高档次、高价位的“三高”策略，而当其推出几元钱的派克笔时，这个低价政策就损坏了派克老字号品牌原有的高贵形象。

（3）跷跷板效应，或者叫竞食效应。老字号包装艺术发展可能会蚕食已有的市场份额或损害原产品的市场地位。当新的老字号包装在市场上处于绝对竞争优势时，消费者会把强力老字号的类别定位在新包装上，新包装的崛起无形之中就削弱了核心老字号包装的竞争优势。这种核心老字号包装和新包装竞争态势的交替升降变化，即为“跷跷板效应”。

5.1.2 包装艺术发展链中各环节的处理策略

本节借鉴三角验证的设计思路完成研究数据的搜集工作，采用解释学方法，根据现代媒体宣传内容揭示老字号包装所具有的价值观维度以及相应的文化定位。

老字号包装艺术发展的模型如图 5-1 所示。基于对老字号包装的感性认识和热爱，消费者接受了其老字号形象，并对其作出形象评价；将老字号包装进行艺术发展，以获取更多更丰富的老字号形象，艺术发展以传承度加以衡量；基于感性意象对艺术发展包装加以形象评价，并对老字号进行传播、修正。

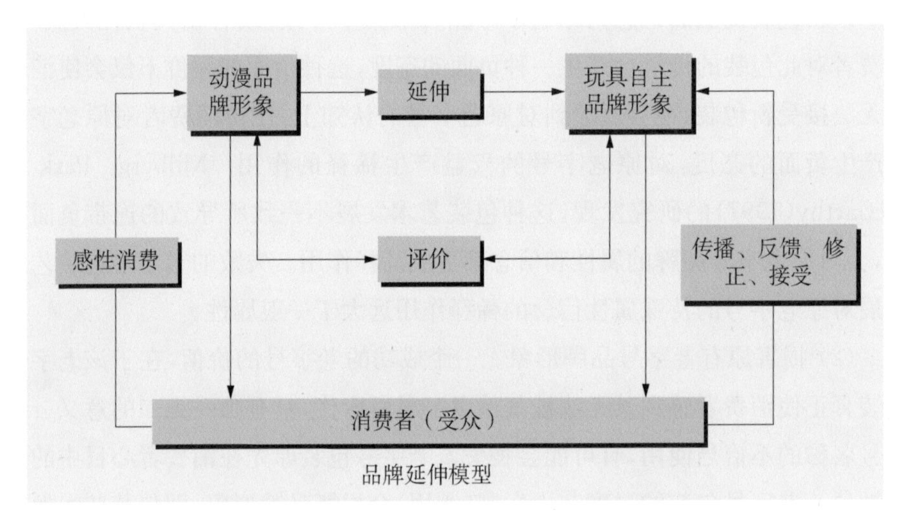

▲ 图 5-1 老字号艺术发展模型

主要艺术发展策略表现为：

(1) 消费者对老字号包装艺术发展的评价与消费者对原包装的总体质量评价呈正向关系，即原包装质量越高，越受消费者信赖，则包装艺术发展获得的消费者评价越高；反之则越低。

(2) 原包装与艺术发展后包装的关联性越强，原包装的高品质特征越容易波及艺术发展后包装；反之这种波及效应将受到阻碍。

(3) 原包装与艺术发展后包装关联性越强，消费者对老字号包装艺术发展的评价越高；反之则越低。

(4) 包装艺术发展后的设计、制造难度较原包装大，则消费者对老字号包装艺术发展的评价越高；反之则越低。

老字号包装艺术发展传承度与原老字号的特性对包装艺术发展评价有显著影响，有些情况下，原老字号属性的作用更大。影响消费者评价老字号包装艺术发展的因素主要由三方面构成：一是感知传承度；二是消费者对于原老字号的态度；三是消费者对于艺术发展本身的态度。各个因素交叉影响到最终的包装艺术发展评价，进而影响艺术发展后包装的市场表现。老字号艺术发展模型既考虑了情感因素，也考虑到包装艺术发展对原老字号包装的回馈作用。

5.1.3 老字号包装艺术发展对老字号形象的影响度

John et al.(2018)的研究发现，当艺术发展后包装的特性与原有老字号包装所代表的形象不一致时，会发生老字号稀释。以艺术发展信息的可得性为缓冲变量，国内外专家已经证实了老字号包装艺术发展对原有老字号形象的影响。Cheng-Hsui Chen & Chen(2000)以中国台湾老字号包装艺术发展失败对老字号的稀释作用为案例进行了研究，并得出结论，认为总体来说，稀释作用是存在的。Kim & Lavack(1996)还研究了垂直包装艺术发展对于艺术发展评价和原老字号包装的作用，证实垂直包装艺术发展对原老字号包装有损坏作用。周明和易怡(2004)的研究证实了垂直包装艺术发展对老字号包装权益有影响。Martinez & Pina(2013)的研究证实了水平包装艺术发展策略对原老字号形象有稀释作用。也有一些专家经研究发现包装艺术发展对老字号个性没有显著损害。

认知失调理论认为，个体总是努力保持自己原有认知体系内的协调关系，信息的转变会引起态度的转变。老字号包装艺术发展能赋予老字号形象新的解释，因此，笔者认为老字号包装艺术发展会对艺术发展后的老字号形象产生显著影响。综合考虑各学者的相关研究，大多数学者认为当下老字号包装艺术发展对老字号形象的负面作用居多。为了更深刻地揭示老字号包装艺术发展策略，本章重点阐述三方面的研究，即：老字号包装艺术发展的传承度及可移植性、老字号包装形象的定位方法、消费者对老字号包装艺术发展的评价方法。最后结合案例进行说明。

5.2 老字号包装艺术发展的传承度及可移植性

老字号包装艺术发展传承度也称老字号包装艺术发展相似度，相类似的概念有三种：相似性、典型性、相关性。事实上，这些概念衡量的几乎都是同样的内容。现有的传承度定义主要分为两大类，一类仅描述包装相关的特性，另一类包括老字号相关的特性。Tauber(2011)认为传承度是消费者对艺术发展后包装的认知与原老字号的一致性或相似性程度。Aaker & Keller(2017)认为感知传承度是消费者认同艺术发展后包装与原老字号间相容的程度。John et al.(2018)提出典型性包装艺术发展的概念，这里的典型性其实就是传承度的概念。如果一个艺术发展后包装与现有包装非常相似，则称为典型性包装艺术发展。Milberg, Park, & McCarthy(1997)扩大了传承度的定义，把老字号概念的意义引入了传承度，他们认为包装艺术发展的评价是与包装造型特征相似性相关的。老字号包装艺术发展传承度、包装艺术发展评价与老字号形象的关系研究与老字号概念一致性有关。

老字号包装艺术发展相似度包括包装种类相似度与老字号特性联想。老字号特定联想是指消费者对原老字号包装的感觉与包装种类相似的程度。消费者感知的传承度由艺术发展后包装与原包装间的相似度、包装艺术发展与原老字号形象的相似度组成，传承度是指任何与原老字号相关联的显著性，这种联想包括类别、老字号概念、老字号特定联想等能够联结原老字号与包装艺术发展的所有意义。综上所述，老字号包装艺术发展传承度对老字号包装艺术发展至关重要，当两种包装类别在属性、利益或价格水平等方面都契合时，可以进一步传达原老字号包装的知觉品质和专有联想形象至艺术发展后包装上。

5.2.1 传承度的衡量维度

衡量传承度的三个维度分别是，包装使用上的互补性、替代性，以及厂商的制造技术转移能力，即转移性。互补性是指消费者认为新旧包装类别间互补的程度，互补性在新旧包装联合使用时能满足消费者的某些特定需求。替代性是指消费者认为新旧包装类别间互为替代品的程度，所谓替代品是指具有共同的应用场合，在使用上能互相置换以满足消费者相同需求的包装。转移性是指原老字号制造商在经营原有包装类别，同时再开发新包装时，消费者所能感觉的厂商制造能力。

传承度来自包装层次的相似性和老字号包装概念一致性的双重作用，知觉传承度可划分为包装特征相似性和老字号包装概念一致性两个维度。包装特征相似性是指原老字号包装类别与艺术发展后包装的类别之间享有共同属性的多寡。包装特征可以是具体的，也可以是抽象的。老字号包装概念一致性则是指对于原老字号的联想与艺术发展后老字号包装间是否具有相关性或连结性，这种联想代表老字号包装特定的概念意义。

老字号包装艺术发展按相似度高低分成典型性老字号包装艺术发展与非典型性包装艺术发展，以此检验艺术发展方式对消费者评估老字号包装艺术发展之影响。当艺术发展后包装与原包装具有相似性或契合的程度高时，则艺术发展后包装对原包装而言具有典型性。若艺术发展后包装与原包装契合的程度较低时，称为非典型性包装艺术发展。传承度分为两个维度：一个与包装种类相关，另一个与包装形象相关。包装种类的传承度指的是消费者对于艺术发展后包装与原包装间相似性的知觉，而老字号形象的传承度指的是原老字号品牌在推出艺术发展后包装时，第一感觉认定的艺术发展后包装形象与原老字号包装间的相似性，其中包含原老字号包装特殊属性艺术发展的相似性与原老字号包装品质联想艺术发展间的相似性。经验性研究还发现关联性存在两个维度：供给角度的关联性和需求角度的关联性。供给角度的关联性是指艺术发展后包装与老字号原有包装之间能够共享分销渠道和分销队伍等市场资源；需求角度的关联性是指消费者能够从艺术发展后包装中感受到原有老字号的共同优势。

总之，各学者对于传承度一般都是以包装的特征、属性、使用情况来判别原包装与艺术发展后包装概念上的相似程度，这些要素能使消费者对原包装的信念、想象很快地与艺术发展后包装产生联想。可以看到，互补性、替代性、转移性三个维度描述了与包装和组织相关的相似程度，但是互补性和替代性并不直接衡量包装相关的属性，而包装特征相似性这个维度能够很好地衡量消费者对于艺术发展后包装的感性认识。转移性是对组织能力的一种衡量，众多学者的研究均证明了其重要性。综合考虑，本书研究将采用转移性，再加上包装特征相似性这个维度，来衡量老字号包装艺术发展传承度。

5.2.2 包装艺术发展传承度与评价的关系

老字号包装艺术发展传承度是消费者能够感知到的关于艺术发展最直观的因素，也是决定老字号包装艺术发展能否成功的关键因素。为此，相关学者对包装艺术发展传承度与老字号包装艺术发展评价之间的关系做了大量的研究。Aaker & Keller 在其模型中证明了包装艺术发展传承度对包装艺术发展评价的正面影响,此后众多学者在重复他们的实验时均证实了包装艺术发展传承度对包装艺术发展评价的直接正面影响(Bottomley & Doyle, 1996)。Loken & John(2010)的研究还发现,如果老字号包装艺术发展为原老字号品牌可以感知的典型,则消费者对老字号包装艺术发展的评价速度越快,喜爱程度也越高。如果老字号包装艺术发展与原老字号的传承度高,则可以降低消费者的知觉风险,消费者会比较愿意尝试艺术发展后老字号的包装,所以在市场占有率和广告效果上都有较好的表现;如果老字号艺术发展的包装属性与原老字号不一致,则会破坏消费者对原老字号的评价。

有两个重要的判断因素会影响消费者对老字号包装艺术发展的评估,一是老字号包装艺术发展传承度,二是老字号的声望。传承度越高,老字号包装的声望越高,消费者越容易产生老字号联想。

集各学者的研究,本书得出了综合影响老字号包装艺术发展评价的模型(见图 5-2)。从模型中可以看到,老字号包装艺术发展传承度在对消费者评价老字号艺术发展的过程中起到重要作用。目前学者关于在包装艺术发展传承度与包装艺术发展评价之间是否存在正向影响关系的研究结论不尽相同,大部分学者证实了这种正向关系,而 Meyers-Levy & Tybout(1989)却得出了不同的结论。他们把包装艺术发展分成相似艺术发展、适度不相似艺术发展、极度不相似艺术发展三种类型,探讨了消费者对老字号包装艺术发展的评估,结果显示:适度不相似比相似和极度不相似的老字号包装艺术发展,在评估上更有利。例如,Lane(2000)专题研究了老字号包装的广告重复性与广告内容对消费者感知不相似艺术发展的影响。在适度不相似艺术发展下,重复性广告不仅能激发消费者对老字号的周边联想与利益联想,同时还能提升消费者对包装艺术发展的积极评价。但是极度不相似的包装艺术发展广告所引发的利益联想,同样能够改善消费者的评估。Lane(2000)利用强势老字号包装来检验消费者对老字号包装艺术发展的评估,结果显示,当消费者涉入程度低时,相似的艺术发展比适度不相似老字号包装艺术发展和高度不相似包装艺术发展的评估更有利;当消费者涉入程度高时,适度不相似老字号包装艺术发展比相似的老字号包装艺术发展的评估更有利。Bhat & Reddy(2011)的研究甚至否定了艺术发展后包装与原老字号包装之间的相似性对包装艺术发展评估的显著影响。可以看到，前人关于老字号包装艺术发展传承度与老字号包装艺术发展评价的结论并没有达成完全一致的结论，本书将分维度深入探讨包装艺术发展传承度与包装艺术发展评价之间的关系。

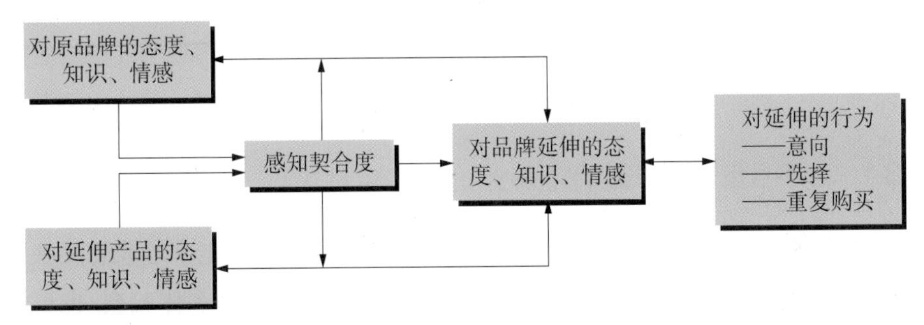

▲ 图 5-2　影响老字号包装艺术发展评价的基本模型

5.2.3　包装艺术发展传承度与艺术发展后老字号形象之间的关系

许多学者从定性和定量的角度证实了老字号包装艺术发展对原老字号形象的影响。当艺术发展后包装的特性与原老字号包装所代表的形象不一致时，会发生老字号形象稀释效应。Ahluwalia & Zeynep(2010)以艺术发展信息的可得性为缓冲变量，研究了老字号包装艺术发展对老字号形象的影响。艺术发展信息可获得性高时，不论采用哪种艺术发展方式，负面信息会稀释老字号形象，正面信息会强化老字号形象。而艺术发展信息可获得性低时，相对于远的老字号包装艺术发展来说，近的包装艺术发展的负面信息会稀释老字号形象；而相对于近的老字号包装艺术发展，远的包装艺术发展的正面信息将有助于强化老字号形象。

Kim & Lavack(1996)研究了垂直包装艺术发展对于包装艺术发展评价和原老字号包装的作用，证实了垂直包装艺术发展对原老字号形象有损害作用，老字号水平包装艺术发展策略对原老字号形象有稀释作用。他们发现消费者感知到的老字号包装艺术发展传承度越少，老字号形象恶化的可能性越大。而Diamantopoulos, Smith & Grime(2015)研究却发现老字号包装艺术发展对老字号个性没有显著损害。

综上所述，多数学者通过研究证明老字号包装艺术发展会对艺术发展后的老字号形象产生影响。更具体地说，即包装艺术发展传承度可以定义不同的老字号包装艺术发展策略。因此，可以认为包装艺术发展传承度会对艺术发展后老字号形象产生影响。

5.3 老字号包装形象的定位方法

5.3.1 老字号包装形象的定义

本书将老字号形象定义为存在于消费者记忆中的、通过老字号联想反映出的关于老字号的认知。老字号形象可被分为功能型、象征型和体验型，也可被分为尊贵形象型和非尊贵形象型，或者功能型、象征型和特殊用途型。这些衡量方式均适用于对老字号进行归类，是一种类别变量。这里认为老字号形象是一种连续性的感知，因此不采用这些衡量方法。关于连续型的测量方法，各学者也都提出了很多模型。Biel(1993)用企业形象、包装形象和使用者形象三个维度来衡量老字号形象，Keller(2013)分别从属性、利益和态度三个方面来衡量老字号形象，范秀成、陈洁(2002)分别从包装维度、企业维度、人性化维度和符号维度来测量老字号形象。这些学者提出的角度都能够很好地描述老字号品牌具有的特性，但更适合于测量一种横截面上的静态老字号形象，用在本书研究上显然并不完全合适。本书采用形象的情景模拟策略，消费者无法有真正的使用经验，对相关调查也无法做出真实的回应，因此本书不采用这些衡量方式。

本书将老字号形象分为感知价值、品牌个性、组织形象三个比较抽象的维度，笔者认为这三个方面分别代表了与包装相关的形象、与老字号包装相关的特性和与组织相关的形象。该衡量方式把研究角度上升到了组织层面，是对老字号形象的完整划分。本书研究中采用的这种衡量方式的具体含义如下：

(1) 感知价值：消费者能够感知到的包装的功能性利益。

(2) 品牌个性：消费者感知到的由老字号包装产生的象征、符号和情感的利益。

(3) 组织形象：消费者所感知到的老字号隶属的组织相关的特性。它与以下这些因素有关：企业在行业内的口碑、对企业的喜爱程度、老字号品牌的自信水平，以及对老字号形象和企业形象的感觉。

本书对老字号形象的衡量主要参考了 Aaker(1997)发表的量表，并对量表进行了适当的修正，如表 5-1 所示。为了方便对比分析，艺术发展前、后的老字号包装形象之测量量表完全相同。

表 5-1 老字号包装形象的衡量

测量维度	测量内容
感知价值	老字号品牌的社会效应不错
	以该老字号品牌形象进行延伸开发新包装是物有所值的
	该品牌形象的老字号辐射作用大，受众面广，购买新包装产品是有理由的
品牌个性	该品牌形象有鲜明的个性
	该品牌形象能稳住某些特定的群体，并引起情感上共鸣
	清楚地知道该品牌的消费者类型
组织形象	老字号品牌发行商的社会形象(行业内)
	受众对老字号品牌形象的认知度、信任度
	受众对老字号品牌形象新包装产品的满足度

5.3.2 老字号包装形象维度之划分

Park, Jaworski & Maclnnis(1986)以满足消费者的需求为基础，把消费者能感知或联想到的老字号形象分为三类：功能型、象征型、经验型。功能型指老字号包装强调能够帮助消费者解决现有问题及预防潜在问题、满足使用上的需求，强调实用、好用的功能，比如老字号快速消费品包装、老字号实用生活品包装等；象征型指老字号包装强调能够满足消费者期望的群体关系、角色或自我形象的内部心理需求，以达到自我形象的提升、角色定位、自我认同的目的，比如奢侈品类老字号包装给个体带来的心理暗示；经验型指老字号包装强调满足消费者内在追求多样化的需求或知觉经验的获得，以提供消费者感官上的愉悦以及认知上的刺激为主，比如奥运会吉祥物包装等。

老字号包装形象可分为十一类：包装属性、无形属性、顾客利益、相对价格、包装用途、使用者、名人/代言人、生活形态/人格、包装种类、竞争者、国家/地理区域。Biel(1993)认为老字号包装形象是消费者看到老字号品牌名称时所能产生联结的一组属性与联想，由企业形象、包装形象和使用者形象构成。这三种形象来源又可划分为两种联想类型，一是有实质感受的硬属性，是对包装实体的功能型属性的认知，如性能、高价位、包装材料、容易操作等；一是软属性，即能满足消费心理层面的诉求，如欢乐、兴奋、创新、信任等。因此，如果要建立起老字号包装形象，以便与其他老字号包装有所区分，可以考虑增加特定的属性来加强定位。

老字号包装联想的形态可以分为三个维度。①属性。它是包装或服务的描述性特征，是消费者购买产品或服务的原因，可以分为与包装相关的属性（包装或服务的实质功能）和与包装无关的属性（比如价格、产品、使用者形态或使用情景等）。②利益。消费者赋予包装或服务属性的价值，又可以分为三种：功能利益、使用产品或服务的经验利益、象征利益。③态度。它是消费者对老字号包装的整体评价，是形成消费者行为的基础，会影响消费者的购买行为。老字号品牌态度与包装相关属性、非包装相关属性、功能的利益、经验的利益、象征的利益均存在着相关性。

老字号包装概念的区分可简化为两大类：一是尊贵形象的老字号品牌，消费者之所以购买某种产品，主要是由于该老字号包装能够展现他的身份和地位，不但具有排他性，还能感觉到一种与众不同的效果。二是非尊贵形象老字号包装，消费者之所以购买是因为该老字号品牌产品具有某些特殊的功能，比如功能性或实用性。

老字号包装形象还可划分为功能型、象征型，以及与功能型相近的特殊用途型三种。不同老字号形象的包装，其形象形成的方向一般是由下而上的，而象征型的老字号包装形象，其形成方向是由上而下的。

国内学者范秀成、陈洁(2002)提出了老字号包装形象综合测评模型。模型分别从包装、企业、人性化、符号等维度进行测量。综合考虑各位学者对于老字号包装形象维度的划分，很显然，主要分为离散型和连续型两种。为了体现对老字号整体形象的一种衡量，本书采用感知价值、老字号品牌个性和组织形象三个维度来衡量老字号形象。

5.3.3 基于感性消费观的老字号包装形象建立

随着经济的发展与人们整体生活水平的提升，在迈入新时代后，消费形态已经由过去以物性包装为主的“包装导向”转变为以消费者为主的“消费者导向”。产品包装的本质属性是为人们精神层面的情感包装，满足受众的视觉享受和思想愉悦，以及使用者的精神功能和物质功能。感性消费作为以满足消费者情感、心理需求为目的而产生的消费导向，对老字号形象的确立和市场地位的建立起到了不可忽视的作用，并且深刻地影响着消费者的购买行为和未来的购买趋势。

以感性消费为基础的老字号包装的设计是以消费者的情感世界为基础的感性化行为，是情感与老字号形象的整合，须实现消费者的精神满足感。感性消费是由感官在心理上的共鸣引起的一种不由自主的购买反应，是出于感情动机而产生的购买行为。包装能在人们的感官上产生魅力，引发消费者对于某种潜在情感的共鸣，从而产生喜好，最终达到促使人购买的目的。所谓感官，一般是指眼、耳、鼻、舌、身等，具有特殊的生理结构和机能，能分别接受外界的不同刺激并产生相应的视觉、听觉、嗅觉、味觉和触觉，从而使人得到心理上的慰藉，最终满足自我实现的需求。感性消费不仅仅是在情绪高涨时的购买乐趣行为，也可以是在情绪不佳时弥补心里空虚的反应，更可以是一种纯粹的无目的式的寻找。总之，任何一种状况都是由消费者瞬息万变的消费心理引起的。所以，情绪消费在目的上具有一定的盲目性，在消费周期上具有相应的短暂性，在消费人群上具有相当的广泛性。

在基于感性消费观的老字号品牌包装的设计中，人们更为关注的是老字号产品形象的品质表达、色彩搭配、材质创新、人机界面的传承度、形象的接受度、情景的虚拟性等，其基本依据为马斯洛需求层次理论。因为人总是先“结识”并喜欢上包装，继而产生进一步要拥有产品的动机，再彻底地满足个人的情感需求，直至渴求获得老字号产品的功能性，以获得对老字号较多份额的占有。人们的视觉认知过程具有整体意象的优先性，其特点是人们所见到的物体是整体的，而不是视觉意象的组成单元，它比后续的专注阶段具有优先性。而此优先性意味着前阶段所得到的视觉意象会支配或影响后期的视觉认知过程。

消费者对老字号产品的感性消费是一种非常复杂的心理需求过程，受到许多因素的影响，包括外显性因素和内隐性因素。一方面，对同一老字号品牌的包装视觉形象，消费者会有不同的理解；另一方面，对同一老字号形象的评价，个体性很强，具有强烈的个性特点。作为包装设计师，要积极把握感性消费观，以功能导向为根本，开发出经久不衰的老字号包装，并反作用之，借其来增强老字号形象的知名度，使老字号形象不断深入人心。

5.4 消费者对老字号包装艺术发展的评价方法

5.4.1 老字号包装艺术发展评价的定义

消费者对于老字号包装艺术发展的评价是消费者对于老字号包装艺术发展的一种知觉。Aaker & Keller(1990)最早对老字号包装艺术发展进行定性评价，将之作为衡量老字号包装艺术发展是否成功的标准，他们认为对包装艺术发展的评价取决于消费者对艺术发展包装的情感态度。Boush & Loken(1991)在衡量老字号包装艺术发展的同时，考虑了消费者对艺术发展后包装和包装艺术发展策略本身的态度。Park, Milberg & Lawson(1991)则主张评估消费者对包装艺术发展策略本身的知觉态度。后来的研究学者则主要从艺术发展后包装和老字号包装艺术发展传承度、包装艺术发展评价与老字号形象的关系研究包装艺术发展策略，并以这两个方面为标准来衡量包装艺术发展是否成功。Ruyter & Wetzels(2000)在衡量老字号包装艺术发展时，把消费者对企业的信任程度加入了评价范围。Smith, Diamantopoulos & Grime(2015)在评价老字号包装艺术发展时，把消费者对原老字号包装的态度也纳入范畴，这其实是对企业的部分评价。总之，消费者对于包装艺术发展的评价就是其对与包装艺术发展相关的一系列指标进行主观评估，并与其后续的行为紧密相关。

老字号包装艺术发展策略能够利用原老字号包装在市场上已经建立的强势地位帮助新包装定位，并帮助企业以低成本打开市场，这是一种很好的引入新包装的策略。老字号包装艺术发展可以是垂直包装艺术发展，也可以是水平包装艺术发展。通常认为水平包装艺术发展的空间更大，它可以帮助企业进入与现有包装类别不相似的领域，是更常用的多元化途径。当水平包装艺术发展策略被引入时，企业通常会向市场推出与现有包装类别不同的新包装。艺术发展包装与现有包装之间的关系可以用包装艺术发展传承度来衡量，传承度又可从包装层面和组织能力层面的相似性角度来衡量，在某种意义上，这也是衡量消费者需求层面的相似性和组织供给层面上的相似性。消费者对于包装艺术发展的评价会影响到消费者对于艺术发展包装的购买意图，进而影响艺术发展包装的市场绩效，因此，其一直是学者们用来衡量老字号艺术发展是否成功的重要指标。

老字号形象也依赖于对包装的抽象认识，其代表了消费者对于该老字号相关的产品、利益和隶属组织的一种认知。消费者对于已有老字号和其相关的包装会有一种评价，可以把它定义为包装艺术发展前老字号形象。而当引入老字号包装艺术发展策略时，消费者会重新评价老字号形象。老字号形象与原包装和艺术发展后包装均相关，是一种综合的形象，本书把它定义为艺术发展后老字号形象。老字号形象是管理者必须关注的重要因素，它关系到企业长期发展的能力。消费者对于老字号包装艺术发展传承度的衡量会对消费者对包装艺术发展的评价产生显著影响，这种影响是强相关的。根据情感迁移模型，包装艺术发展前的老字号形象也会影响消费者对包装艺术发展的评价。由于消费者评价老字号包装艺术发展时更多的是从包装之间的相似性出发，可以预期包装艺术发展前的老字号形象会通过与包装艺术发展传承度的交互作用对评价产生影响。水平包装艺术发展策略不当很有可能损害老字号形象，国外很多学者的研究证实了这一点，这对老字号的长期发展是不利的。国内就水平包装艺术发展对老字号形象的影响进行的研究不多，因此，就老字号包装艺术发展是否会损害老字号形象开展相关研究，具有十分重要的理论和现实意义。

5.4.2 老字号包装艺术发展评价的衡量

消费者对于老字号包装艺术发展的评价，其角度主要是对艺术发展包装的评价或对整个包装艺术发展策略的评价。对艺术发展包装的评价关系到品质知觉、购买的可能性，而对整个包装艺术发展策略的评价则更多带有一些主观色彩。

分析消费者对本土老字号包装价值观的联想以及“文化”印象，发现消费者对于老字号包装艺术发展的评价主要分为三类：一是对艺术发展后包装的评价，一般用知觉品质、购买意愿等来衡量；二是对老字号包装艺术发展策略和原老字号品牌的评价，一般用主观的喜欢不喜欢、满意不满意来衡量；三是上升到对企业的评价，用对企业的信任度来衡量。

5.4.3 包装艺术发展评价与艺术发展后老字号形象的关系

消费者接收到的信息不仅会影响老字号包装艺术发展本身，还会影响到消费者对原老字号品牌的感知。老字号包装艺术发展会使消费者产生新的老字号联想。包装艺术发展评价是消费者的一种心理活动，当消费者接触到老字号包装艺术发展策略时，会将艺术发展后包装的信息与现有包装和老字号品牌进行匹配。由于属性的不同，匹配不会马上成功，对包装艺术发展的评价会进入一个缓慢的过程，消费者将从各属性层面进行比较，最后得出一个综合的评价，这个评价会相应地储存在记忆中。

老字号形象是消费者在记忆中通过老字号包装联想反映出的关于老字号品牌的认知。消费者对老字号形象的评估是一个对老字号包装联想进行解码、提炼与解释的过程，它不是静态的。引入老字号包装艺术发展前，消费者头脑中对于老字号形象已经有一种认知，并储存在记忆中。引入老字号包装艺术发展后，消费者对老字号包装艺术发展的评价与记忆中关于老字号品牌的信息又会发生冲突。根据 Fiske & Pavdchak(2016)的分类理论，消费者会将这些不一致的信息加以处理，融合到已经存在的原老字号包装信息中，从而重新评价老字号形象。“簿记模型”也指出消费者的观念会随着接收信息的变化而发生变化，也就是说，那些包装艺术发展评价所带来的新的不一致的信息，会相应地不断地修正消费者关于老字号品牌形象的概念。因此，包装艺术发展评价会对包装艺术发展后的老字号形象产生影响。

5.4.4 包装艺术发展前老字号形象与包装艺术发展评价的关系

本书从感知价值、品牌个性和组织形象三个维度来衡量老字号形象。包装艺术发展前的老字号形象是消费者存在记忆中对产品、老字号和组织相关的感知。根据心理学上的“晕轮效应”原理，消费者对于老字号的经验会影响对老字号包装艺术发展的评价。图 5-3 是本书建立的情感迁移模型，通过该模型可以看出，消费者对于原老字号包装的态度（包括包装艺术发展前老字号形象）会通过两条迁移路径影响到对老字号包装艺术发展的评价。

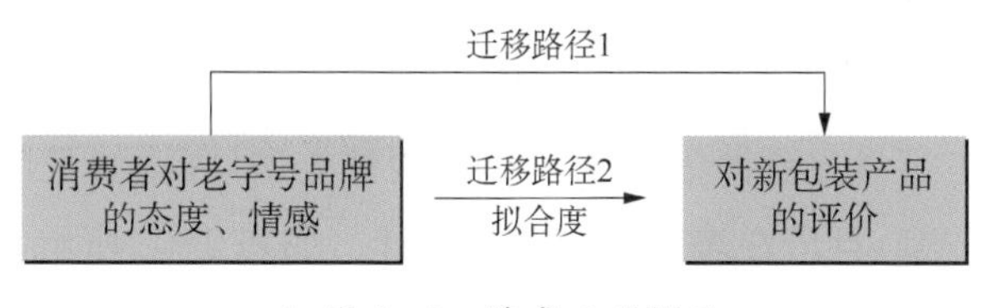

▲ 图 5-3 情感迁移模型

Broniarczyk & Alba(1994)的研究发现，老字号品牌特定联想会影响消费者对老字号包装艺术发展的评价，尤其是当消费者具有很高的老字号品牌知识时，这种影响作用更显著。老字号特定联想与老字号个性的概念很接近，老字号属性联想的影响作用很大，而艺术发展包装与原老字号包装之间的相似性对包装艺术发展评估却没有显著影响。消费者对于原老字号包装的经验会影响消费者对老字号包装艺术发展的评价。事实上，消费者具有较高的老字号品牌知识时，对于老字号包装所包含的属性和利益也会非常了解，这些先入为主的概念会使得消费者不自觉地对老字号包装概念一致性进行评估。老字号包装概念一致性被很多学者证明是一种会对包装艺术发展产生影响的评价，因此可以认为包装艺术发展前的老字号形象会影响消费者对于老字号包装艺术发展的评价。

5.5 老字号包装形象塑造和推广的设计及评价案例

5.5.1 “曹素功”老字号包装简介

“曹素功”老字号是中国当代制墨行业中的元老，1993 年被认定为“中华老字号”，是上海著名的老字号品牌之一。其名称以清代制墨名家“曹素功”命名，创建于明代末年，至今已有近 400 年的历史，目前和周虎臣笔厂共同组成上海周虎臣曹素功笔墨有限公司。曹素功墨，多次被选为国家级礼品。

“曹素功”老字号目前运用的商标如图 5-4 所示，采用书法字体作为商标。

通过调研得知，曹素功墨包括油烟墨、珍藏墨、油烟墨汁三种类型，其中油烟墨和珍藏墨皆使用桐油、麝香、猪油、广胶等原材料，经炼制、和料、晾干、描金等工序精制而成，色泽黝黑呈紫玉光泽。

▲ 图 5-4　曹素功老字号商标

“曹素功”老字号主要销售墨块和墨汁两种类型，因墨块是固体，故能生产制造出不同的造型，且可在表面进行装饰设计。如表 5-2 所示，墨块的形状有方形、椭圆形、多边形等，外表多绘有描金图案，基本上都采用了图和题字结合的形式，其中，图案的素材涵盖山水、松鹤、竹子等风景图，仙翁、美女等人物图，以及龙纹等吉祥图案。

表 5-2　曹素功墨块分析

墨块案例					
形状特征		长方形	半椭圆	椭圆形	八边形
图案	素材	山水、竹子、松鹤、仙翁、龙纹	美女等人物形象	书法文字	石头枝叶、书法文字
	色彩	金黄色、白色	金黄色、白色、绿色	金黄色	金黄色、绿色

不同种类的墨会因其形状、属性特点不同而影响到包装类型、形状的选用。如表 5-3、表 5-4 所示，因墨汁是液体，所以其内包装的形状呈现出丰富多样的特点，有仿古的敲钟形状，有便于手拿的瓶形，也有日常的方形瓶。而在外包装方面，无论是墨汁还是墨块，其包装形状基本都是方形。其中，墨汁的外包装形状以适应内包装形状和大小为准；而墨块的包装则使用盒型结构，通过内设凹槽来满足不同形状墨块的放置。

表 5-3　曹素功墨块包装案例分析

墨块包装案例				 

(续表)

形状		形状:长方体 结构:盒形结构,可放4块墨块	形状:长方体 结构:盒形结构,放置笔墨工具	形状:长方体 结构:盒形结构,放单块墨	形状:长方体 结构:盒形结构,放单块墨
图案	素材	植物花藤纹、几何多边形图纹	书法、题字	花瓣纹、几何多边形图纹	用几何多边形拼接而成
	色彩	淡黄色,黄绿色	黄色、原木色	翠绿色、白色	橙黄色、红色、翠绿色、白色

从素材和色彩两个角度来分析包装图案,发现"曹素功"墨块和墨汁的包装均喜爱采用书法字体、植物花藤、祥云、老字号名称作为图案的素材。唯一的区别是,墨块的包装喜欢使用几何多边形图形来拼接图纹。色彩上,墨块包装喜用浅黄色、翠绿色、橙红色、白色等颜色来呈现包装的贵重;而墨汁的内包装颜色单一,多为深色系,如土黄、深灰、黑色等色彩,墨汁的外包装多采用红色、黑色和白色结合的色彩。

表5-4 曹素功墨汁包装案例分析

墨汁包装案例						
内包装	形状	扁圆造型	方形瓶	敲钟造型(仿古)	方圆结合(便于手拿倒墨)	方形瓶
	图案	素材:书法字体、花藤图案 色彩:整体以灰色为主,黑色、红色、白色点缀	素材:墨的特性说明文字 色彩:黑色	素材:云纹、花藤、品牌文字 色彩:土黄色	素材:品牌名称 色彩:土黄色	素材:品牌名称 色彩:土黄色
外包装	形状	方形体	方形体	—	—	—
	图案	素材:书法字体 色彩:黑色、红色和白色结合	素材:书法字体 色彩:黑色、红色和白色结合	—	—	—

总体而言，为了体现包装的整体性和统一性，不管是内包装还是外包装，其包装图案在素材和颜色的选用上基本保持一致。

5.5.2 设计需求及设计定位

笔墨纸砚是中国独有的文书工具，是中华优秀传统文化的精髓之一，亦是体现中华之文化自信的重要载体，“曹素功”老字号墨曾被选作国家级文化礼品，对展示中华传统文化之书墨文化有着重要意义。

本节以曹素功墨块包装为设计案例，面向广大爱墨人士，同时因应作为文化礼品的需求，设计一款体现“曹素功”老字号文化、墨文化特征的包装。

整体设计思路如下：

（1）通过调研选用关于或符合墨产品的文化内涵和特征的元素。

（2）分析“曹素功”老字号墨的基本形状和材质需求、文化需求，通过第4章设计的系统获取商标、形状、色彩、图案等包装设计基因。

（3）结合选用的文化元素与包装设计基因（艺术形式模型）进行设计。

（4）对包装进行渲染，并展示最终包装效果。

5.5.3 文化的提取及应用

自古以来，墨是文房四宝之一，是用来写字绘画的重要工具，也是赠送友人的佳品。墨给人一种书香文化气息，因此本书选择提取与墨文化有共同文化气息的书法篆刻和绘画文化的艺术特征，作为曹素功墨包装的素材。

1）书法篆刻文化

如图5-5所示，包装视觉元素选择书法字体：篆书具有体正势圆、因形立意的笔画特征；楷体具有平直方正、笔画有力的笔画特征。

提取篆刻造型特点：外方内圆造型，内字体的整体布局为“十”字开，整齐有序。

2）绘画文化

选用赵之谦《四时果实图》，以及张大千和程十发的绘画作品，提取绘画的艺术特征，如图5-6所示，先提取其淡黄色、红色、蓝色等色彩特征，再提取工笔线描和泼墨结合的技法特征。

(a) 篆刻特征

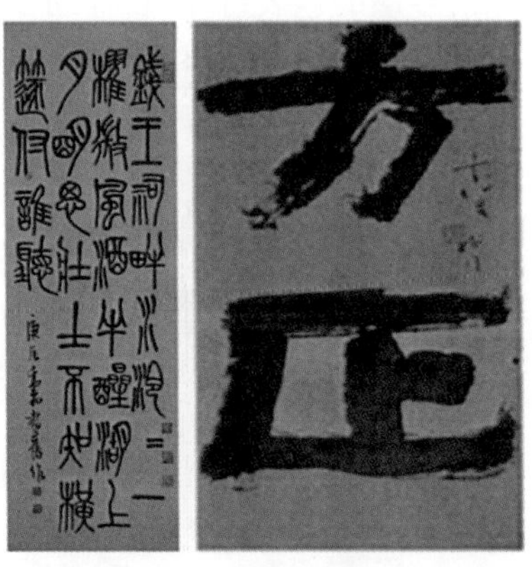

(b) 篆书、楷书

▲ 图 5-5 书法篆刻文化特征提取

▲ 图 5-6 绘画文化特征提取

5.5.4 辅助创意设计系统的开发

在现实生活中，因为老字号品牌的特点以及包装的特性要求，设计师会对包装的设计要素有一定的要求，而不同的限定条件会影响包装的创意设计方案。笔者以"曹素功"老字号墨包装的自定需求为例，进行系统的案例运行。

自定需求：用纸质材质节约成本，并体现墨包装的素雅效果。

5.5.4.1　系统进行条件筛选

上海老字号包装辅助创意系统中，除包装行业一栏是必选条件之外，其他条件选项均为单选、不选/全选的操作。其中，进行不选操作会默认为全选，出现符合该行业中此属性的全部内容。

1）包装设计基本要求筛选

首先根据"曹素功"老字号墨的包装行业，在辅助创意设计系统的包装行业一栏中选择"工业美术-笔墨纸砚"，材质一栏中选择"纸质"，文化特点中选择体现"素雅"文化关键词的包装特性，然后按下"确定"按钮，出现满足条件的窗口。如图 5-7 所示。

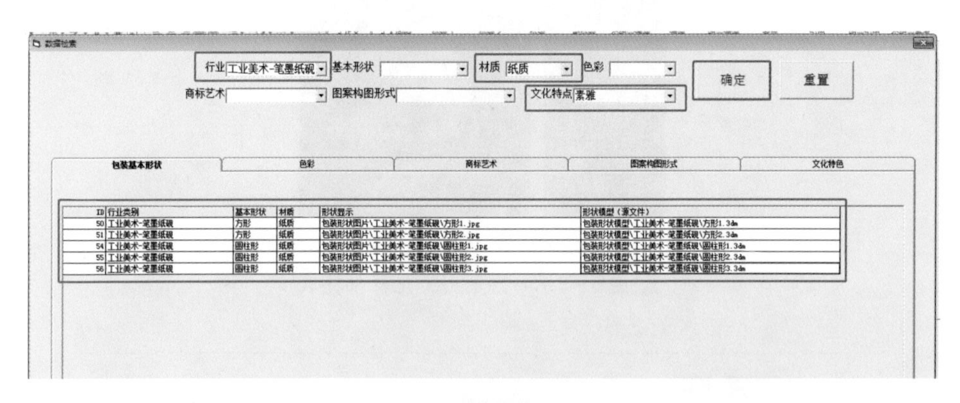

ID	行业类别	基本形状	材质	形状显示	形状模型（源文件）
50	工业美术-笔墨纸砚	方形	纸质	包装形状图片\工业美术-笔墨纸砚\方形1.jpg	包装形状模型\工业美术-笔墨纸砚\方形1.3dm
51	工业美术-笔墨纸砚	方形	纸质	包装形状图片\工业美术-笔墨纸砚\方形2.jpg	包装形状模型\工业美术-笔墨纸砚\方形2.3dm
54	工业美术-笔墨纸砚	圆柱形	纸质	包装形状图片\工业美术-笔墨纸砚\圆柱形1.jpg	包装形状模型\工业美术-笔墨纸砚\圆柱形1.3dm
55	工业美术-笔墨纸砚	圆柱形	纸质	包装形状图片\工业美术-笔墨纸砚\圆柱形2.jpg	包装形状模型\工业美术-笔墨纸砚\圆柱形2.3dm
56	工业美术-笔墨纸砚	圆柱形	纸质	包装形状图片\工业美术-笔墨纸砚\圆柱形3.jpg	包装形状模型\工业美术-笔墨纸砚\圆柱形3.3dm

▲ 图 5-7　符合材质筛选条件的包装形状

从图 5-7 中可以看到，满足材质条件的包装基本形状有 5 个，满足文化语义词的包装案例有 3 个(图 5-8)。

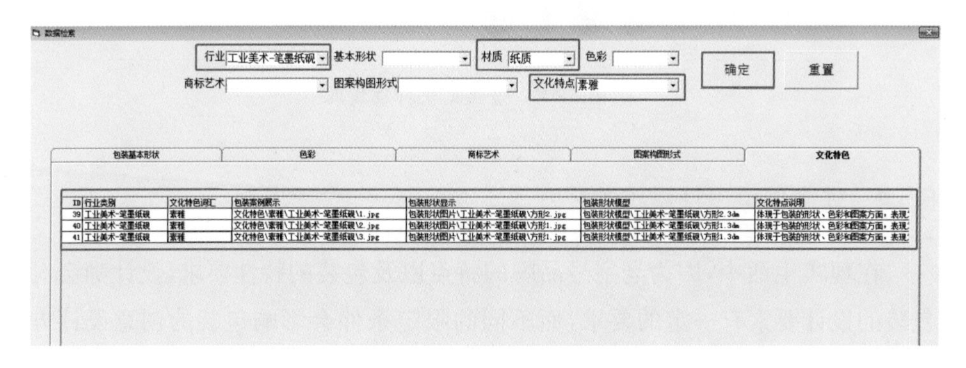

ID	行业类别	文化特色词汇	包装案例展示	包装形状显示	包装形状模型	文化特点说明
39	工业美术-笔墨纸砚	素雅	文化特色\素雅\工业美术-笔墨纸砚\1.jpg	包装形状图片\工业美术-笔墨纸砚\方形2.jpg	包装形状模型\工业美术-笔墨纸砚\方形2.3dm	体现于包装的形状、色彩和图案方面，表现
40	工业美术-笔墨纸砚	素雅	文化特色\素雅\工业美术-笔墨纸砚\2.jpg	包装形状图片\工业美术-笔墨纸砚\方形1.jpg	包装形状模型\工业美术-笔墨纸砚\方形1.3dm	体现于包装的形状、色彩和图案方面，表现
41	工业美术-笔墨纸砚	素雅	文化特色\素雅\工业美术-笔墨纸砚\3.jpg	包装形状图片\工业美术-笔墨纸砚\方形1.jpg	包装形状模型\工业美术-笔墨纸砚\方形1.3dm	体现于包装的形状、色彩和图案方面，表现

▲ 图 5-8　符合文化语义筛选条件的包装案例

2）包装设计要素的非限定条件筛选

由于包装需求没有对商标艺术和图案艺术提出明确的条件要求，可以根据系统提供的案例对商标艺术和图案艺术进行选择。图 5－9、图 5－10 所示为条件属性的选项。

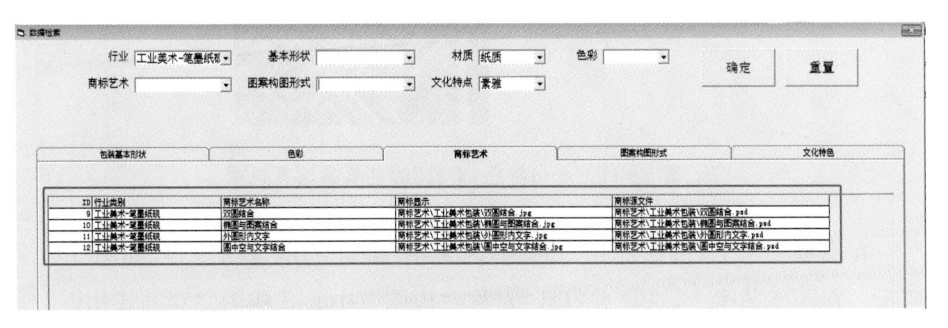

ID	行业类别	商标艺术名称	商标显示	商标源文件
9	工业美术-笔墨纸砚	双圆结合	商标艺术\工业美术包装\双圆结合.jpg	商标艺术\工业美术包装\双圆结合.psd
10	工业美术-笔墨纸砚	椭圆与图案结合	商标艺术\工业美术包装\椭圆与图案结合.jpg	商标艺术\工业美术包装\椭圆与图案结合.psd
11	工业美术-笔墨纸砚	外圆形内文字	商标艺术\工业美术包装\外圆形内文字.jpg	商标艺术\工业美术包装\外圆形内文字.psd
12	工业美术-笔墨纸砚	圆中空与文字结合	商标艺术\工业美术包装\圆中空与文字结合.jpg	商标艺术\工业美术包装\圆中空与文字结合.psd

▲ 图 5－9　工业美术-笔墨纸砚行业的商标艺术属性选项

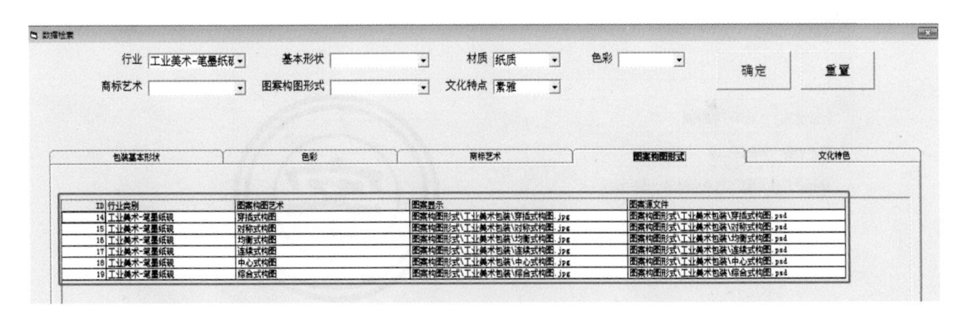

ID	行业类别	图案构图艺术	图案显示	图案源文件
14	工业美术-笔墨纸砚	穿插式构图	图案构图形式\工业美术包装\穿插式构图.jpg	图案构图形式\工业美术包装\穿插式构图.psd
15	工业美术-笔墨纸砚	对称式构图	图案构图形式\工业美术包装\对称式构图.jpg	图案构图形式\工业美术包装\对称式构图.psd
16	工业美术-笔墨纸砚	均衡式构图	图案构图形式\工业美术包装\均衡式构图.jpg	图案构图形式\工业美术包装\均衡式构图.psd
17	工业美术-笔墨纸砚	连续式构图	图案构图形式\工业美术包装\连续式构图.jpg	图案构图形式\工业美术包装\连续式构图.psd
18	工业美术-笔墨纸砚	中心式构图	图案构图形式\工业美术包装\中心式构图.jpg	图案构图形式\工业美术包装\中心式构图.psd
19	工业美术-笔墨纸砚	综合式构图	图案构图形式\工业美术包装\综合式构图.jpg	图案构图形式\工业美术包装\综合式构图.psd

▲ 图 5－10　工业美术-笔墨纸砚行业的图案构图艺术属性选项

5.5.4.2　选择并打开查看相关文件模型

选择满足条件的选项并点击查看相关信息内容和模型。本设计案例中，笔者选择打开并查看文化特色、商标艺术、图案艺术、包装形状等属性的某一选项，并以此作为设计借鉴。

选择符合“素雅”文化语义的包装案例进行查看，经过内容信息了解，得知“素雅”文化特色主要体现于包装的形状、色彩和图案方面，表现为形状方正，色彩浅且纯度低，纹样图案符号的使用（见图 5－11）。

▲ 图 5-11　文化特色“素雅”的包装案例及说明

在商标艺术上，选择打开“外圆形内文字”商标艺术说明内容，如图 5-12 所示。在图案艺术上，选择并打开“对称式构图”“中心式构图”“穿插式构图”等的图案艺术说明内容，如图 5-13 所示。

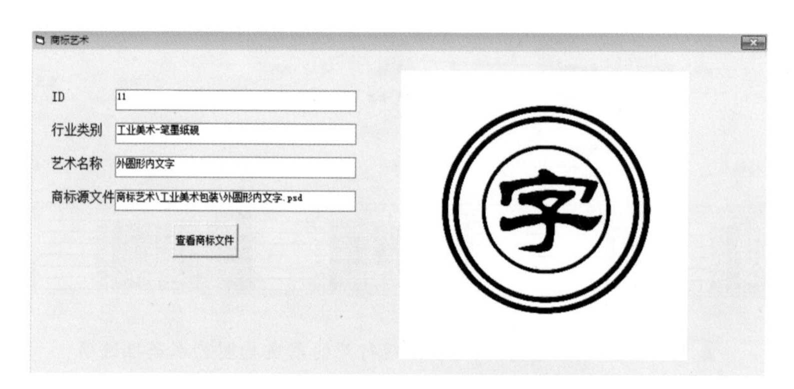

▲ 图 5-12　“外圆形内文字”商标艺术说明

(a)“对称式构图”图案艺术说明

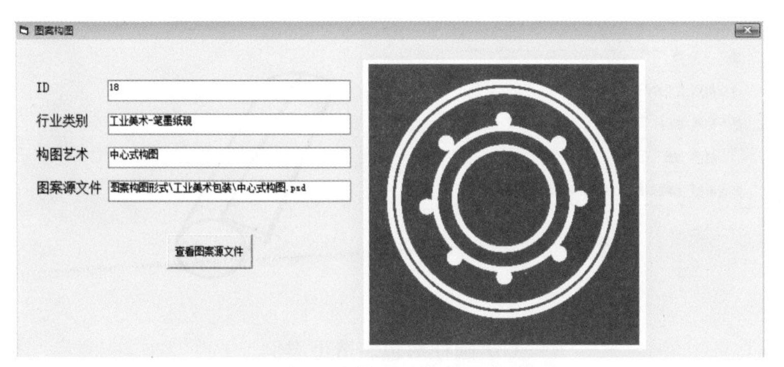

(b)“中心式构图”图案艺术说明

(c)“穿插式构图”图案艺术说明

▲ 图 5-13　图案艺术说明

满足条件的包装形状选项，共有 5 个包装造型案例模型，涵盖圆柱形和方形形状。通过分别查看，最终选择其中一款方形和一款圆柱形包装形状作为案例借鉴模型，如图 5-14 所示。

(a) 方形包装造型案例

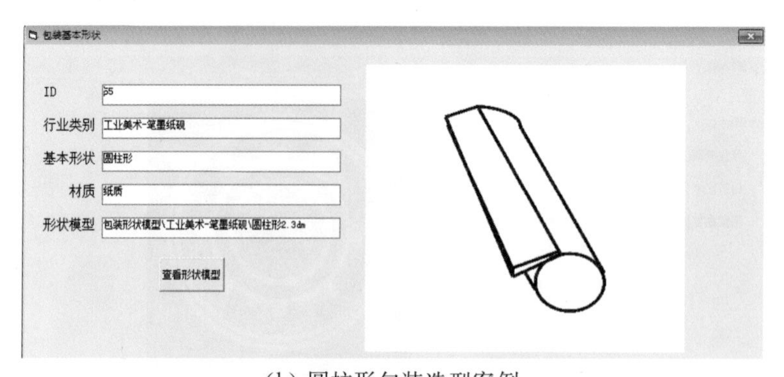

(b) 圆柱形包装造型案例

▲ 图 5-14　包装形状案例说明

5.5.4.3　传统文化元素和包装设计基因模型的结合

以传统文化元素作为设计的素材，结合上海老字号包装的设计基因模型，完成其文化与设计艺术的结合。在系统内分别打开上述选择的商标艺术、图案艺术、包装形状模型等的二维/三维模型文件，即可进行设计修改。

1) 老字号商标创意设计

结合书法的篆刻文化特征，对选中的商标艺术模型(psd 文件)进行创意设计。该创意设计的过程在 Photoshop 软件上进行(见图 5-15)。

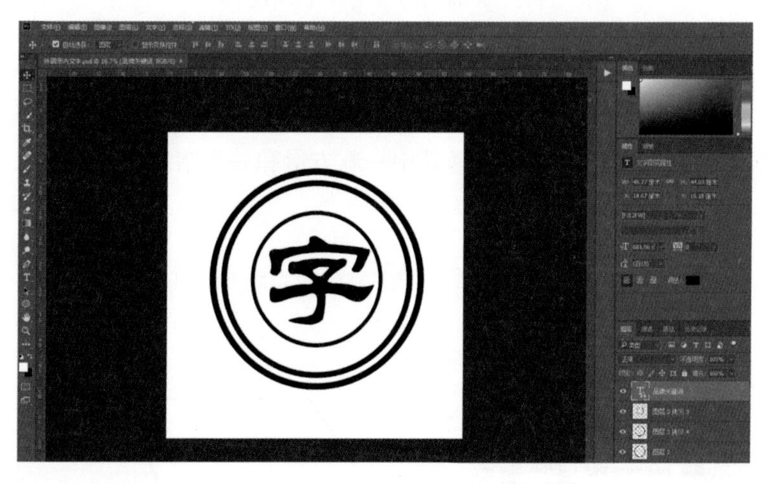

▲ 图 5-15　商标艺术模型(psd 文件)

如图 5-16 所示，笔者通过对老字号的名称文字和商标整体造型进行创意设计，获得以下三个方案：

(a) 商标设计方案一

(b) 商标设计方案二

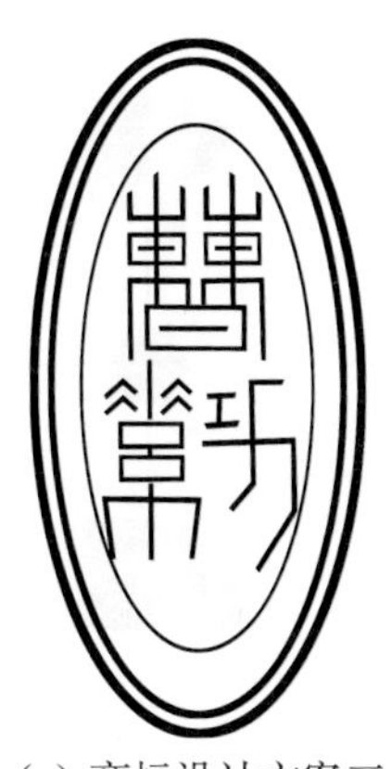

(c) 商标设计方案三

▲ 图 5－16　商标设计方案

方案一,对老字号的名称字体进行创意设计,用行楷字体来体现老字号的艺术性和文化性。笔者通过直接在商标艺术模型中加上“曹素功”老字号名称得到了该设计方案。

方案二,运用行楷字体,图形也从正圆改为大倒角的椭圆形,模型线的宽度也变至稍微纤细,呈现精致的视觉效果。

方案三,结合篆体的字体艺术和椭圆的图形造型共同创作老字号的商标,字体横直的笔法与椭圆形圆滑的弧形特征形成对比,体现“曹素功”外柔内刚的文化特质。

2) 图案创意设计

结合绘画艺术特征,对选中的图案艺术模型进行创意设计。创意设计过程在 Photoshop 软件上进行。

图 5－17 是笔者设计的三个图案方案。方案一基于“对称式构图”图案模型进行修改,结合墨晕染的效果和几何图形来完成设计方案,色彩采用了墨自身的黝黑颜色。方案二基于“中心式构图”图案艺术模型进行创意设计,图案中间部分突出墨的晕染效果,四周围绕着创新的云纹造型,色彩方面则将墨色和黄绿色结合起来,体现出素雅的视觉效果。方案三是对“穿插式构图”图案艺术模型的创新设计,采用细线取代原本粗犷的外轮廓描边,用穿插结构来布置重复的图形,进而构成图案的设计方案,色彩方面分为底色和符号图形的颜色,用红白两色构成鲜明对比,此设计方案也可作为图案的底纹使用。

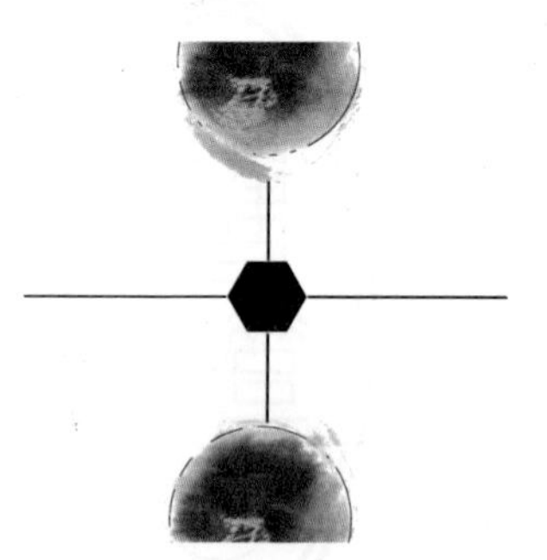

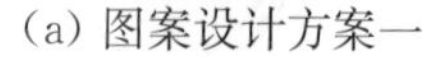
(a) 图案设计方案一

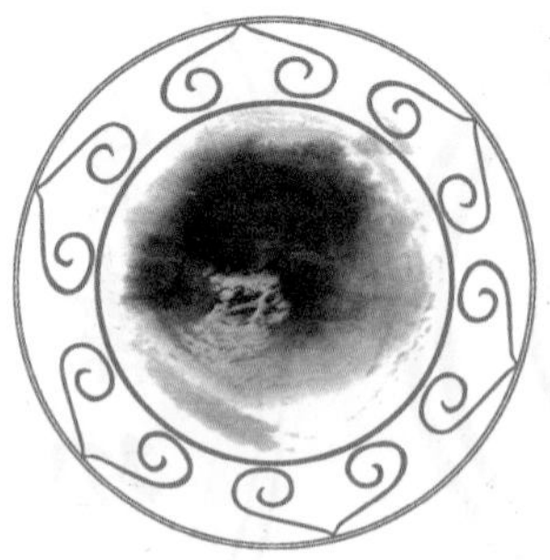
(b) 图案设计方案二

(c) 图案设计方案三

▲ 图 5 - 17　图案设计方案

3）包装形状设计

根据市场上大部分的墨块尺寸——长 10 厘米、宽 2.4 厘米、厚度 1 厘米，打开选中的圆柱形和方形模型（3dm 文件），将模型的大小和形状修改至符合包装设计的要求。

如图 5 - 18 所示，设计方案一对方形模型的尺寸进行修改，考虑到要在包装盒内放置两块墨块，所以将方形模型修改至长 13 厘米、宽 8.5 厘米、高 2.8 厘米。方案二中，对圆柱形模型进行修改，圆柱体的上半椭圆和下半椭圆造型部位可以分别放置一个墨块，为避免两墨块发生摩擦，中间用纸片隔开，圆柱形包装造型整体长为 14 厘米，半径为 3 厘米。

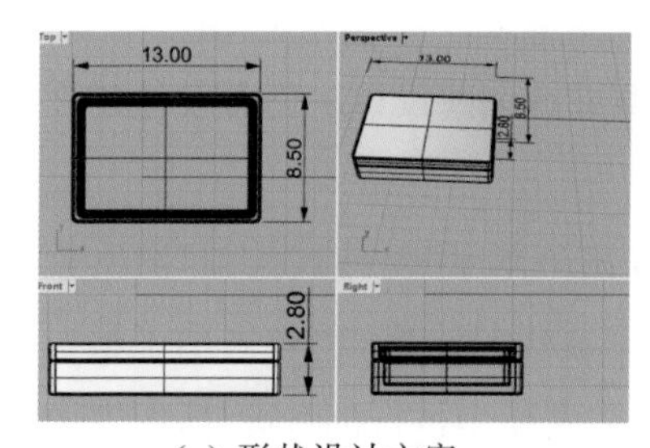

(a) 形状设计方案一

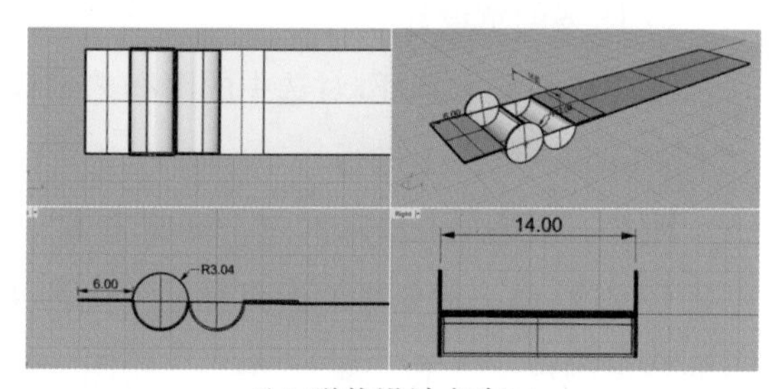

(b) 形状设计方案二

▲ 图 5 - 18　包装形状设计

5.5.4.4　贴图渲染及包装效果展示

结合商标、图案的视觉设计，选择纸质材质和工业美术色彩包对包装模型进行贴图和渲染，以此获得多种包装设计效果。这里以所获得的两个包装方案为例进行说明。

方案一是方形包装设计方案，运用上述商标设计之方案三篆体字体商标，和中心式构图图案，选用工业美术色彩中的白色、蓝色和橙色作为包装的色彩方案，其包装效果展示如图 5-19 所示。

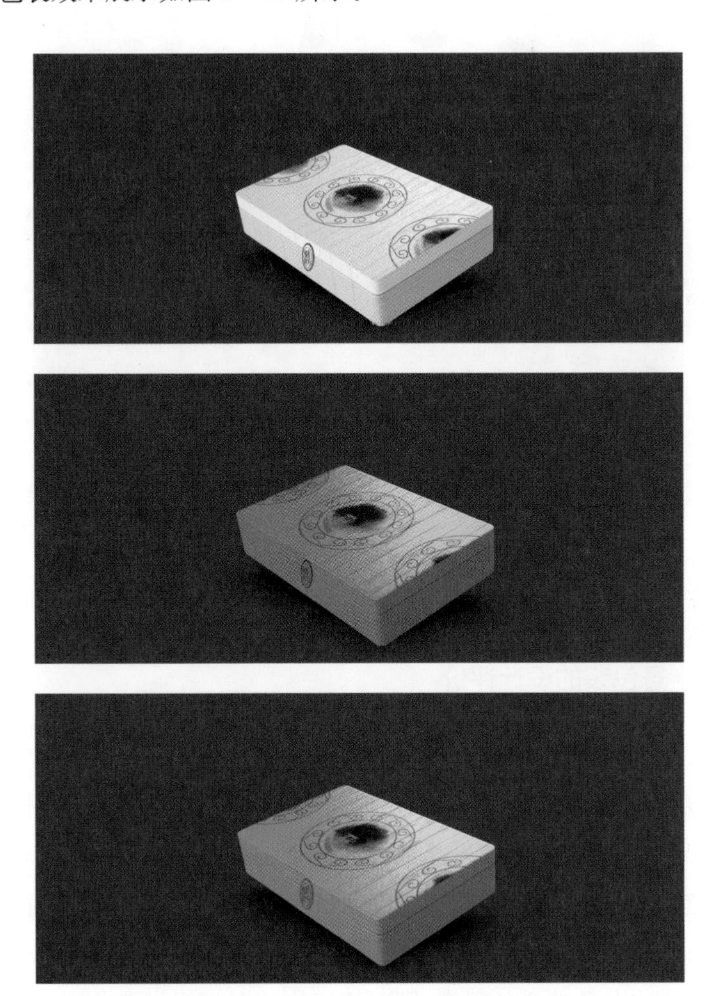

▲ 图 5-19　包装渲染方案一

方案二是圆柱形包装设计方案，如图 5-20 所示，分别运用中心式和对称式构图图案和篆体字体商标。色彩选用白色，与黑色墨晕染的图案形成对比，体现素雅的设计效果。

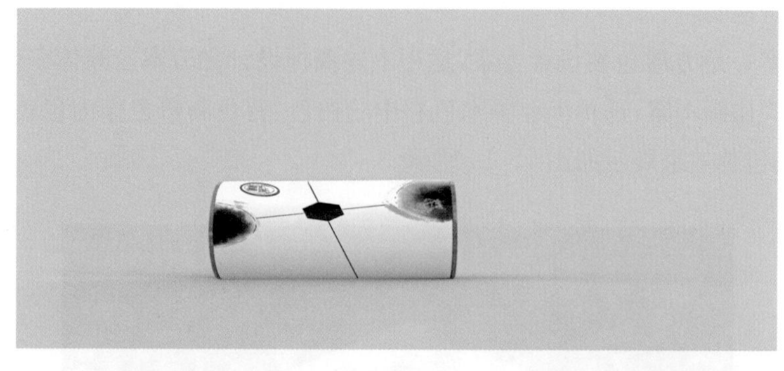

▲ 图 5 - 20　包装渲染方案二

5.5.5　老字号包装的设计评价

5.5.5.1　改良度的概念

改良度指的是艺术发展后包装与原包装之间的改良程度。本书提出改良度的概念，旨在用其衡量老字号品牌包装改良的程度，完成对包装设计量的评价。改良度定义的提出，可以实现对设计师工作质和量的评价。质的评价为对包装设计本身的评价，而量的评价则是对设计师工作的量化考核。改良度不仅能直观地体现出包装改良的程度，同时还可完成包装设计工作量的评价，丰富了评价系统的功能。此外，为了获得可靠的评价结果，给后续的包装评价提供依据，本书提出改良度的阈值范围，通过提供改良包装，并对其改良程度进行感性评价，得到最适宜的改良阈值。

5.5.5.2　改良度的计算

改良度计算的整体思想是先将原有包装的设计评价结果与改良后包装的

设计评价结果进行对比分析，然后计算出基于各个设计评价指标的改良度，最后将计算结果有机集成，得到整体的改良度。改良度的计算方法如图 5-21 所示。

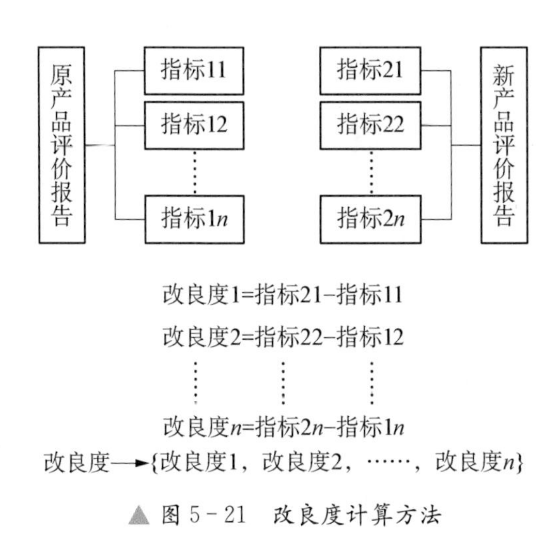

▲ 图 5-21 改良度计算方法

具体计算过程如下所示：

在感性评价过程中，将评语集划分为 V={好，较好，中，较差，差}五个等级，并且分别量化为 9，7，5，3，1。因素集为：

$$V=\{v_1, v_2, v_3, v_4, v_5\}=\{9,7,5,3,1\} \quad (1)$$

由此可得到，原方案单项指标评价结果为：

$$P_k=\sum_{i=i}^{n} r_i \cdot v_i \quad (2)$$

改良方案单项指标评价结果为：

$$P'_k=\sum_{i=i}^{n} r'_i \cdot v_i \quad (3)$$

由此可得到包装单项指标的改良度为：

$$\Delta P_k=P'_k-P_k (k=1,2,3,\cdots,n) \quad (4)$$

且满足 $|\Delta P_k| \leqslant v_1-v_5$

此外，由于包装正向改良与负向改良记为正负值，计算改良程度时需要

转化为改良度的绝对值并记为$|\Delta P_k|$，在此基础上计算出包装的平均改良度：

$$\Delta\overline{P}=\frac{\sum_{i=1}^{k}|\Delta P_k|}{k}(k=1,2,3,\cdots,n) \tag{5}$$

由此可得到，包装的综合改良程度为：

$$\Delta P=\frac{\Delta\overline{P}}{v_1-v_5}\quad 0\leqslant\Delta P\leqslant 100\% \tag{6}$$

至此，改良度的计算结束，最终得到包装综合改良度，可以据其确定包装改良的程度。用户也可根据单项指标的计算结果对每个环节、每个层次指标进行分析、总结，作为最后反馈的依据。

5.5.5.3 改良阈值感性评价

改良存在上限和下限，并不是改良度越大，包装改良就越成功越合理。改良的上限是改良包装不能突破质变，改良下限是根据社会对企业包装的要求、消费者对包装的要求以及包装本身形式的改变要求而必须进行的改良。改良上限和改良下限的阈值是模糊的界限范围，需要通过感性评价的方法进行确定，从而得到包装的最优改良度，指导后续设计。

笔者针对包装辨识度问题，以某款锅具为例，发放了100份调研问卷，对包装改良上限以及改良下限进行了调查。调研的主要内容包括两个方面：一是消费者的个人基本信息，二是改良度上限值及下限值的确定。

以下是问卷结果分析：

（1）性别。此次问卷调研中男性与女性调查对象所占的比重分别是43%和57%，能够比较恰当地反应男性与女性各自的客观情况。如图5-22所示。

（2）年龄。问卷对象的年龄段可分为以下几个阶段：20岁以下，20～30岁，30～40岁，40～50岁以及50岁以上。调研结果显示，20岁以下所占的比例为12%，20～30岁所占的比例为35%，30～40岁所占的比例为26%，40～50岁所占的比例为23%，50岁以上所占的比例为4%。调研对象的年龄涵盖了各个年龄段，可以确保数据更具说服力。如图5-23所示。

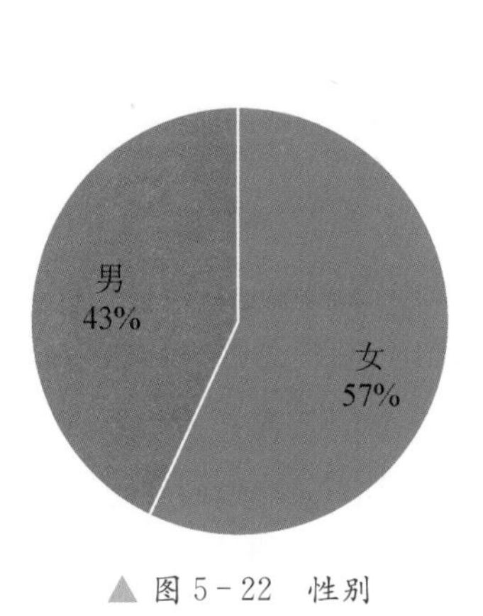

▲ 图 5-22　性别

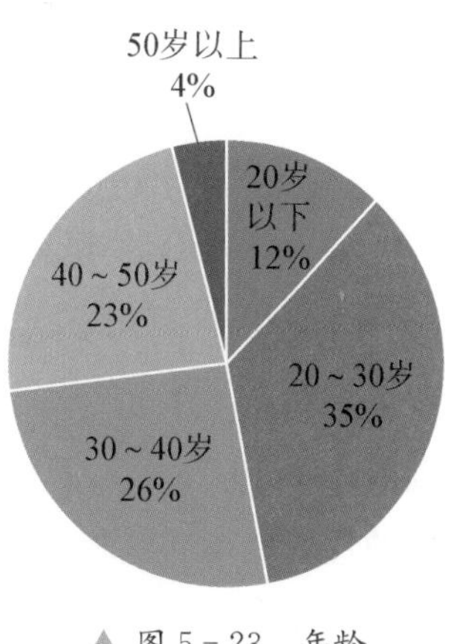

▲ 图 5-23　年龄

(3) 职业。职业是影响调研结果的重要因素，问卷将调研对象的职业分为家庭妇女/男、上班族、学生、厨师以及其他。数据结果显示，家庭妇女/男所占的比重为 30%，上班人员所占的比重为 24%，在校学生所占的比重为 29%，厨师所占的比重为 7%，其他职业所占的比重为 10%。调研对象的职业涵盖了各个分类，可以确保数据更加有效。如图 5-24 所示。

(4) 产品使用频率。调研数据显示，产品使用频率为零的所占比例为 22%，经常使用的所占比例为 32%，偶尔使用的所占比例为 46%。使用产品的频率会直接影响调研对象对改良度的判断——从来不使用产品的调研对象会更关注产品的包装风格等，而经常使用产品的调研对象则会更多地关注产品的功能。如图 5-25 所示。

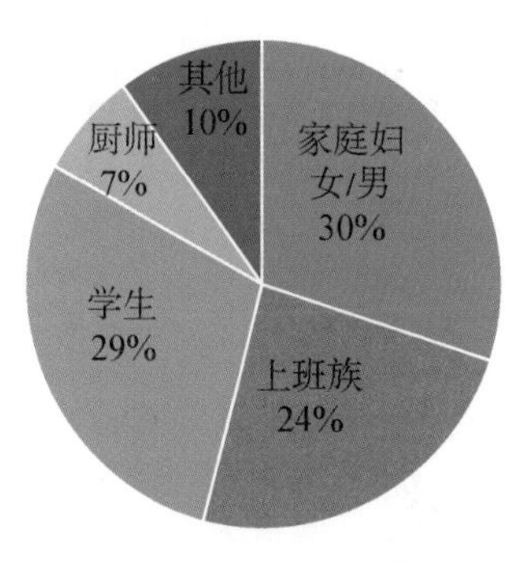

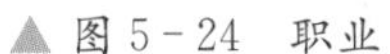
▲ 图 5-24　职业

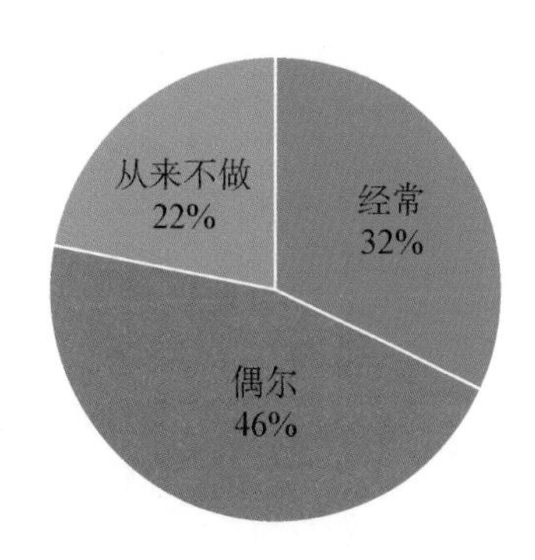

▲ 图 5-25　使用锅具频率

(5) 基于改良度的设计方案。

$$d=\begin{cases} d_1 & 0 \leqslant \Delta P \leqslant 21.3\% & 改良度过小 \\ d_2 & 21.3\% < \Delta P \leqslant 42\% & 改良度合适 \\ d_3 & 42\% < \Delta P \leqslant 100\% & 改良度较大 \end{cases} \tag{7}$$

若改良程度落在 $d_1(0 \leqslant \Delta P \leqslant 21.3\%)$ 范围内，则记为改良程度过小；如若改良程度落在 $d_2(21.3\% \leqslant \Delta P \leqslant 42\%)$ 范围内，则记为改良程度合适；如若改良程度落在 $d_3(42\% \leqslant \Delta P \leqslant 100\%)$ 范围内，则记为改良程度较大。

评价的目的是指导包装设计、生产或者改型，评价过程中需要进行追踪，对每个环节、层次的评价结果进行总结、分析，以确保评价数据正确。本书依据对每个层次的感性评价，在用户改良设计方案时为用户提供指导。其中，评价等级为用户评价数值，选择隶属度最高的一项作为该指标的评价等级。

本书的感性评价按照评价目标树中的属性层分类，并对其分别建立设计方案建议。

具体评价项目包括整体效果、形态要素、人因要素、装饰因素、色彩因素及其他因素，等级包括很高、高、一般、低、很低，如表 5-5～表 5-10 所示。

表 5-5 整体效果

评价等级 评价项目	很高	高	一般	低	很低
	5	4	3	2	1
形式与功能统一，结构、原理合理	整体形态非常统一，结构与原理也合理，满足设计要求 **建议：**保留原始设计，不做修改	形式与功能比较统一，结构、原理比较合理 **建议：**稍加调整形式与功能之间的关系，完善设计	形式与功能统一性一般，结构、原理比较合理 **建议：**调整功能或表达形式，使两者完美融合	形式与功能比较不统一，结构、原理比较不合理 **建议：**修改大部分设计，包装表达形式与功能风格迥异	形式与功能非常不统一，结构、原理非常不合理 **建议：**形式过于浮夸，或者功能过于复杂或单调，建议大幅度修改
整体与局部、局部与局部布局合理	整体形态统一，布局合理 **建议：**保留原始设计，不做修改	整体形态较比较统一，布局较为合理 **建议：**保留大块相同设计	整体形态统一性一般，布局合理性一般 **建议：**提炼重	整体与局部，局部与局部设计错综复杂 **建议：**提炼出	整体与局部缺少呼应，显得格格不入 **建议：**重新设计，统一设计元

（续表）

评价等级 评价项目	很高	高	一般	低	很低
	5	4	3	2	1
		元素，修改小部分不相关设计元素	要设计元素，修改部分不相关设计元素	重要设计元素，修改大部分不相关设计元素	素，将包装的形态进一步整体化
空间体量均衡，形状过渡合理，有稳定感	包装形态饱满，细节细腻，衔接流畅，层次感强 **建议：**保留原始设计，不做修改	空间体量比较均衡，比较具有稳定性，形状过渡比较合理 **建议：**注意调节包装视觉重心，调整包装衔接处设计	包装体量均衡程度有问题，形状过渡不太合理，包装稳定性不太够 **建议：**调整空间体量至均衡，注意衔接面的流畅性	包装体量不够均衡，衔接处设计有问题，包装稳定性不够，关系复杂无序，缺少美感 **建议：**修改包装空间体量感，注意调整包装稳定性	设计没有体积感，美工缝的设计、衔接不够流畅，块面混乱 **建议：**重新分配包装体量，调整包装稳定性，重新设计衔接处

表 5-6　形态要素

评价等级 评价项目	很高	高	一般	低	很低
	5	4	3	2	1
形态比例协调、线型风格统一	整体形态比例协调，线型风格统一，满足设计要求 **建议：**保留原始设计，不做修改	形态比例比较协调，线型风格比较统一 **建议：**对形态比例稍加调整，以黄金分割和矩形分割为主，统一线型风格	形态比例协调性一般，线型风格统一性一般 **建议：**明确首要分割线特点，以黄金比例以及动态矩形为主，确定主要线型风格，统一线型风格	几何形态比较不明确，几何造型混乱，线型风格不统一 **建议：**明确包装主要设计几何形态，使得线型风格一致、首要比例特征明确，以黄金比例以及动态矩形为主	造型杂乱无章，比例分割线混乱，首要视觉比例特征不明确 **建议：**建议改良包装至以同种几何造型为主，明确第一视觉比例特征，以黄金比例和矩形为主

（续表）

评价等级 评价项目	很高	高	一般	低	很低
	5	4	3	2	1
形态独特、新颖	整体形态独特、新颖，符合设计要求 **建议：**是市场上少见的包装设计，新颖独特，建议保留原始设计，不做修改	形态比较独特，造型比较新颖 **建议：**市场上存在过类似包装，建议稍加调整设计形态，使其具有独特性、新颖性，以满足设计要求	形态独特性一般，新颖性不太够 **建议：**市场上有部分类似包装，需要调整设计形态的独特性以及新颖性	形态的独特性以及新颖性不太够 **建议：**市场上已有大量类似包装，建议修改主要设计形态	形态没有独特性以及新颖性 **建议：**包装形态是旧时代包装，建议对包装的形态重新进行设计，以满足设计要求
形态能充分体现功能特征，符合科学原理	包装能充分体现功能特征，符合科学原理 **建议：**保留原始设计，不做修改	包装形态比较能充分体现功能特征，符合科学原理 **建议：**对包装形态，以及结构的科学性稍加调整	包装形态在一定程度上能体现出包装功能特征，一般符合科学原理 **建议：**调整包装形态，让造型能够反映功能特征，注意包装构造的合理性，设计应适当修改	形态不太能充分体现功能特征，不太符合科学原理 **建议：**修改大部分包装形态，去除不必要的多余形态，使结构符合科学原理	包装功能夸大，或者包装形态过于浮夸 **建议：**优先考虑人的使用习惯和人的因素，注意包装要符合科学原理，不能异想天开

表5-7　人因要素

评价等级 评价项目	很高	高	一般	低	很低
	5	4	3	2	1
操作安全可靠	包装安全性高，不存在安全隐患 **建议：**保留原始设计，不做修改	包装操作比较安全可靠，没有明显的安全隐患 **建议：**对包装部分设计稍加调整，消除包装安全隐患	包装操作安全可靠性一般，存在一定的安全隐患 **建议：**调整包装部分设计，消除包装安全隐患	包装操作不太安全可靠，存在安全隐患 **建议：**修改包装大部分设计，消除包装安全隐患	包装操作不安全，存在重大的安全隐患 **建议：**修改包装核心操作部分，消除包装安全隐患

（续表）

评价等级 评价项目	很高	高	一般	低	很低
	5	4	3	2	1
操作舒适性，符合人机尺寸	包装操作特别舒适，符合人机尺寸 **建议：**保留原始设计，不做修改	包装操作比较舒适，比较符合人机尺寸 **建议：**稍加调整设计操作部分，微调包装人机尺寸，满足人机尺寸要求	包装操作舒适性一般，在一定程度上符合人机尺寸 **建议：**调整设计操作部分，微调人机尺寸，以满足人机尺寸要求	包装操作不太舒适，不太符合人机尺寸 **建议：**修改包装大部分设计操作部分，调整人机尺寸，以满足人机尺寸要求	包装操作完全不舒适，完全不符合人机尺寸 **建议：**需重新设计包装操作部分的形状以及尺寸，以满足人机尺寸要求
高效方便性	包装以及包装细节部分能够使包装在使用时达到高效和便利 **建议：**保留原始设计，不做修改	包装以及包装细节尚能使包装在使用时达到高效和便利 **建议：**对包装以及某些细节处稍加调整，提高包装操作效率及方便性	包装以及包装细节处能在一定程度上达到高效率和便利 **建议：**调整包装形态以及包装细节处设计，提高包装操作效率以及方便性	包装以及包装细节处不太能达到高效和便利 **建议：**修改大部分包装形态以及细节，提高包装操作效率以及方便性	包装以及包装细节设计不能达到高效和便利 **建议：**重新设计包装以及包装细节，使包装操作效率达到高效、方便
人机交互性	包装人机交互性好 **建议：**保留原始设计，不做修改	包装人机交互性比较好 **建议：**稍微调整人机交互部分，以达到重点重用，操作针对目标客户人群，提高客户主观满意度	包装人机交互性一般 **建议：**调整包装人机交互部分，以达到重点重用，操作针对目标客户人群，提高客户主观满意度	包装人机交互性不太好 **建议：**修改大部分包装交互部分，以达到重点重用，操作针对目标客户人群，提高客户主观满意度	包装人机交互性差 **建议：**包装交互部分应把最重要的内容放在最突出的位置，并针对具体客户群进行设计，提高客户主观满意度

表 5-8 装饰要素

评价等级 评价项目	很高 5	高 4	一般 3	低 2	很低 1
健康环保	包装健康环保，对人体和环境无害 **建议**：保留原始设计，不做修改	包装比较健康环保，对人体和环境比较无害 **建议**：对材料成分稍加调整，增加其可回收利用率以及健康环保程度	包装健康环保性一般，对人体和环境一般无害 **建议**：调整材料成分，增加其可回收利用率以及健康环保程度	包装不太健康环保，对人体和环境比较有害 **建议**：修改材料成分，增加其可回收利用率以及健康环保程度	包装健康环保性差，对人体和环境有害 **建议**：重新设计材料成分，增加其可回收利用率以及健康环保程度
质感与功能和环境相宜	包装材料性质满足包装功能，材料的选择满足环境需求 **建议**：保留原始设计，不做修改	包装材料质感较能满足包装功能，材料选择较能满足环境需求 **建议**：对包装材料质感稍加调整，达到与功能和环境结合的目的	包装材料质感与功能和环境相宜性一般 **建议**：调整包装材料的选择，使得材料满足包装的功能，并满足环境的需求	包装材料质感与功能和环境不太相宜 **建议**：修改包装材料的选择，使得材料满足包装的功能，并满足环境的需求	包装缺少质感，与功能和环境不相宜，不能满足功能和环境需求 **建议**：重新选择材料，满足包装功能和环境需求
审美效果好	包装材料以及装饰纹样的选择审美效果好 **建议**：保留原始设计，不做修改	包装材料以及装饰纹样的选择审美效果比较好 **建议**：对包装材料的装饰性稍加调整，提高包装审美效果	包装材料以及装饰纹样的选择审美效果一般 **建议**：调整包装材料装饰性，提高包装审美效果	包装装饰性不太好，审美效果不太好 **建议**：修改包装材料装饰性，提高包装审美效果	包装材料装饰性过强或过差，审美效果差 **建议**：重新设计包装材料以及纹样，提高包装审美效果
可靠耐用，成本合适	选择的包装材料可靠耐用，成本合适 **建议**：保留原始设计，不做修改	选择的包装材料比较可靠耐用，成本比较合适 **建议**：对装饰材料的选择稍加调整，在满足可靠耐用等其他设计要求的基础上降低成本	选择的包装材料可靠耐用性一般，成本一般合适 **建议**：调整包装装饰材料的选择，在满足可靠耐用等其他设计要求的基础上降低成本	选择的包装材料不太可靠耐用，成本不太合适 **建议**：修改包装装饰材料，在满足可靠耐用等其他设计要求的基础上降低成本	选择的包装材料可靠耐用性差，成本不合适 **建议**：重新选择包装装饰材料，在满足可靠耐用等其他设计要求的基础上降低成本

表 5－9　色彩要素

评价等级 评价项目	很高	高	一般	低	很低
	5	4	3	2	1
色彩和包装功能一致，配色合理	包装色彩能满足包装功能特征，配色合理 **建议：**保留原始设计，不做修改	包装比较能满足功能特征，配色比较合理 **建议：**对包装色彩稍加调整，使其与功能统一，使包装整体配色合理协调	包装在一定程度上能满足功能特征，配色合理性一般 **建议：**调整包装色彩，使其与功能统一，使包装整体配色合理协调	包装不太能满足功能特征，配色比较不合理 **建议：**明确包装定位，修改包装色彩，使其与功能统一，使包装整体配色合理协调	包装不能满足功能特征，配色不合理 **建议：**明确包装定位，重新设计包装色彩，使其与功能统一，使包装整体配色合理协调
色彩与环境相协调	包装主色调与周围环境相协调，成为环境的有机组成部分 **建议：**保留原始设计，不做修改	包装主色调与环境比较协调 **建议：**对包装颜色稍加调整，使得主色调与周围环境相协调，成为环境的有机组成部分	包装主色调与环境协调性一般 **建议：**调整包装颜色，使得主色调与周围环境相协调，成为环境的有机组成部分	包装主色调与环境不太协调 **建议：**修改包装颜色，使得主色调与周围环境相协调，成为环境的有机组成部分	包装主色调与环境不协调 **建议：**重新选择包装颜色，使得主色调与周围环境相协调，成为环境的有机组成部分
色彩视觉稳定，对比度协调	包装色彩对比度协调，成为一个整体，配色有均衡感和稳定感 **建议：**保留原始设计，不做修改	包装色彩对比度比较协调，颜色相互之间比较协调平衡且稳定 **建议：**稍加调整包装色彩，使得其对比度协调，成为一个整体，配色有均衡感和稳定感	包装色彩对比度的协调感一般，颜色相互之间的协调平衡性、稳定性一般 **建议：**调整包装色彩，使得其对比度协调，成为一个整体，配色有均衡感和稳定感	包装色彩对比度比较不协调，颜色相互之间不太协调平衡且稳定 **建议：**修改大部分包装色彩，使得其对比度协调，成为一个整体，配色有均衡感和稳定感	包装色彩对比度不协调，颜色相互之间不协调平衡，也不稳定 **建议：**重新设计包装色彩，使其对比度协调，成为一个整体，配色有均衡感和稳定感

表 5-10　其他要素

评价等级 评价项目	很高	高	一般	低	很低
	5	4	3	2	1
有明显的经济效益和社会价值	包装有明显的经济效益和社会价值 **建议**:保留原始设计,不做修改	包装比较有经济效益和社会价值 **建议**:对包装稍加调整,扩充或精减包装附属价值,提高包装的经济效益和社会价值	包装的经济效益和社会价值一般 **建议**:调整包装,扩充或精减包装附属价值,提高包装的经济效益和社会价值	包装不太有经济效益和社会价值 **建议**:修改包装,扩充或精减包装附属价值,提高包装的经济效益和社会价值	包装没有经济效益和社会价值 **建议**:重新设计包装,扩充或精减包装附属价值,提高包装的经济效益和社会价值
包装可回收处理,符合可持续发展	包装可以回收处理,符合可持续发展 **建议**:保留原始设计,不做修改	包装可回收处理,比较符合可持续发展 **建议**:对包装结构材料等稍加调整,使得包装可以回收处理,符合可持续发展	包装可回收处理,但是可持续发展性一般 **建议**:调整包装结构材料等,使得包装可以回收处理,符合可持续发展	包装不可回收处理,不太符合可持续发展 **建议**:修改包装结构材料等,使得包装可以回收处理,符合可持续发展	包装不可回收处理,不符合可持续发展 **建议**:重新设计包装结构材料等,使得包装可以回收处理,符合可持续发展
标准化、通用化、系列化应用程度	包装标准化、通用化、系列化应用非常好 **建议**:保留原始设计,不做修改	包装标准化、通用化、系列化应用比较好 **建议**:对包装稍加调整,简化设计,使其便于重用、升级	包装标准化、通用化、系列化应用较为一般 **建议**:调整大部分包装,简化设计,使其便于重用、升级	包装标准化、通用化、系列化应用不太好 **建议**:修改大部分包装,简化设计,使其便于重用、升级	包装标准化、通用化、系列化应用不好 **建议**:简化设计,使其便于重用、升级

综上所述,可以基于包装设计数据库,依据单项指标分析评价结果,判断评价结果落入哪一项评价结果范围内,提取出相应的评价结论以及设计建议方案。此外,本书将评价数据以图表形式表现出来,将抽象化的数据转换为直观的具象形式供用户参考,为包装再设计提供更加全面的建议方案。在评价过程

中难免会出现评价结果介于两项相邻评价等级中间的情况，对于此，考虑到评价建议的目的是指导设计，知晓包装设计存在的问题，因此，当出现评价结果介于两者之间时，可选取评价等级低的评价结论及建议。

本书调研了大量的相关资料，整理出了部分设计建议供用户选择。例如：保留原比例，对构成元素进行优化设计；包装分割线不符合几何标准模板矩形，建议调整各个分割线尺寸；考虑黄金分割与根号矩形法，分割方法若过于简单，会使用户感觉到疲倦；该矩形不属于任何比例形状、三角形造型，具有较好的灵动性，同时具有强壮感等。此外，用户可根据自身设计经验对包装自行输入评价建议，完善设计的评价结果。

本章从老字号包装的艺术发展、发展传承度及可移植性展开了对上海老字号包装艺术发展的评估——印象联想与价值判断，构建了老字号包装形象的定位方法。从消费者对老字号包装艺术发展的评价方法入手，建立了基于感性消费观的老字号包装形象、个体对"老字号包装"的印象和艺术形态的"价值"认同，以及消费者对本土包装价值观的联想和"文化"印象。基于上海老字号包装设计方法，以"曹素功"老字号的墨块包装为例进行设计应用与系统运行，通过分析"曹素功"老字号及其墨产品包装现状，提出其包装设计需求和设计定位，提取书法篆刻和绘画等文化特征，并结合系统进行辅助设计，获得了两套包装设计方案，验证了该方法的有效性和实用性。通过改良度衡量老字号品牌包装改良的程度，提出改良度的阈值范围，对改良程度进行感性评价，得到最适宜的改良阈值，完成了对包装设计量的评价。

第6章 上海老字号包装艺术传播效应

上海老字号包装艺术传播作为老字号品牌形象树立、维护过程中的重要环节，包括传播计划及执行、老字号形象的跟踪与评估、老字号品牌产品推介与体验研究、品牌产品衍生品的开发、老字号产品市场满意度调研等。老字号包装创意再好，艺术发展再成功，没有强有力的推广执行作为支撑也无法成为品牌老字号。艺术传播强调一致性，在执行过程中的各个细节必须统一协调。

6.1 概述

所谓艺术传播，是指企业塑造自身及老字号形象，通过一系列活动和过程使广大消费者广泛认同。艺术传播有两个重要任务，一是树立良好的企业形象和包装形象，提高老字号产品知名度、美誉度和特色度；二是将有相应老字号包装的产品最终销售出去。

上海老字号包装艺术传播效应体现在老字号品牌的构建与管理价值方面，艺术传播应站在建构大国软实力的立场上，对世界讲述"中国故事"，借助于老字号包装艺术形态的文化传播和创新设计研究，将中国文化继承象征、包装消费、文化发展与传播等研究不断深化，提升世界对我国文化的高度认同感。老字号是品牌产品的灵魂，而从上海的原创品牌来看，尽管近几年有了长足进步，但仍需要加强老字号意识的真正树立。老字号产品追求所谓华丽的包装，然而在包装形象设计的图形、字体、色彩等基本元素的应用上还需要投入更多的精力。

目前大多数老字号企业对怎么打造包装形象，怎么依托包装形象进一步开展艺术传播一直没有找到更好的方法。一味地按照单一形象延续下去将导致包装变得枯燥无趣。企业如何配合包装的诉求去推广，如何配合自身包装的特性因时因势有计划地推广，以及怎样才能抓住大的市场机遇将传统特色和创意文化结合起来，成为老字号品牌企业亟待解决的问题。交流合作也好，老字号文化植入也好，都要根据企业的推广方向来定位，才能取得双赢的效果。老字号品牌企业的推广宣传比较重视其包装的可持续发展及老字号形象的多方面植入，因为其针对的主要目标对象是消费者，所以生动、创新、时尚、令人难忘等特点就显得尤其重要。包装作为老字号品牌价值链的一个关键环节，设计模式日趋成熟，一旦老字号品牌具备了老字号形象的全面包装，就可以借助于整合营销传播理论，全方位打造自主的老字号品牌形象，其主要推广策略有广告传播策略和渠道传播策略，而渠道传播策略又包括公关传播策略、事件传播策略和老字号品牌授权策略三种。

6.2 广告传播策略

6.2.1 传统媒介广告推广

老字号品牌企业可以利用在传统媒介上发布广告的方式为产品包装的艺术传播服务，传统媒介包括电视、报纸、杂志、网络等。尽管现在新媒介风起云涌，图文类就有微博、微信公众号、豆瓣、简书、美篇、知乎、今日头条、企鹅号、大于号、一点号等，视频类有小红书、抖音、快手、梨视频、火山小视频、最右、bilibili、爱奇艺、腾讯视频、优酷视频等，但传统媒介仍然具有很强的影响力。电视是消费者日常容易接触到的媒介，其受众非常广泛。在电视上发布广告时，包装所传达的信息及其表现形式必须真实、生动，以博取更多消费者的青睐。

首先，上海老字号品牌企业可以在电视节目密集时段和产品推荐直播时段插播包装广告，传播老字号形象。如肯德基的食品包装在强势媒介上播出广告时，以其可爱活泼的形象设计打动了很多消费者尤其是孩子们的心，在促进肯德基本身餐饮消费的同时，也使其包装成了网络上的点赞之作。

在商品供过于求的当今社会，没有人可以否认广告对商品的巨大拉动力。然而投放包装广告只是将产品的基本信息传递给外界，正确的广告投放策略才能真正对包装营销起到至关重要的作用。在什么时间投什么样的广告？运用什么样的媒介投放广告？要如何搭配广告媒介才能做到以最低的成本产出最好的效果？正确的媒介选择对于老字号品牌营销战略的成功实施具有极其重要的意义。在中国错综复杂的媒体环境下，从众多的媒介中找寻到适合自己的媒体平台，需要充分的调研和斟酌。从央视到市级卫视，再到市级地面频道以及数不胜数的区级媒体，不同的媒体定位于不同的传播区域，具有不同的传播价值，如何根据老字号企业的营销重点确定媒体，需要企业从多个方面入手，对媒体的表现进行科学的评估。

上海老字号品牌企业需要结合自身的老字号形象定位和投放策略，寻找合适的广告媒介来进行投放。比如，对电视广告的投放就可以考虑分成“两条线”来做：第一条线是面向全国的媒体（目前是中央电视台和省级经济频道）做重点投放，参与其中的相关热点节目，在节目内容和硬广告上形成呼应，提升自己的老字号品牌知名度；第二条线是投放一些区域电视台，主要是东方卫视、知名城市和重点市场城市的电视台，而且在选择省电视台时主要选择产品消费大省。央视虽然在全国市场具有较强的影响力，但具体到个别的区域却不尽然，在某些区域市场，省级地面频道的影响力更为强大。省级地面频道虽然定位于区域市场，覆盖范围狭窄，传播受众较少，但其在一定的区域范围内具有强势的影响力，更容易接触到目标受众，便于老字号品牌实现区域范围内的精耕细作，从而快速启动市场。

设计师要深度挖掘包装设计元素，利用元素的拆分和整合等艺术手法，将其呈故事性地再现于广告中，并投向市场。在包装广告片的投放上，全国必须统一。统一有两层意思：一是包装广告片在电视台、终端、渠道等要统一，传递同一个声音、图像、信息；二是电视广告在投放策略、监控、分析评估等传播流程上要一体化，在中央台投放的数据和策略，要与地方台的投放当作一个整体来测算。不过，电视广告耗费较大，一般小型企业无力采用，所以一定要在详细调研的基础上，量力而行。上海老字号品牌企业还必须有足够的能力来监控广告的投放过程，并随时对广告效果进行评估，及时调整营销策略。一般来说，企业应该有一套备用的广告播出方案，包括备用的广告带子，防止出现意外。

其次，杂志媒介也可以被纳入实施老字号品牌包装宣传的工具箱内。随着杂志逐渐小众化，产品商家可针对自身产品的消费人群，选择合适的杂志刊登软文包装广告。一是针对生产商、零售商、代理商等中间渠道成员的期刊，旨在交流上海老字号品牌企业的信息，为产业链中各相关企业创造更多的合作机会，并促进老字号形象在业界的传播。传播内容包括老字号品牌企业活动信息及新闻、国家政策法规动态、最新质检与标准信息、国内外市场动态及新包装信息、上海老字号品牌企业进出口统计、零售排名统计、设计信息、国内外展会信息、原辅料及设备信息、零批市场及代理商情、国内外寻求合作信息、国内外包装市场反馈及顾客调查、国内外市场分析、行业发展瓶颈问题讨论、咨询（知识产权、法律法规、市场准入等）、产品收藏和消费者意见、新潮流时尚等。二是针对产品潜在消费者的期刊。这类期刊内容时尚，较为贴近消费者。上海老字号品牌厂商可以选择目标消费者与产品消费者有一定重合区间的杂志来投放自己的软文包装广告。

最后，上海老字号品牌企业还可以考虑户外广告来进行推广，主要包括：路牌广告（或称广告牌，它是户外广告的主要形式，除在铁皮、木板、铁板等耐用材料上绘制、张贴外，还包括广告柱、广告商亭、公路上的拱形广告牌等）、霓虹灯广告、灯箱广告、车厢广告、招贴广告、旗帜广告、气球广告等。选择离上海老字号品牌市场、制造厂商、交易市场有适当距离的地方进行投放，形成城乡景观，美化环境的同时，说不定还能起到意想不到的效果。

6.2.2 新兴媒介广告推广

上海老字号品牌厂商可以充分运用新兴媒介对老字号产品进行宣传，除了在图书杂志和店面发布包装广告外，还可以利用手机媒介、网站媒介、全媒体等新兴媒介。艾瑞市场资讯调查显示，近年来，手机广告得到了高速发展，2020年手机广告投入费用超过 58 亿元。手机广告主要有两种投放形式，一种是通过获得用户许可订阅的短信、彩信、PUSH 短信、抖音等方式投放。另一种是在 WAP 网站上投放与互联网模式类似的广告。

上海老字号品牌厂商完全可以利用这一投入较低的媒介来为老字号品牌形象的推广服务。如针对消费者开发出一系列老字号品牌包装的电子图片或视频，通过手机等工具进行传播。老字号公司网站可以提供一些相应的下载栏目，为用户提供墙纸、主题内容，甚至音乐的下载。例如，可以将包装元素设置为墙纸，或者手机主题等，用户在下载这样的主题或者背景后自然就加深了对老字号产品的了解，增强了黏着度。同样的，也可以在各大论坛上发布老字号品牌企业的信息，这是一种一举多得的做法，一方面发布的内容可以为公司的包装作宣传，另一方面可以通过收集网友对包装的评价来获取市场反馈。

微信、抖音的兴起也同样为老字号品牌创造了一个受众更广泛的推广平台。老字号厂商可以通过与运营商的互动合作，将设计好的包装图片一传十、十传百地传播出去，使老字号形象得到很好的推广。QQ 等随互联网发展起来的 IM 即时通信软件也是一个可以利用的平台。这些 IM 软件被大众，尤其是年轻人广泛接受，成了平时工作和休闲时候的通信工具。一般接触过这些网络聊天软件的人都知道 QQ 表情，上海老字号品牌厂家应该利用 QQ 表情做文章，来推广老字号形象。公司可以安排专业人员设计一些 Q 版的小玩具，具有哭、笑、伤心、郁闷、高兴、开心、放声大笑、苦恼等表情特征，然后将同样的 Q 版图片放到网上供下载，并安装到 IM 聊天软件中去。如果能够提高 IM 使用者的点击率，就相当于免费为公司进行了老字号形象的推广。

随着互联网的高速发展，网络广告作为网站收入的主要来源备受关注，并且作为一种新广告媒介的代表广受赞誉。与传统的广告媒介相比，基于网络媒介的网络广告拥有众多传统媒介无法达到的优点，已经受到众多用户的青睐，成为广告载体中一股不可小觑的力量。网络广告传播可通过国际互联网络把包装广告信息全天候、24 小时不间断地传播到世界各地，实现风雨无阻的传播。网民可以在任何有 Wi-Fi 的地方随时随意浏览广告信息，这些效果是传统媒介无法达到的，这也正是网络媒介区别于传统媒介的传播优势之一。

网络传播的过程是完全开放、非强迫性的，从人性化角度看，网络传播的开放性是一个能得网民心的优点。上海老字号品牌企业可通过因特网权威公正的访客流量统计系统，精确统计出各包装广告的用户浏览量，还可以基于大数据检索这些用户浏览广告时的时间分布和地域分布，从而帮助企业正确评估包装广告效果，审定包装广告投放策略。网络使上海老字号品牌企业和消费者随时进行互动成为可能，企业可以在目标消费群体点击较多的网站，例如门户网站或者商务平台 Ebay 等投放旨在展示老字号品牌形象的广告图像，使消费者对其包装具有感性认识，以此促进包装的艺术传播和产品的销售。

6.3 ▸ 渠道传播策略

当前我国产品的分销渠道主要有四种模式，即：①传统分销渠道，它较为松散，处于不稳定的状态，适合小型企业；②垂直分销渠道，这是由生产者、批发商、零售商连成的一条垂直线，联合体较紧密；③水平分销渠道，这是一种共生型的营销渠道；④多渠道分销，指一家公司同时采用两种以上的营销模式。上海老字号品牌企业多采用的是垂直分销渠道，批发商、零售商在老字号包装的推广效果上有着举足轻重的作用。企业需要大力拓展巩固产品销售的渠道，与经销商建立稳定的合作关系，并在上海老字号品牌业界尽快引入"商业共享模式"。"商业共享模式"是指老字号品牌企业与经销商建立一定的联盟，经销商有义务向生产商反馈消费者信息，并建立一整套消费数据库，以此来帮助生产商规划未来的生产。在这种模式中，老字号品牌企业只管用心做包装，销售过程中的所有环节，如国内外消费市场信息收集分析、物流管理成本等，都可以通过中间服务商和商务系统来解决。而生产商则会根据信息量以及经销商处的产品销量给经销商带来更有吸引力的利润，并通过这样的伙伴关系，在互信互利的原则下，使得产品经销商产生更高的忠诚度和积极性。

6.3.1 公关传播策略

6.3.1.1 体验式公关活动

上海老字号品牌企业需要经常性地在潜在消费者集中的区域进行一定规模的产品包装推介公关活动。老字号品牌产品的包装决定着其是否能吸引消费者的注意力，用合理的价格促使消费者做出购买抉择。比如，在社区开设一些项目，让消费者来进行深度体验，也可以适当地进行一些促销，这种方法成本不高，效果还不错。

全新的体验经济时代已经来到，消费者正在从结果消费逐步转向过程消费，在上海老字号品牌艺术传播中，厂商应考虑充分利用传统的渠道开展新兴的体验式经济。例如，可以结合"上海国际化大都市""商业之都""时尚之都""设计之都"等文化旅游优势，在"进博会""世界设计之都大会"等国际化展陈中融入旅游体验主题。上海老字号品牌在全国旅游者中享有很高的知名度，随着上海文化旅游产业的逐年发展，上海老字号品牌企业完全可以提出"快乐老字号之旅"的体验主题。包装设计与传播应注重扩展消费者高度参与性和互动性，扩展性包装包括可进入性、氛围营造、顾客参与性等。事实上，很多老字号品牌的成功就得益于其在商场旗舰店中的体验式公关活动，厂商通过消费者的体验与之互动，加强和消费者之间的黏着度，建立起良好的沟通渠道，还促使消费者产生了一系列后续消费行为。

上海老字号品牌厂商可以有效地践行上述包装艺术传播模式，充分挖掘老字号包装与消费者之间的互动点，提高消费者的参与度。由消费者主动参与开发的产品包装在一定程度上抵消了体验包装因个性化生产而导致的规模经济的丧失。同时，上海老字号品牌企业还可以强化产品包装艺术发展，借助产品包装的形象，开设一些消费者所关注和喜欢的项目，加深公众对老字号形象的记忆。公关活动的规模和力度需要与老字号品牌企业的实力相结合，因为老字号品牌的建立是一个较为漫长的过程，需要持之以恒地稳步进行下去。

6.3.1.2 赞助公关活动

1）事件赞助活动

对于一个高知名度事件的赞助或冠名，可以有效地提高上海老字号品牌的知名度。美国最大的玩具公司——美泰玩具公司，通过赞助"米老鼠俱乐部"，迅速扩大了自身老字号的知名度。除了电视节目赞助外，还可以以赞助一些活动的方式来为上海老字号品牌艺术传播服务。美国著名的儿童食品老字号亨氏以赞助健康宝宝大赛、在全国范围内甄选"亨氏健康宝宝"的方式，不仅宣传了自己的理念，还使知名度、美誉度迅速提高。上海老字号品牌的艺术传播可以效仿亨氏的例子，巧妙地利用我国社会主义发展进程中的"乡村振兴""科教兴国""民族振兴""高质量发展"等时代主题，根据自己的实力以及定位的群体，在一定范围内赞助举办一些类似的活动，达到艺术传播的效果。

2）公益赞助活动

据了解，对教育事业、医疗保健及公益活动的赞助拨款一直占据国外企业基金的最大份额。虽然公益赞助活动的最终目的是慈善，但也增加了企业老字号的美誉度及顾客对其的忠诚度。长期借助一定媒体进行公益赞助活动的宣传能够使上海老字号品牌产品得到更广泛的关注，并且能够建立起消费者对老字号的信任，从而对老字号企业的发展产生积极的影响。

6.3.2 事件传播策略

6.3.2.1 事件营销的概念

事件营销是近年来国内外十分流行的一种公关传播与市场推广手段。国内许多专家对它的定义是：营销者在真实和不损害公众利益的前提下，有计划地策划、组织、举行和利用具有新闻价值的活动，通过制造有"热点新闻效应"的事件吸引媒体和社会公众的兴趣和注意，以达到提高社会知名度、塑造企业良好形象和最终促进包装和服务的销售目的。

事件营销以包装为传播载体，通过"借势"和"造势"，以求提高企业或产品的知名度、美誉度，树立良好的老字号品牌形象，并促进产品或服务的销售。所谓借势，是指企业及时地抓住广受关注的社会新闻、事件以及人物的明星效应等，结合企业或包装在传播上欲达之目的展开一系列的相关活动。所谓造势，是指企业通过策划制造具有新闻价值的事件，吸引媒体、社会团体和消费者的兴趣与关注。借助事件营销，可以令老字号品牌飞速崛起。很多国际老字号品牌都是事件营销的好手，耐克堪称这方面的榜样。最开始，公司创始人菲尔·耐特只是从日本向美国进口价格低廉的运动鞋，与当时的体育用品霸主阿迪达斯根本无法相提并论。1984 年，耐克与阿迪达斯几乎同时拥有了一项将气垫放入运动鞋内以减轻重量的技术，并且双方几乎是同时将这种气垫鞋推向市场。

但是，耐克将这款鞋与有"飞人"之称的篮球明星乔丹紧密联系起来，请乔丹担任其包装形象代言人。乔丹事件令耐克的老字号魅力剧增，年销售额由 1984 年的不到 100 万美元一路飙升，到 1987 年便已接近 2 000 万美元，并在以后超过阿迪达斯和锐步，成为全球体育用品第一老字号。就国内厂商而言，海尔的"砸冰箱事件"、富亚涂料的"喝涂料事件"等也都令各自的品牌声名鹊起。也因为此，事件营销近年来越来越受到国内外老字号的青睐。

6.3.2.2 事件营销的实施

当年蒙牛借"神五"一飞冲天，其到位的老字号营销传播成了其大获成功的"临门一脚"。"神五"刚胜利返航，蒙牛就利用直播时间在中央电视台密集投放包装广告，并配合海报、户外媒介、报纸、网络广告等消费者能接触到的众多媒介，在极短时间内迅速让消费者全方位地接触到“蒙牛信息”。同时，销售渠道也积极跟进，印有“中国航天员专用牛奶”标志的包装立即出现在全国各大卖场中，宇航员人物模型和其他各种醒目的航天宣传标志将蒙牛的所有卖场装扮得“夺人眼球”。蒙牛这一套整合传播，也被评为当年“中国广告业10大新闻”之一。上海老字号品牌企业应当主动把握这种包装传播的绝佳机会，将其中被外贸商所获取的利润拿来进行宣传和推广，充分利用事件的影响力，安排专职的营销策划人员跟进，实时监控市场反应，抢占本土优势，提前运作事件，获取老字号价值和市场份额的双丰收。

6.3.3 老字号品牌授权策略

6.3.3.1 老字号品牌授权的概念

老字号品牌授权又称老字号品牌许可，是指授权者(版权商或代理商)将自己所拥有或代理的商标或老字号品牌等，以合同的形式授予被授权者使用；被授权者按合同规定，从事经营活动(通常是生产、销售某种包装或者提供某种服务)，并向授权者支付相应的费用(权利金)；同时授权者给予被授权人员培训、组织设计、经营管理等方面的指导与协助。

老字号品牌授权可以说是老字号形象推广最快的方式，所以在老字号品牌企业中也被广泛运用。最早使用老字号授权方式的是迪士尼公司，为了宣传米老鼠的形象，迪士尼公司允许许多公司在自己的商品包装上免费使用其形象，从而使得米老鼠的形象在全美迅速推广，而今，我们可以看到，不仅仅是米老鼠的形象被授权使用，迪士尼其他的卡通形象也被授权使用到更广泛的领域，比如在我国年轻人中有老字号广泛认知度的“GIORDANO”休闲服装就被授权使用了其多种卡通形象。资料显示，全球共有3 000家厂商生产迪士尼1.4万种授权商品。可以说，借助老字号授权，迪士尼的卡通形象已经遍布世界的每一个角落，其广泛的授权通路为迪士尼的艺术传播立下了汗马功劳。目前在美国，卡通包装授权费用每年达到600亿美元。随着老字号授权模式的逐步发展，以卡通老字号授权模式发展卡通艺术、进行产业拓展的市场也因此水涨船高。

6.3.3.2 老字号品牌授权的实施

实现老字号授权需要从以下几方面着手：

(1) 进行深入的调查分析，构建成熟的老字号品牌授权体系。老字号品牌授权的推广是精细、复杂且专业化要求极高的执行过程。作为有意扩展自己老字号品牌的授权者，在构建老字号联盟体系前，首先要弄清自身的实力；其次，对授权包装一定要细致分析、精心设计。上海老字号品牌企业要充分重视被授权厂商的选择，在征召被授权企业时，一定要明确授权规定，制定选择标准，全面考核被授权者资格，以长远互利关系为征召的基本条件。最后，在建立了授权联盟后，还应定期对被授权方进行考核，并重视整体企业文化的建设，只有这样，才能由内至外体现企业的价值观与经营特点。

(2) 授权企业要把握好发展节奏，维护和提高老字号品牌授权联盟的良好形象。如果发展过快，授权方很可能为了应对各种新发生的或未预见到的问题而疲于奔命，影响到老字号品牌授权联盟的整体运作效率，甚至可能破坏原有老字号的良好形象。以迪士尼公司为例，在授权活动开展初期，迪士尼公司只管扩充加盟商队伍，对包装的质量不闻不问，后来广告大师贺蒙·凯曼建议其注意授权包装的质量，防止劣质包装玷污老字号形象。迪士尼公司接受了建议，并与贺蒙·凯曼公司签约由其代表迪士尼公司处理授权业务。依靠凯曼公司的专业化运作和严格把关，迪士尼授权包装的质量大幅提高。最近，迪士尼公司作出“迪士尼卡通形象停止用于装饰手机”的决定，就是基于目前没有可靠的证据证明使用手机不会威胁健康，尤其是儿童健康的考虑。虽然这影响了短期收益，但对维护老字号形象以获取长期利益却是必要的。

(3) 建立简明高效的授权流程和体系。为了适应现代企业组织结构扁平化的趋势和发挥授权体系的灵活性，老字号品牌授权的组织设计应尽量简单明确。在授权合同允许的范围内，应给予被授权方充分的自由度，而授权方则应尽量充当好“顾问”的角色。

(4) 上海老字号品牌企业应加强对老字号授权的法律保护。老字号产品包装一旦被仿冒侵权，会对以老字号为纽带的老字号授权体系产生巨大的冲击，有时甚至会导致授权体系崩溃。许多享誉国际的名牌包装在国内的销售受挫，与仿冒品的泛滥有着直接关系，如阿迪达斯运动鞋、华伦天奴服装等。在预防这种不良影响的过程中，授权方应起到主要作用。在这方面，迪士尼公司可以说是一个好榜样，也为国内同行如何保护老字号品牌上了生动的一课。1992年，迪士尼公司驻中国代表不断从国内的少儿画册中发现迪士尼卡通人物的

“踪迹”。后来，经过仔细比较后，迪士尼公司认为这些画册属于未经授权的出版物，遂将有关人员告上了法庭，结果迪士尼公司胜诉。

上海老字号品牌企业需结合理论以及目前已有的老字号品牌的成功运作经验，把握市场脉搏，从消费者需求出发，按照老字号品牌建设策略稳步创牌，并在创牌路上，不断吸纳先进思维，用发展的眼光看问题，解决问题，如此才能使企业做大做强，使上海老字号品牌跻身世界著名老字号之列。

本章从艺术传播的基本要义出发，阐述了上海老字号包装艺术传播的重要意义，全面分析了广告传播、渠道传播两大具体艺术传播策略，论述了艺术传播与中国文化继承象征和包装消费、文化发展与传播的辩证关系，及其对于提升世界对我国文化高度认同感的积极推动作用。

第7章 老字号伴手礼包装意象设计分析

伴手礼包装承载的社会文化与风俗习惯，本质上是对地域文化意象的具象表达，而意象揭示的是消费者对一个在地文化的综合印象，能为伴手礼包装的设计提供独特的视角。

本章运用网络文本分析方法和 NCD 色彩意象空间法，从文本和视觉两方面对上海南京路的“网络游记”和“上海八景”两个老字号包装的色彩意象进行分析，形成以上海南京路老字号为对象的多维度在地意象，构建出基于在地意象分析的老字号伴手礼包装设计方法。

7.1 伴手礼包装文本意象分析

互联网技术的发展带动了游客的旅行体验网络分享，该现象被学界称为“游客生成内容”（Tourist-Generated Content，简称 TGC）。TGC 由游客自发生成，比起传统的旅游内容，更能反映游客对目的地的意象感知，具有全面、可信度高的特点。此外，TGC 具有获取难度低、用户群体广泛的特征，能帮助设计者在研究过程中更为准确地理解消费者的感知、偏好和需求信息。

网络文本分析方法是一种对游客的线上分享内容进行内容解读和分析的有效方法，具有样本量大、分析结果更为客观和全面的优点，且有用户自发性、文本真实性的特征，因此具有较高的研究价值。定量研究在地意象常使用问卷调研的方式，该方法要求问卷的问题设计、受访人群类型选择、发放场所确定都具有一定的科学性。不过，问卷法虽有助于相关主题的深入研究，但在实际操作的过程中，该方法需要对可能出现的结果进行预设，并编制在不同的具体问题中。随着互联网技术的快速发展，消费者在不同的社交平台上可以自如地分享自身对在地意象的认知，网络因此有了大量文本分析的数据，更成了研究在地意象的重要资料来源。

7.1.1　网络文本分析对象

本章选取上海南京路步行街作为研究案例，运用网络文本分析方法，以旅游攻略网站马蜂窝(mafengwo. com)作为网络文本的来源，借助语义分析软件对“马蜂窝”上游客关于上海南京路步行街的网络文本进行词频统计、语义共现网络分析、情感倾向分析，以了解到访南京路步行街的游客对上海在地的感知形象、探索感知目的地维度的层次性。

作为目前国内最大的旅游攻略分享网站，“马蜂窝”拥有众多用户，截至2021年其注册用户超过1亿人，具有广泛的用户群体和基数较大的在地真实点评。其中，与上海相关的游记达3 000条以上，经筛选，关于南京路步行街的游记有470条，部分内容如图7-1所示。

▲ 图7-1　上海南京路步行街的部分网络评论文本

7.1.2 数据收集

为了使文本内容具有一定的时效性，本书收集了 2018 年 1 月 1 日至 2022 年 12 月 31 日期间上海地区的所有游记，形成了本地大数据库。首先使用“后裔采集器”网络爬虫工具抓取了有关上海的游记与评价文本共 2 573 条，将评价文本整合在同一个 txt 文本后，通过人工筛选的方式剔除日期无关文本、内容无效文本，得到与南京路步行街相关的有效数据 414 条，总字数为 502 090 字。如图 7－2 所示。

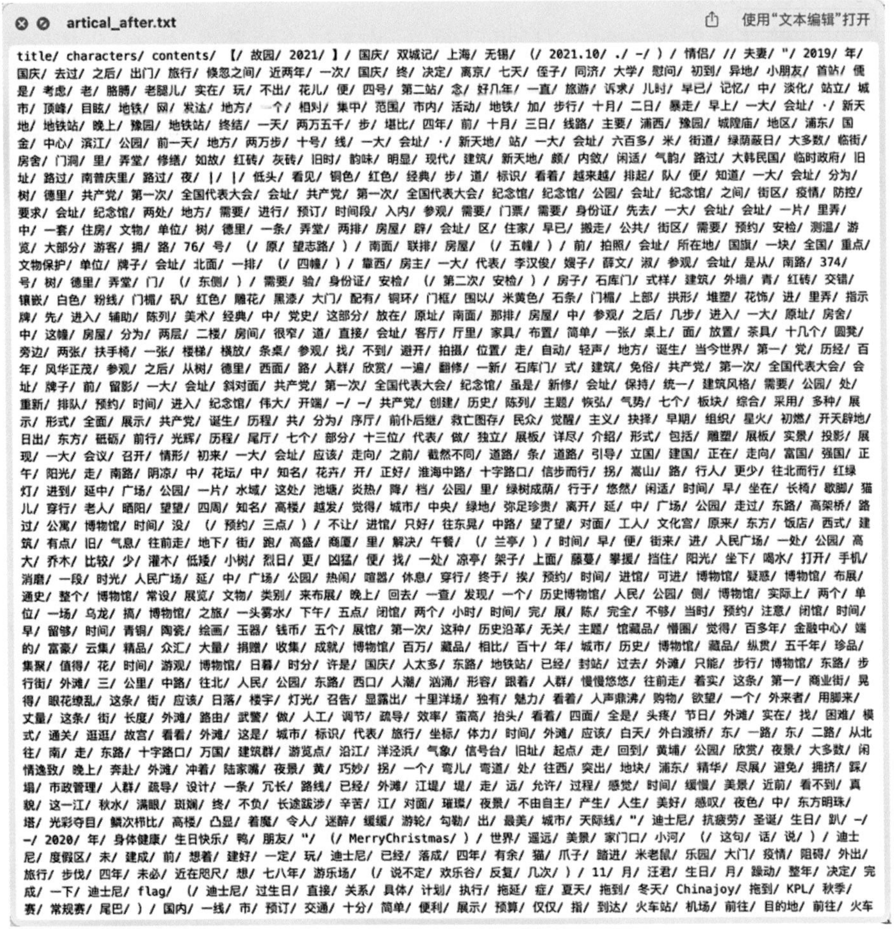

artical_after.txt　　使用“文本编辑”打开

title/ characters/ contents/ 【/ 故园/ 2021/ 】/ 国庆/ 双城记/ 上海/ 无锡/ （/ 2021.10/ ./ -/ ）/ 情侣/ // 夫妻/ "/ 2019/ 年/
国庆/ 去过/ 之后/ 出门/ 旅行/ 倏忽之间/ 近两年/ 一次/ 国庆/ 终/ 决定/ 离京/ 七天/ 侄子/ 同济/ 大学/ 慰问/ 初到/ 异地/ 小朋友/ 首站/ 便
是/ 考虑/ 老/ 胳膊/ 老腿儿/ 实在/ 玩/ 不出/ 花儿/ 便/ 四号/ 第二站/ 念/ 好几年/ 一直/ 旅游/ 诉求/ 儿时/ 早已/ 记忆/ 中/ 淡化/ 站立/ 城
市/ 顶峰/ 目眩/ 地铁/ 网/ 发达/ 地方/ 一个/ 相对/ 集中/ 范围/ 市内/ 活动/ 地铁/ 加/ 步行/ 十月/ 二日/ 暴走/ 早上/ 一大/ 会址/ ·/ 新天
地/ 地铁站/ 晚上/ 豫园/ 地铁站/ 终结/ 一天/ 两万五千/ 步/ 堪比/ 四年/ 前/ 十月/ 三日/ 线路/ 主要/ 浦西/ 豫园/ 城隍庙/ 地区/ 浦东/ 国
金/ 中心/ 滨江/ 公园/ 前一天/ 地方/ 两万步/ 十号/ 线/ 一大/ 会址/ ·/ 新天地/ 站/ 一大/ 会址/ 六百多/ 米/ 街道/ 绿荫蔽日/ 大多数/ 临街/
房舍/ 门洞/ 里/ 弄堂/ 修缮/ 如故/ 红砖/ 灰砖/ 旧时/ 韵味/ 明显/ 现代/ 建筑/ 新天地/ 颇/ 内敛/ 闲适/ 气韵/ 路过/ 大韩民国/ 临时政府/ 旧
址/ 路过/ 南普庆里/ 路过/ 夜/ |/ |/ 低头/ 看见/ 铜色/ 红色/ 经典/ 步/ 道/ 标识/ 看着/ 越来越/ 排起/ 队/ 便/ 知道/ 一大/ 会址/ 分为/
树/ 德里/ 共产党/ 第一次/ 全国代表大会/ 会址/ 共产党/ 第一次/ 全国代表大会/ 纪念馆/ 纪念馆/ 公园/ 会址/ 纪念馆/ 之间/ 街区/ 疫情/ 防控/
要求/ 会址/ 纪念馆/ 两处/ 地方/ 需要/ 进行/ 预订/ 时间段/ 入内/ 参观/ 需要/ 门票/ 需要/ 身份证/ 先去/ 一大/ 会址/ 会址/ 一片/ 里弄/
中/ 一套/ 住房/ 文物/ 单位/ 树/ 德里/ 一条/ 弄堂/ 两排/ 房屋/ 辟/ 会址/ 区/ 住家/ 早已/ 搬走/ 公共/ 街区/ 需要/ 预约/ 安检/ 测温/ 游
览/ 大部分/ 游客/ 拥/ 路/ 76/ 号/ （/ 原/ 望志路/ ）/ 南面/ 联排/ 房屋/ （/ 五幢/ ）/ 前/ 拍照/ 会址/ 所在地/ 国旗/ 一块/ 全国/ 重点/
文物保护/ 单位/ 牌子/ 会址/ 北面/ 一排/ （/ 四幢/ ）/ 靠西/ 房主/ 一大/ 代表/ 李汉俊/ 嫂子/ 薛文/ 淑/ 参观/ 会址/ 是从/ 南路/ 374/
号/ 树/ 德里/ 弄堂/ 门/ （/ 东侧/ ）/ 需要/ 验/ 身份证/ 安检/ （/ 第二次/ 安检/ ）/ 房子/ 石库门/ 式样/ 建筑/ 外墙/ 青/ 红砖/ 交错/
镶嵌/ 白色/ 粉线/ 门楣/ 矾/ 红色/ 雕花/ 黑漆/ 大门/ 配有/ 铜环/ 门框/ 围以/ 米黄色/ 石条/ 门楣/ 上部/ 拱形/ 堆塑/ 花饰/ 进/ 里弄/ 指示
牌/ 先/ 进入/ 辅助/ 陈列/ 美术/ 经典/ 中/ 党史/ 这部分/ 放在/ 原址/ 南面/ 那排/ 房屋/ 中/ 参观/ 之后/ 几步/ 进入/ 一大/ 原址/ 房舍/
中/ 这幢/ 房屋/ 分为/ 两层/ 二楼/ 房间/ 很窄/ 道/ 直接/ 会址/ 客厅/ 厅里/ 家具/ 布置/ 简单/ 一张/ 桌上/ 面/ 放置/ 茶具/ 十几个/ 圆凳/
旁边/ 两张/ 扶手椅/ 一张/ 楼梯/ 横放/ 条桌/ 参观/ 找/ 不到/ 避开/ 拍摄/ 位置/ 走/ 自动/ 轻声/ 地方/ 诞生/ 当今世界/ 第一/ 党/ 历经/ 百
年/ 风华正茂/ 参观/ 之后/ 从树/ 德里/ 西面/ 路/ 人群/ 欣赏/ 一遍/ 翻修/ 一新/ 石库门/ 式/ 建筑/ 免俗/ 共产党/ 第一次/ 全国代表大会/ 会
址/ 牌子/ 前/ 留影/ 一大/ 会址/ 斜对面/ 共产党/ 第一次/ 全国代表大会/ 纪念馆/ 虽是/ 新修/ 会址/ 保持/ 统一/ 建筑风格/ 需要/ 公园/ 处/
重新/ 排队/ 预约/ 时间/ 进入/ 纪念馆/ 伟大/ 开端/ -/ -/ 共产党/ 创建/ 历史/ 陈列/ 主题/ 恢弘/ 气势/ 七个/ 板块/ 综合/ 采用/ 多种/ 展
示/ 形式/ 全面/ 展示/ 共产党/ 诞生/ 历程/ 共/ 分为/ 序厅/ 前仆后继/ 救亡图存/ 民众/ 觉醒/ 主义/ 抉择/ 早期/ 组织/ 星火/ 初燃/ 开天辟地/
日出/ 东方/ 砥砺/ 前行/ 光辉/ 历程/ 尾厅/ 七个/ 部分/ 十三位/ 代表/ 做/ 独立/ 展板/ 详尽/ 介绍/ 形式/ 包括/ 雕塑/ 展板/ 实景/ 投影/ 展
现/ 一大/ 会议/ 召开/ 情形/ 初来/ 一大/ 会址/ 应该/ 走向/ 之前/ 截然不同/ 道路/ 条/ 道路/ 引导/ 立国/ 建国/ 正在/ 走向/ 富国/ 强国/ 正
午/ 阳光/ 走/ 南路/ 阴凉/ 中/ 花坛/ 中/ 知名/ 花卉/ 开/ 正好/ 淮海中路/ 十字路口/ 信步而行/ 拐/ 嵩山/ 路/ 行人/ 更少/ 往北而行/ 红绿
灯/ 进到/ 延中/ 广场/ 公园/ 一片/ 水域/ 这处/ 池塘/ 炎热/ 降/ 档/ 公园/ 里/ 绿树成荫/ 行于/ 悠然/ 闲适/ 时间/ 早/ 坐在/ 长椅/ 歇脚/ 猫
儿/ 穿行/ 老人/ 晒阳/ 望望/ 四周/ 知名/ 高楼/ 越发/ 觉得/ 城市/ 中央/ 绿地/ 弥足珍贵/ 离开/ 延/ 中/ 广场/ 公园/ 走过/ 东路/ 高架桥/ 路
过/ 公寓/ 博物馆/ 时间/ 没/ （/ 预约/ 三点/ ）/ 不让/ 进馆/ 只好/ 往东晃/ 中路/ 望了望/ 对面/ 工人/ 文化宫/ 原来/ 东方/ 饭店/ 西式/ 建
筑/ 有点/ 旧/ 气息/ 往前走/ 地下/ 街/ 跑/ 高盛/ 商厦/ 里/ 解决/ 午餐/ （/ 兰亭/ ）/ 时间/ 早/ 便/ 街来/ 进/ 人民广场/ 一处/ 公园/ 高
大/ 乔木/ 比较/ 少/ 灌木/ 低矮/ 小树/ 烈日/ 更/ 凶猛/ 便/ 找/ 一处/ 凉亭/ 架子/ 上面/ 藤蔓/ 攀援/ 挡住/ 阳光/ 坐下/ 喝水/ 打开/ 手机/
消磨/ 一段/ 时光/ 人民广场/ 延/ 中/ 广场/ 公园/ 热闹/ 喧嚣/ 休息/ 穿行/ 终于/ 挨/ 预约/ 时间/ 进馆/ 可进/ 博物馆/ 疑惑/ 博物馆/ 布展/
通史/ 整个/ 博物馆/ 常设/ 展览/ 文物/ 类别/ 来布展/ 晚上/ 回去/ 一查/ 发现/ 一个/ 历史博物馆/ 人民/ 公园/ 侧/ 博物馆/ 实际上/ 两个/ 单
位/ 一场/ 乌龙/ 搞/ 博物馆/ 之旅/ 一头雾水/ 下午/ 五点/ 闭馆/ 两个/ 小时/ 时间/ 完/ 展/ 陈/ 完全/ 不够/ 当时/ 预约/ 注意/ 闭馆/ 时间/
早/ 留够/ 时间/ 青铜/ 陶瓷/ 绘画/ 玉器/ 钱币/ 五个/ 展馆/ 第一次/ 这种/ 历史沿革/ 无关/ 主题/ 馆藏品/ 懵圈/ 觉得/ 百多年/ 金融中心/ 端
的/ 富豪/ 云集/ 精品/ 众汇/ 大量/ 捐赠/ 收集/ 成就/ 博物馆/ 百万/ 藏品/ 相比/ 百十/ 年/ 城市/ 历史/ 博物馆/ 藏品/ 纵贯/ 五千年/ 珍品/
集聚/ 值得/ 花/ 时间/ 游观/ 博物馆/ 日暮/ 时分/ 许是/ 国庆/ 人太多/ 东路/ 地铁站/ 已经/ 封站/ 过去/ 外滩/ 只能/ 步行/ 博物馆/ 东路/ 步
行街/ 外滩/ 三/ 公里/ 中路/ 往北/ 人民/ 公园/ 东路/ 西口/ 人潮/ 汹涌/ 形容/ 跟着/ 人群/ 慢慢悠悠/ 往前走/ 着实/ 这条/ 第一/ 商业街/ 晃
得/ 眼花缭乱/ 这条/ 街/ 应该/ 日落/ 楼宇/ 灯光/ 召告/ 显露出/ 十里洋场/ 独有/ 魅力/ 看着/ 人声鼎沸/ 购物/ 欲望/ 一个/ 外来者/ 用脚来/
丈量/ 这条/ 街/ 长度/ 外滩/ 路由/ 武警/ 做/ 人工/ 调节/ 疏导/ 效率/ 蛮高/ 抬头/ 看着/ 四面/ 全是/ 头疼/ 节日/ 外滩/ 实在/ 找/ 困难/ 模
式/ 通关/ 逛逛/ 故宫/ 看看/ 外滩/ 这是/ 城市/ 标识/ 代表/ 旅行/ 坐标/ 体力/ 时间/ 外滩/ 应该/ 白天/ 外白渡桥/ 东/ 一路/ 东/ 二路/ 从北
往/ 南/ 走/ 东路/ 十字路口/ 万国/ 建筑群/ 游览点/ 沿江/ 洋泾浜/ 气象/ 信号台/ 旧址/ 起点/ 走/ 回到/ 黄埔/ 公园/ 欣赏/ 夜景/ 大多数/ 闲
情逸致/ 晚上/ 奔赴/ 外滩/ 冲着/ 陆家嘴/ 夜景/ 黄/ 巧妙/ 拐/ 一个/ 弯儿/ 弯道/ 处/ 往西/ 突出/ 地块/ 浦东/ 精华/ 尽展/ 避免/ 拥挤/ 踩/
塌/ 市政管理/ 人群/ 疏导/ 设计/ 一条/ 冗长/ 路线/ 已经/ 外滩/ 江堤/ 堤/ 走/ 远/ 允许/ 过程/ 感觉/ 时间/ 缓慢/ 美景/ 近前/ 看不到/ 真
貌/ 这一江/ 秋水/ 满眼/ 斑斓/ 终/ 不负/ 长途跋涉/ 辛苦/ 江/ 对面/ 璀璨/ 夜景/ 不由自主/ 产生/ 人生/ 美好/ 感叹/ 夜色/ 中/ 东方明珠/
塔/ 光彩夺目/ 鳞次栉比/ 高楼/ 凸显/ 着魔/ 令人/ 迷醉/ 缓缓/ 游轮/ 勾勒/ 出/ 最美/ 城市/ 天际线/ "/ 迪士尼/ 抗疲劳/ 圣诞/ 生日/ 趴/ -/
-/ 2020/ 年/ 身体健康/ 生日快乐/ 鸭/ 朋友/ "/ （/ MerryChristmas/ ）/ 世界/ 遥远/ 美景/ 家门口/ 小河/ （/ 这句/ 话/ 说/ ）/ 迪士
尼/ 度假区/ 未/ 建成/ 前/ 想着/ 建好/ 一定/ 玩/ 迪士尼/ 已经/ 落成/ 四年/ 有余/ 猫/ 爪子/ 踏进/ 米老鼠/ 乐园/ 大门/ 疫情/ 阻碍/ 外出/
旅行/ 步伐/ 四年/ 未必/ 近在咫尺/ 想/ 七八年/ 游乐场/ （/ 说不定/ 欢乐谷/ 反复/ 几次/ ）/ 11/ 月/ 汪君/ 生日/ 月/ 躁动/ 整年/ 决定/ 完
成/ 一下/ 迪士尼/ flag/ （/ 迪士尼/ 过生日/ 直接/ 关系/ 具体/ 计划/ 执行/ 拖延/ 症/ 夏天/ 拖到/ 冬天/ Chinajoy/ 拖到/ KPL/ 秋季/
赛/ 常规赛/ 尾巴/ ）/ 国内/ 一线/ 市/ 预订/ 交通/ 十分/ 简单/ 便利/ 展示/ 预算/ 仅仅/ 指/ 到达/ 火车站/ 机场/ 前往/ 目的地/ 前往/ 火车

▲ 图 7－2　分词后的网络文本词

7.1.3 数据处理及分析

筛选完成后的评论内容需要进行一定程度的数据清洗。首先,从南京路步行街评论数据中提取频次较高的词汇,在提取高频词的过程中,对数字、网站、单字、网址、标点符号等无关信息进行滤除,然后借助 jieba 工具进行分词。预处理的过程包括句子分割、标记、停用词去除、词性标注、词干提取等。预处理后,我们得到相关性较高且具有实际意义的名词和动词,在此基础上,进一步使用文本分析平台对清洗后的词语进行分析。

1) 高频词分析

初步筛选游客的评论内容后可以看出,游客讨论的景点、建筑、公共设施、环境和氛围都有较大的差异。本章旨在得出对南京路的具体意象词汇,因此,如火车站、地铁、机场等公共设施词汇均不在研究范畴内。在机器筛选的基础上结合人工筛选方式,可提取出与旅游吸引物等相关的目标词汇。笔者最终在共计 10 947 个词语中提取出前 100 个相关度较高的词语进行具体分析。这些词语涵盖了旅游吸引物、休闲娱乐、旅游环境、场景氛围四个维度。如表 7-1 所示。

表 7-1 南京路景区的意象高频词

维度	高频词(频次)	词汇比例(%)
旅游吸引物	景点(231)历史(168)故事(75)环境(74)文化(73)弄堂(56)外白渡桥(54)建筑群(53)租界(48)景色(47)美景(33)特产(31)地标(30)金茂大厦(26)旗袍(25)老字号(25)招牌(23)十里洋场(23)标志性(22)沈大成(18)	20.0
休闲娱乐	照片(200)拍照(149)体验(107)观光(85)购物(81)游览(72)咖啡(46)包子(45)月饼(44)蟹黄(40)夜游(40)食物(38)漫步(37)享受(36)电影(26)博览(23)糕点(18)	17.0
旅游环境	步行街(269)上海(188)人民广场(156)商场(78)大巴(63)灯光(52)房子(51)气息(49)商店(46)高楼(46)街道(43)玻璃(42)店铺(39)都会(35)洋房(30)大都市(29)场景(27)道路(25)公馆(24)地平线(23)银行(23)高楼大厦(21)	22.0
场景氛围	纪念(32)时尚(30)年代(30)百年(29)好玩(29)浪漫(29)时代(28)古典(27)街上(27)有趣(26)现代化(26)丰富(25)欢乐(25)集中(25)经典(25)人山人海(25)风情(24)惬意(23)愉快(22)世纪(22)夜色(22)建筑风格(21)	41.0

2）社会网络分析

词频分析反映了游客对南京路步行街感知的基本情况，而通过语义网络分析可以得出高频词间的内在联系及其感知维度间的结构关系。得出高频词后，继续运用集搜客（GooSeeker）工具的贡献网络，得出南京路步行街游客感知的语义网络。

如图7-3所示，通过高频词的社会网络关系可分析得出，南京路步行街的游客感知存在话题聚类。一是以“历史”为核心的名词文化意象，与之关联的高频词是“照片”“体验”“步行街”“景点”“拍照”“繁华”“灯光”“故事”“夜晚”“商店”“老字号”等，形成了第一话题聚类；二是以“特别”为核心的形容词情感意象，与之关联的高频词是“历史”“照片”“步行街”“建筑群”“漫步”“文

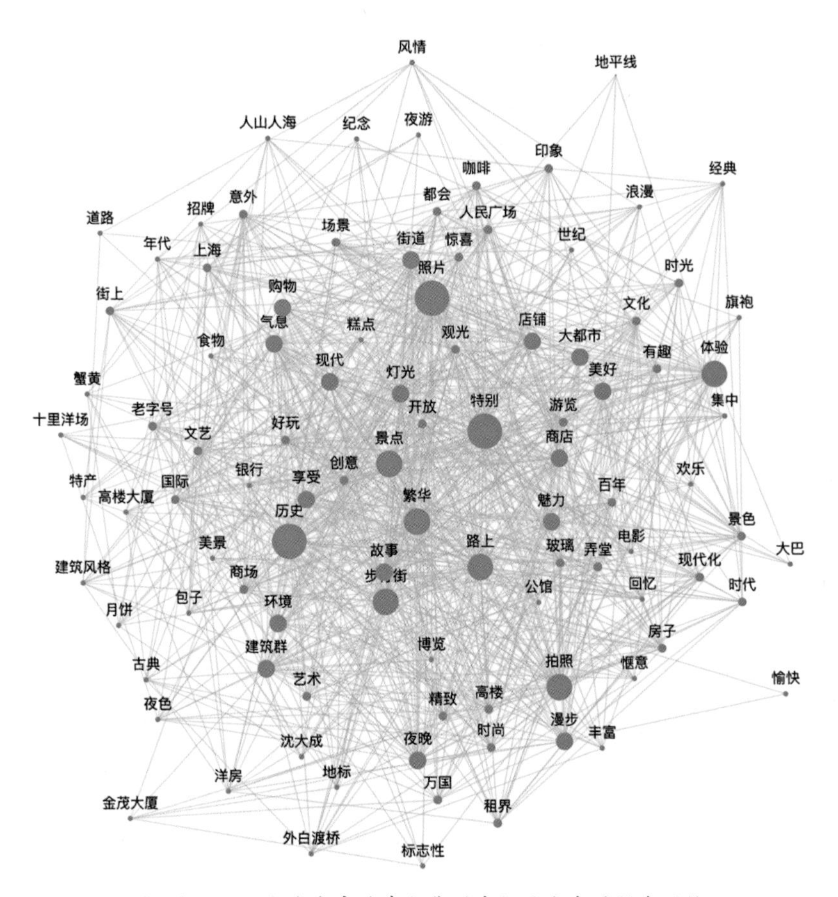

▲ 图7-3　上海南京路步行街游客评论文本的社会网络

艺”“夜晚”“繁华”“购物”等;三是以“体验”为核心的行为意象,与之关联的高频词是“大都市”“灯光”“历史”“繁华”“好玩”“魅力”“拍照”“购物”等。

如图 7-4、图 7-5 所示,从高频词聚类的分析结果可以看出,南京路步行街的游客对该景点形成的认知、情感、行为意象词分别是“历史”“特别”“体验”,而其中“步行街”“繁华”“夜晚”“灯光”等词汇交叉出现在不同维度中。

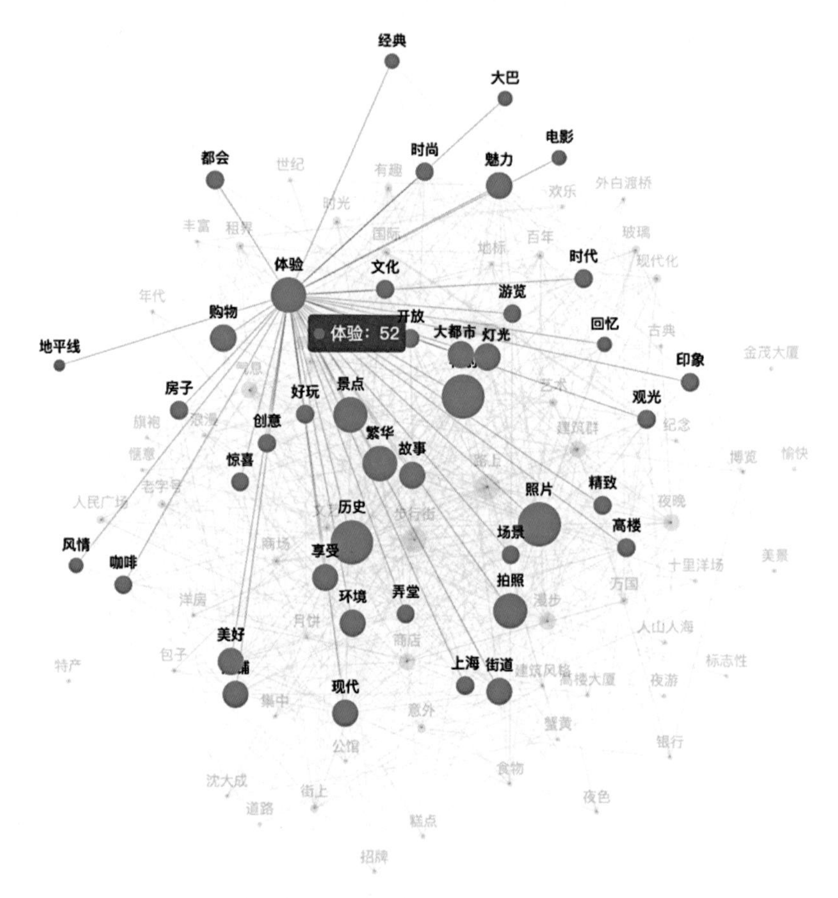

▲ 图 7-4 社会网络关键词 1:体验

3) 情感倾向分析

情感倾向是判断游客对目的地满意度的重要评价标准之一,可以为南京路伴手礼的购买意愿提供重要参考。运用集搜客分析平台对所得评论进行句子拆分后得出情感倾向词,继续对其去除无关句子后最终得到 7 328 句。其中,正面情感倾向的占 77.51%,中性的占 6.56%,负面占 15.93%(见表 7-2)。

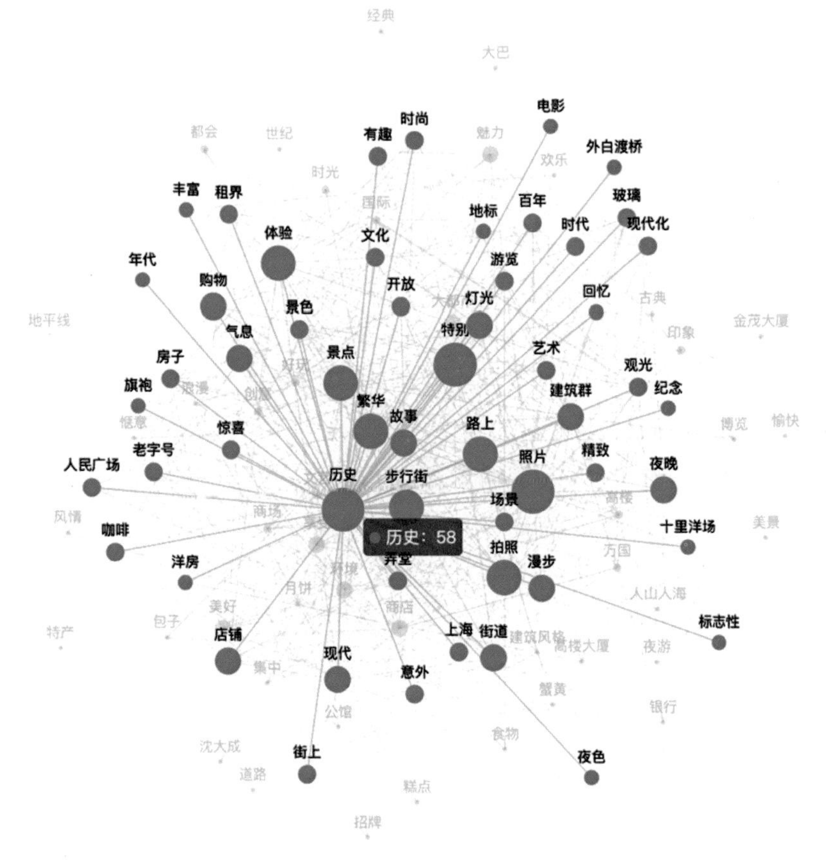

▲ 图7-5　社会网络关键词2:历史

由此可见,该网络文本分析得出的情感倾向较为积极,对于后续的设计有一定的指导意义。

表7-2　情感倾向计量

倾向	数量	比例
正面	5 680	77.51%
中性	481	6.56%
负面	1 167	15.93%
总计	7 328	100.00%

7.2 ▸ 色彩意象分析

7.2.1 NCD 色彩意象空间

色彩意象是由色彩引发的心理感觉，包含思维活动的联想、象征、喜好。不同文化背景的人对色彩的偏好与认知有显著差异，人们对色彩的喜好和观念是指由色彩产生的情感和心理感觉。这种情感和心理感觉除了受人们在生理上对色彩的辨别能力影响外，还受到个体偏好、社会环境、民族性等因素的影响。色彩引起的心理感觉具有普遍共同性。因此，色彩意象作为一种重要的心理感觉，会在人们的旅游过程中对目的地产生重要的影响，是旅游者对在地"意象图式"的构成因素之一。人们无时不处于各种色彩集合的环境之中，研究色彩意象可以更好地帮助我们理解游客与城市及其产品的关系。

传统色彩反映的是一个民族的色彩审美情趣，它是该民族文化精神的独特表现。从时间的角度来看，色彩的文化意义具有一定的稳定性；从空间的层面来看，这种文化意义是一个地区艺术形式与审美感觉相互作用的结果。这种交织使色彩成为民族文化观念的标志和象征，集中反映了人们的审美情趣，也使传统色彩成为其独特文化的象征。基于视觉效果对色彩的普遍认知，色彩可以作为一种"无声的语言"来有效传达信息。

在色彩心理学中，色彩意象主要与文化范畴存在很大的相关性。人们常常会在自身的态度、思想中寻找一致性，当包装及其背后的意象与之一致时，会产生和谐；而不一致时，则可能会造成用户认知失调的后果。对色彩意象空间的研究，就在于塑造一致的色彩意象体验，从而确保与消费者获得的包装认知形成一致性，避免失调感。

本节选取上海地区典型的老字号包装进行色彩分析，将结果绘制成色彩意象空间图，探讨两者间存在的差异，并将其作为老字号包装色彩分析和意境营造的依据。

色彩构成的基本要素是色相、明度、彩度，本节选用的色彩系统以 HEX 和四色印刷的 CMYK 值为主。色彩学的应用基础理论多源自孟赛尔（Musell）、奥斯特瓦尔德（Ostwald）等提供的色彩调和理论，色彩学研究揭示了色彩给人的感觉，包括生理与情绪两种，生活中许多心理感受都会不自觉地受到色彩影响。日本色彩设计研究所（NCD）经过长期研究，提出色彩引起的心理感受具有普遍共通性的观点。如图 7-6 所示，NCD 的色彩意象空间理论揭示了人们对色彩的感觉不是孤立存在的，而是对 3～5 种颜色配色后形成的综合感受。以色彩语义形成相关坐标轴，将其作为色彩意象尺度，并将色彩、语言、环境与人结合起来，即形成一套色彩搭配的理论。

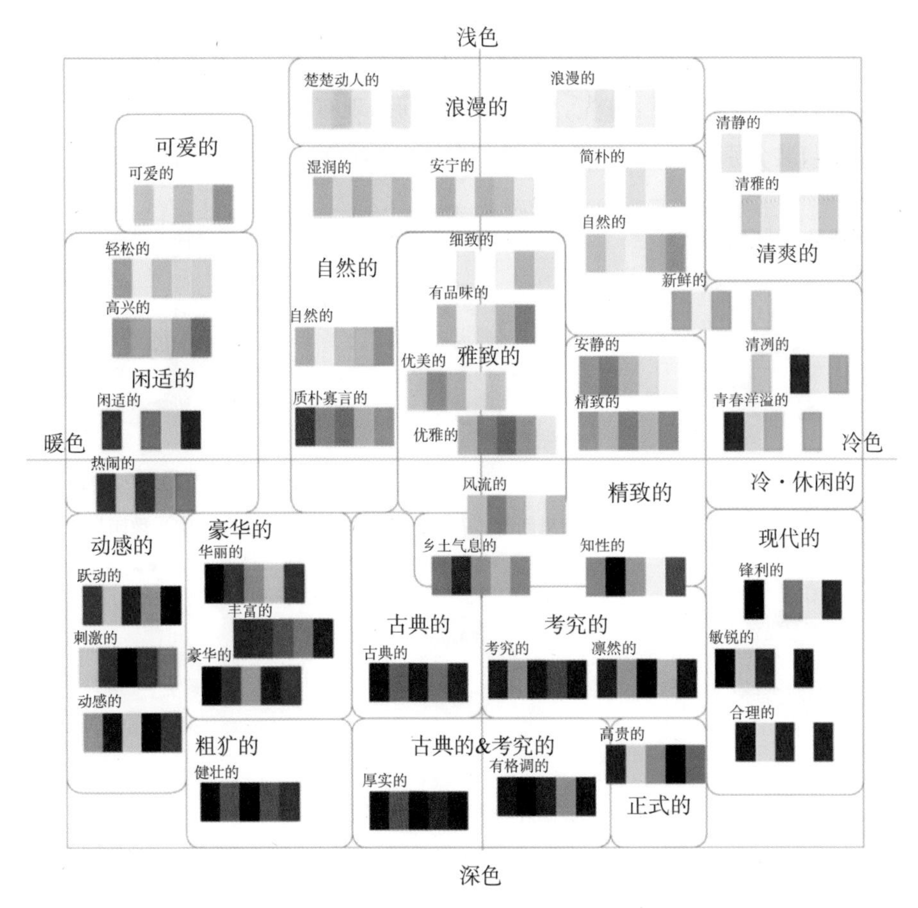

▲ 图 7-6　NCD 色彩意象空间坐标

7.2.2　分析方法

本节选用色彩提取工具 Color Max 对上海旅游空间与食品类老字号伴手礼的包装色彩进行提炼，以此得到不同类型老字号食品伴手礼的色彩意象空间。2009年,上海评选出“沪上新八景”(简称“上海八景”),即摩天揽胜(陆家嘴CBD)、十里霓虹(南京路步行街)、外滩晨钟(外滩景区)、枫泾古镇、旧里新辉(石库门建筑群)、豫园雅韵(豫园景区)、佘山拾翠(佘山森林公园)、淀湖环秀(淀山湖风景区),以此作为上海较有特色的旅游场景。无论在空间分布还是文化形象上,“上海八景”都较为全面地展现了上海的面貌。本节关于文化符号的色彩意象分析,就选取了此八景进行基于色彩地理学的空间色彩意象分析。

伴手礼包装的样本则是选取了上海相关景区的老字号伴手礼包装和普通城市伴手礼包装作为案例。经抽样分析后可指导相关景区伴手礼的销售包装设计。

具体操作步骤如下:首先,根据类型罗列出现有的老字号伴手礼销售包装图谱,将包装分别置入Color Max进行色彩分布(色环)分析(见图7-7)、色彩

摩天揽胜(陆家嘴CBD)

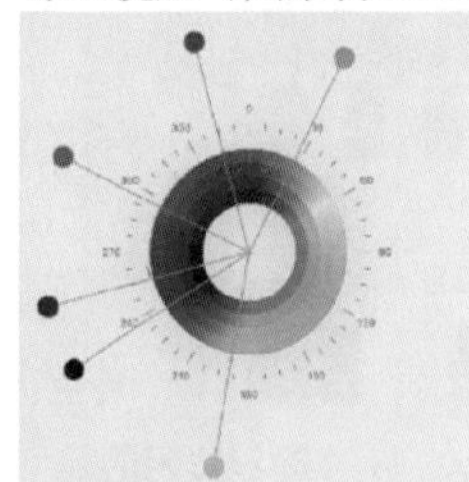

十里霓虹(南京路步行街)

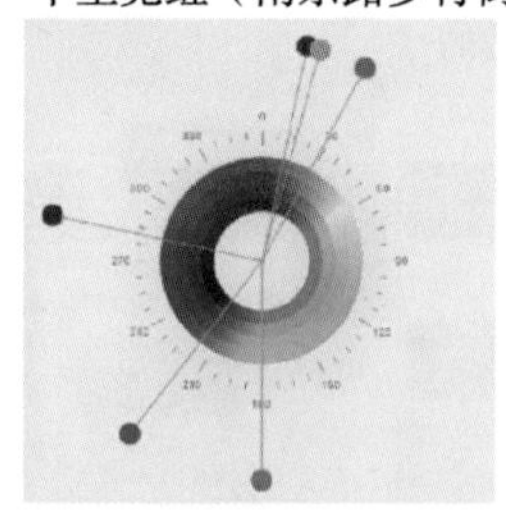

外滩晨钟(外滩景区)

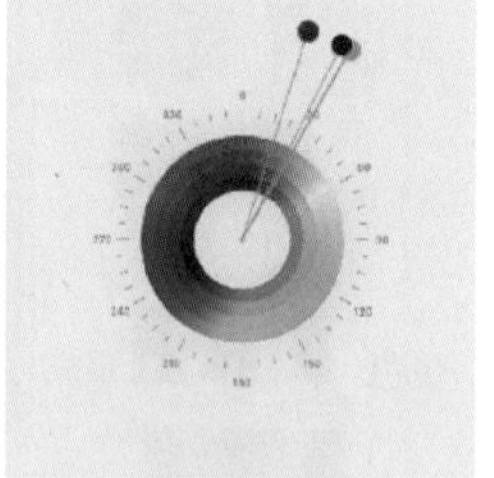

枫泾古镇

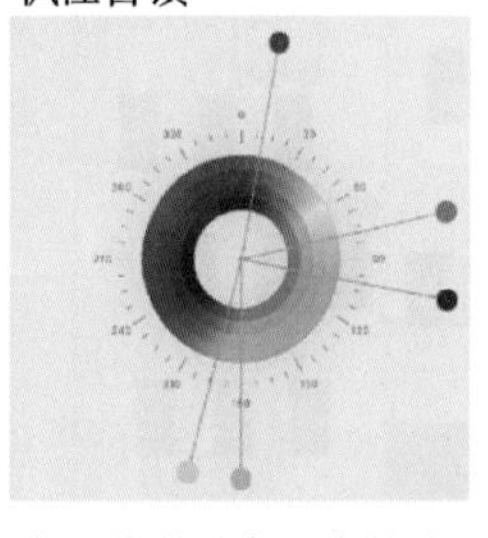

旧里新辉(石库门建筑群)

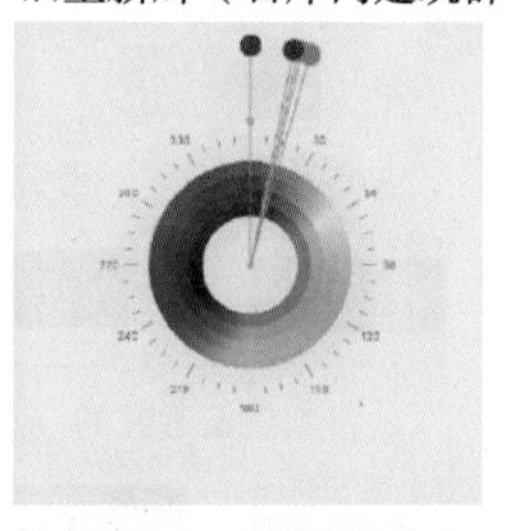

豫园雅韵(豫园景区)

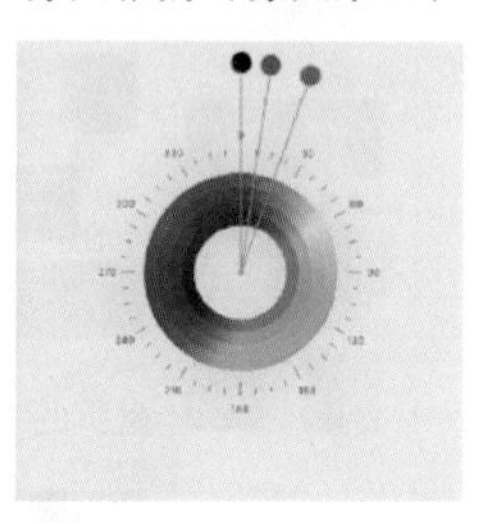

佘山拾翠(佘山森林公园)

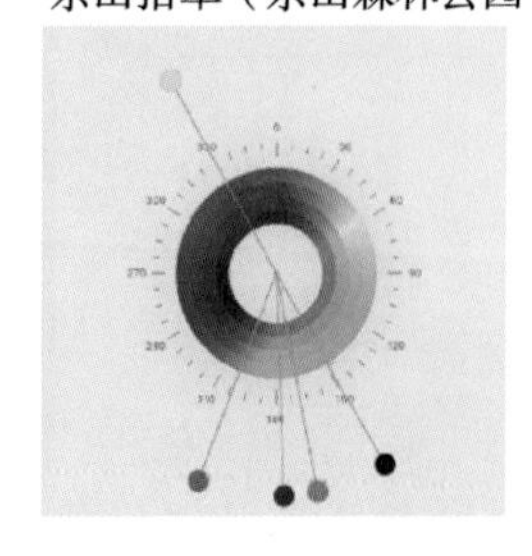

淀湖环秀(淀山湖风景区)

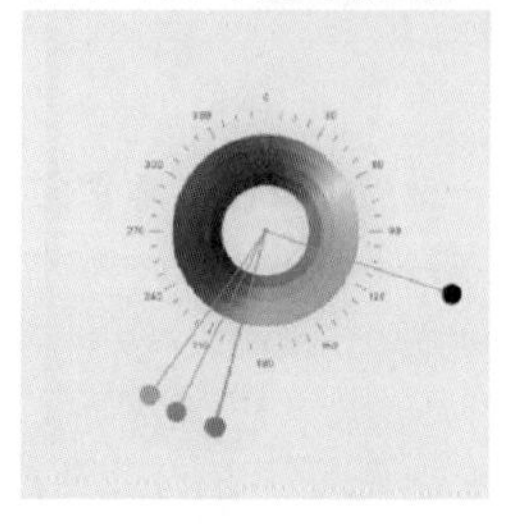

▲ 图7-7 “上海八景”色彩范围(色环)

指标(色号与色卡)分析(见图7-8)和色彩意象分析(见表7-3);然后,总结当前上海在地色彩意象与老字号伴手礼的意象契合度。

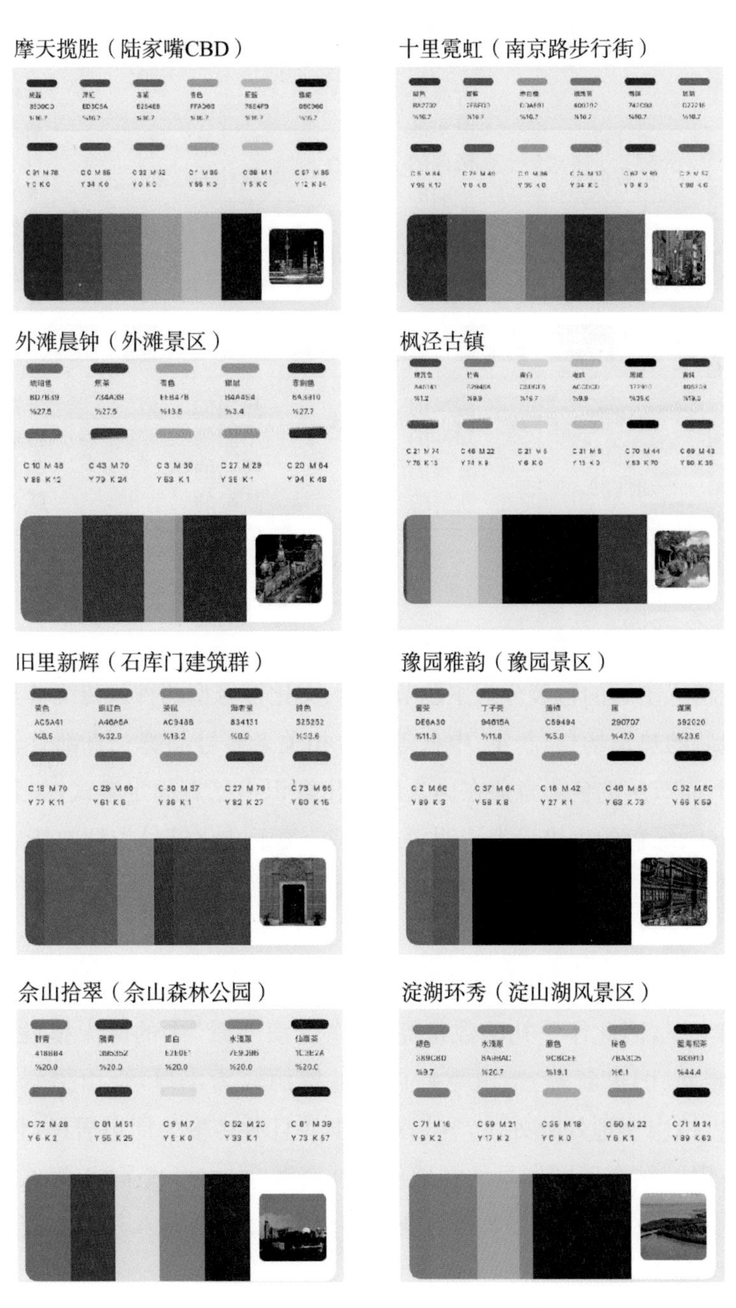

▲ 图7-8 “上海八景”色号与色卡

表 7-3 “上海八景”城市色彩意象

场景	外滩晨钟	豫园雅韵	旧里新辉	枫泾古镇
代表色彩				
环境色彩意象	质朴的 精致的	古典的 厚实的 格调的 华丽的 热闹的	考究的 精致的 质朴的 古典的	知性的 清雅的 自然的 考究的 质朴的
场景	淀湖环秀	佘山拾翠	摩天揽胜	十里霓虹
代表色彩				
环境色彩意象	清净的 考究的 知性的	清冽的 知性的 清雅的 新鲜的	热闹的 华丽的 跃动的 新鲜的	丰富的 古典的 华丽的 跃动的

7.2.3 样本选择

特定情感主题的包装分为主题节庆型、文化符号型两种。传统节日是老字号品牌包装的热销场景，新年、中秋等佳节相关老字号品牌一直都有较强的消费群基础，而节庆的色彩意象在国人的文化意识中已有固定模式，如红色的喜庆代表新年、绿色的生机代表清明等。目前，关于文化符号类型的情感包装设计尚有较大的拓展空间，亟待从文化符号的角度开展深入的包装色彩意象研究。

目前与“上海八景”相关的伴手礼中，黄浦区、浦东区的景点游客数量较多，品牌基础丰厚，因此伴手礼的数量庞大。“上海八景”中的摩天揽胜、外滩晨钟、豫园雅韵、旧里新辉、十里霓虹伴手礼资源较为丰厚，佘山拾翠、淀湖环秀、枫泾古镇由于地处郊外，游客相对较少并且游客多为周边居民，伴手礼资源较为有限。结合不同场景的在地伴手礼资源，本书形成了“上海八景”伴手礼包装色彩意象图谱。表 7-4 为老字号伴手礼之“上海八景”相关包装的色彩意象色卡。

表7-4 "上海八景"相关包装的色彩意象色卡

城市景点	伴手礼包装	HEX 色值	色卡
外滩晨钟		DE524A，6609A，EED5D5，DEC5B4，A44A41，E4D3CC	
		F63929，830808，F4EFB7，DEA079，EFE3E5	
		CDAC00，AC7B4A，DEB441，B4BDBD，A47B00，523931	
豫园雅韵		C54A31，6A7894，DEAC62，BD8B83，8B2910，523139	
		D57331，A48B4A，DE6A4A，CDCDAC，187378，4A4A39	
		DEAC29，068059，E6D594，ACACB4，18396A	
旧里新辉		E6CD52，9C7352，DECDBD，295A8B，292018	
摩天揽胜		BDD520，B46262，E6E694，ACA47B，395218，394A4A	
		294A8B，5A6A94，C5C5BD，5A2018，524A41	
枫泾古镇		AC7B41，8B6A4A，EEBD8B，CDB494，523918，735A41	
		83836A，CDC5AC，081810，314A39，2A7E54	
		A40800，6A5241，E6E6C5，523129，EA6A00，A47A00	
		DEAC41，B47B62，624120，DE6241，B44819，622034	
十里霓虹		F66A52，AC6273，F6948B，DECDCD，413139	
		EEB44A，737B83，EEB45A，C5A47B，A46229，4A4129	

（续表）

城市景点	伴手礼包装	HEX 色值	色卡
		B49CA9，C2B89D，BDB494，946456，AFB1C0,9C4E81	
		C5B452，AC8B73，D5BD73，DED5C5，9C7B39,24171E	
淀湖环秀		CDBD94，948362，F6DEBD，D5C5A4，413118,5A4A31	
佘山拾翠	—		—

7.2.4 分析结果

在对相关景点伴手礼色彩意象进行分析的过程中发现，目前大部分的伴手礼品牌与景点的知名度、交通便利度和人流量有关。大量的伴手礼产品及其元素集中在黄浦区的南京路、豫园、外滩、石库门和浦东陆家嘴的景点，而郊外的枫泾古镇、佘山景区和淀山湖景区的伴手礼较少，其中佘山没有代表性的伴手礼产品。本书在收集了“上海八景”及其相关伴手礼产品色彩意象后，形成了图 7-9、图 7-10 所示的色彩意象分布差值图。

从分析结果可以看出，位于黄浦区的外滩、豫园、南京路、石库门的景区伴手礼包装的资源更加丰富，色彩的意象空间契合度与景区色彩意象空间的分布重合度更高，这表明其伴手礼包装色彩意象契合度更高；而枫泾古镇、浦东陆家嘴 CBD、淀山湖的伴手礼产品存在资源较少、色彩意象契合度低的问题；佘山由于缺少相关案例，色彩意象空间存在契合度缺失的问题。

色彩是营造产品视觉体验的重要元素。在设计的过程中，运用符合所在地色彩意象的色系组合，将是增强消费者对伴手礼产品印象和城市文化形象理解的重要方式。对比景区色彩和伴手礼产品包装的意象空间可以发现，许多景区缺乏具有显著代表性的伴手礼产品，在构建视觉连结的过程中色彩的运用也较为零散。色彩改善的方式可以分为两种：一是建立品牌自身的色彩系统和识别色，在色彩运用的过程中把握品牌、地区色彩的平衡；二是通过主、副色彩的运

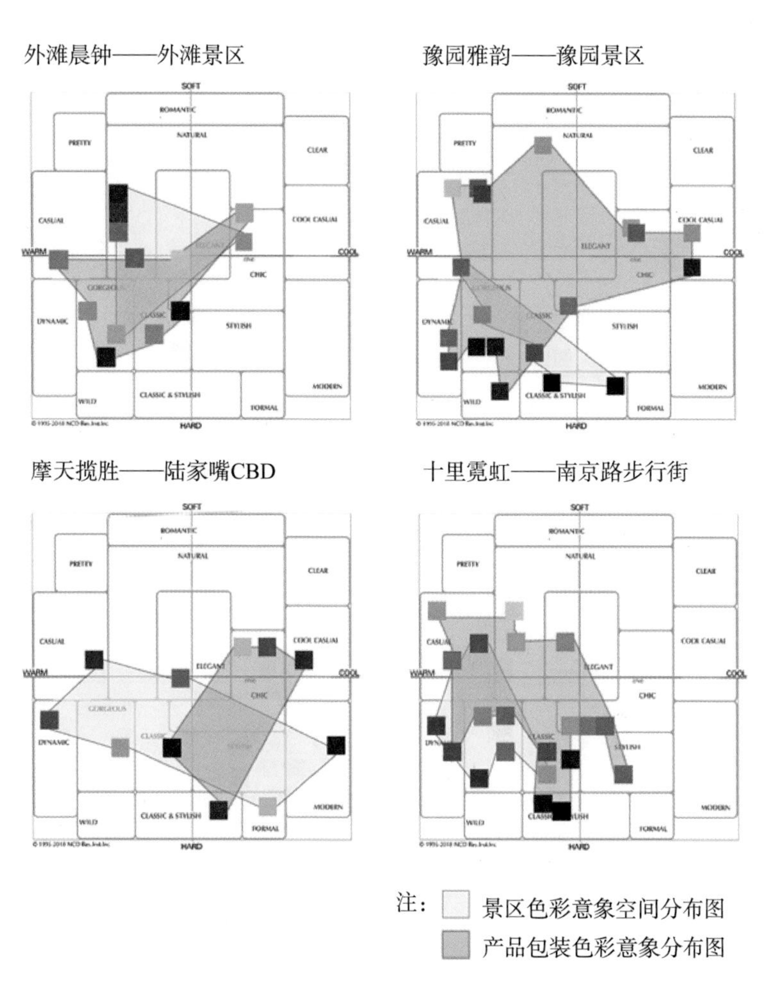

▲ 图 7-9　高契合度的景区伴手礼分组

用，对产品的意象进行概念构建，选取相应的色彩组合，以达到品牌、地区、主题的平衡。

7.3 ▸ 老字号伴手礼包装的体验设计

7.3.1 研究思路

在包装设计领域，体验设计的介入在物质层面主要包括结构、视觉效果、材

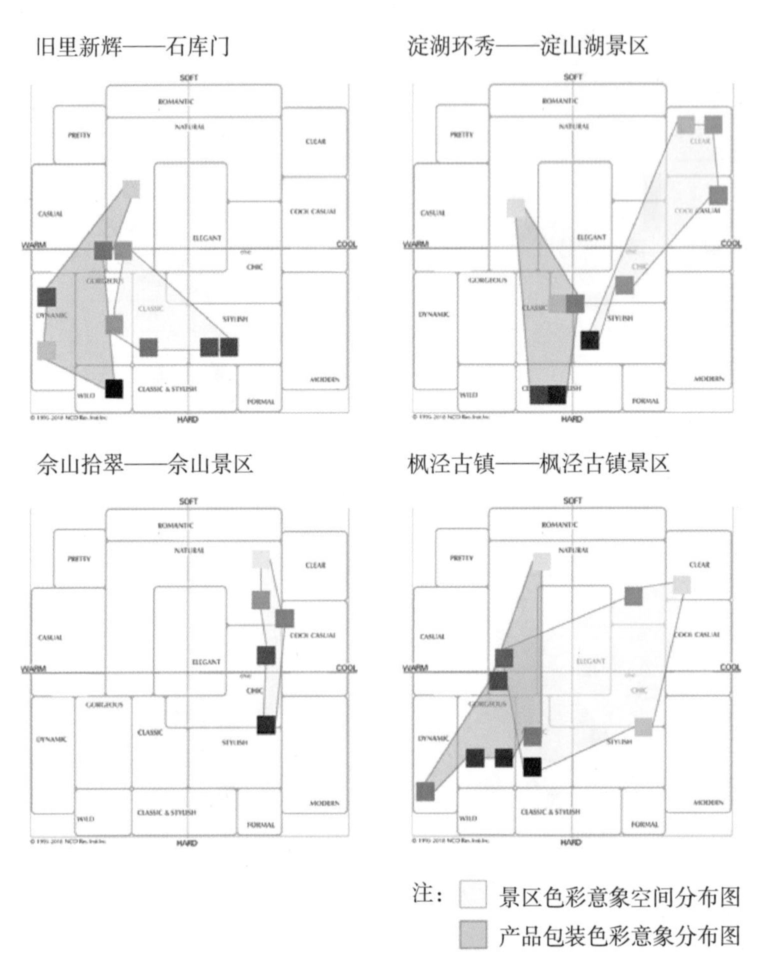

▲ 图 7－10　低契合度的景区伴手礼分组

质等设计因素，非物质层面主要包括交互方式、情感元素等。为了使包装尽可能符合更多人群的需求，必须对老字号伴手礼体验式包装的体验周期开展周期整体、周期层次和周期阶段的分析，并运用通用设计思维，以一致性、包容性和可变性进行设计要素的分析，最终实现设计的“共用性”，使其既能方便人们生活，提高人们生活品质，又能体现心理关怀，满足人们情感需求，最终实现和谐、平等的使用环境。

7.3.2 老字号伴手礼包装的类型

上海老字号伴手礼的类型涵盖了日常大部分消费品类，涉及众多行业，因此，有必要提取受众范围广、适用性高、传播性良好的包装类型进行样本的筛选，并进行深度分析。本节提取了现有伴手礼类型中体量大、市场喜好度较高的产品类别进行案例研究。以包装的类型为划分依据，先对该类产品重新进行类型划分，继而分析其包装设计的类型学规律，然后在此基础上，对不同类型的包装进行多维度的体验分析。包装的类型划分为组成、功能、应用三个维度。组成维度可细分为模块组成、材料组成和结构组成，包装模块可以分为单一包装、内包装、内容器、复合包装、组合包装、外包装；根据印刷材料组成可以分为纸制品、塑料制品、金属包装、竹木器包装、玻璃容器包装和复合材料包装；结构形式可以分为贴体包装、可携带包装、组合包装、单一包装。根据其功能的性质可划分为销售包装、储运包装、重复使用包装和再生包装。根据应用的主题可分为主题型、节庆型、文化 IP 型三种，主题型包括了人们的各种活动场景，如贺寿、婚庆、生日等；节庆型与中国的各大传统节日相关，如新年、元宵、清明、端午、七夕、中秋、重阳；文化 IP 型可分为城市景点类、文化故事类、品牌形象类和传统习俗类。

具体划分方式如图 7－11 所示。

7.4 体验周期分析

用户的体验从本质上而言是用个性化的方式在时间周期的感受中，获得的一系列可记忆的事件。目前，对于产品体验的周期有不同的划分标准，但在包装设计领域尚无较为成熟的体验周期设计流程，更多的是以生命周期理念探究包装设计流程。体验周期与全生命周期的理念息息相关，全生命周期集合了系统、集成、可持续发展的理念，以及从包装到原材料，再到被遗弃和回收处理的全过程的思维，关注的是包装在商业运转中的流程。体验周期建立在包装全生命周期的理念之上，是与用户有关的体验全过程。

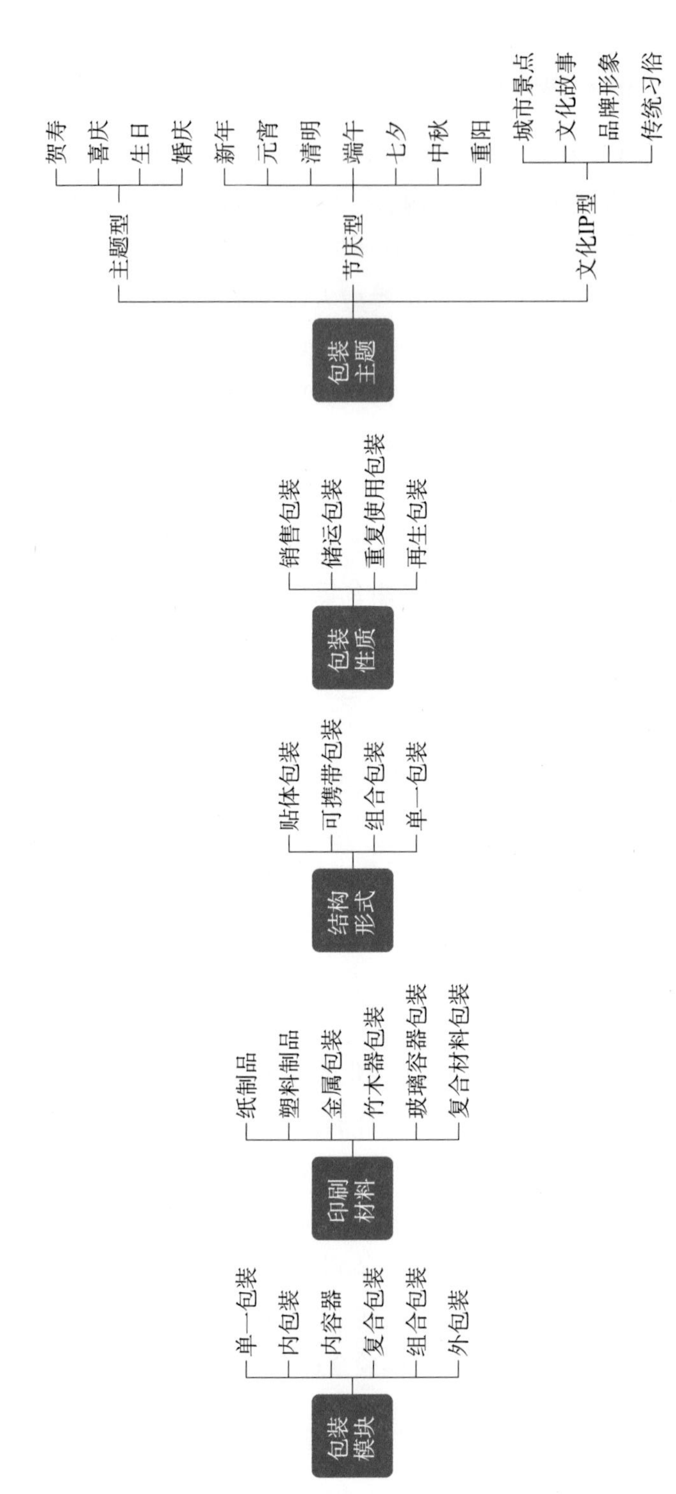

▲图 7－11　不同维度下伴手礼包装类型

7.4.1 包装体验周期的整体性

体验不是单独存在的，而是各种类别相互交织的。在概念上，体验可以分为审美体验、意义体验、情感体验。但在日常生活中，这些概念难以单独区分，只有被人们共同感受时，才能称为一种体验。

老字号伴手礼包装的体验周期具有整体性，且这种整体性与包装的全生命周期具有交叉属性。在现实生活中，用户体验会随着时间的推移持续发生变化。从用户的角度来看，长期的用户体验是以时间为主线的，整个过程从接触产品及包装的信息开始，其后是了解、适应、使用产品，最后以废弃包装为终点。这种长期的体验会影响用户是否会持续使用这一产品，并推荐给身边朋友。此外，许多产品的包装结构具有多样性，有内包装、外包装、储存包装等，它们复合一体，其结构使包装成为一个整体而非单独的构造存在，这种情况下，体验会更加复杂。因此，无法依靠单一行为事件评价，而必须依靠完整的体验过程来进行评估。体验趋势的发展和互动事件发生的顺序均会影响用户对体验的评估，为了达到良好的体验预期，必须对体验的全流程进行重构，设计出合适的框架。

包装的生命周期包括设计研发、生产运输、消费展示、购买使用、废弃循环这 5 个阶段。包装的体验进程在设计阶段被预设，消费者在购买、使用的过程中才能获得体验，如图 7－12 所示。人们对产品的使用会基于他们固有的生活经验进行习惯性操作，伴随着这个过程的进行，经验阶段会转化为互动阶段，即

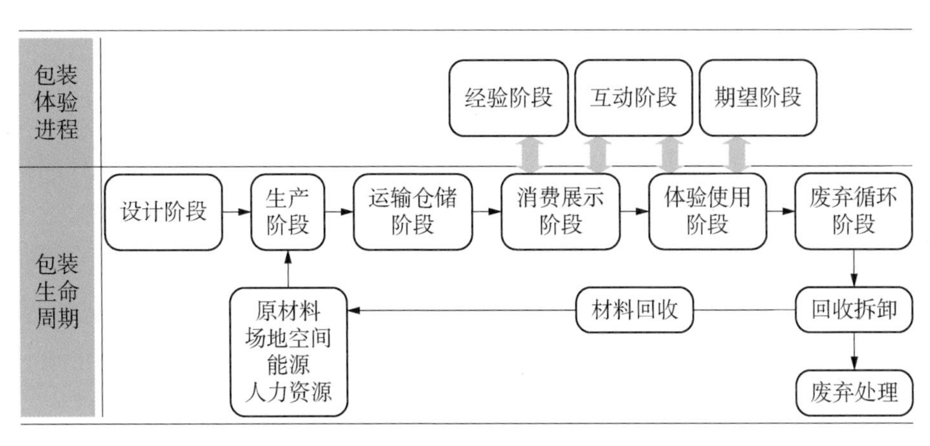

▲ 图 7－12 包装生命周期与体验周期的关系

用户在掌握了与产品的互动方式后能正确使用产品的阶段。期望阶段是人们基于既往的能力经验，在使用包装的过程中希望达到目标的一种心理活动，期望的满足可以增进用户对产品和品牌的情感。

7.4.2 体验周期的层次性

包装的体验周期具有层次性。正如对产品的体验一般，不同的设计会带来不同的体验，这些体验可以是消极的，也可以是积极的。随着用户的需求水平不断升级，当低层次需求得到满足后，用户就会期待实现更高层次的需求。按照时间线来看，体验的层次可以分为本能层、行为层、反思层；按照体验的影响来看，体验层级可以划分为消极体验、无体验、积极体验。体验层级与情感向度的关系如图 7－13 所示。

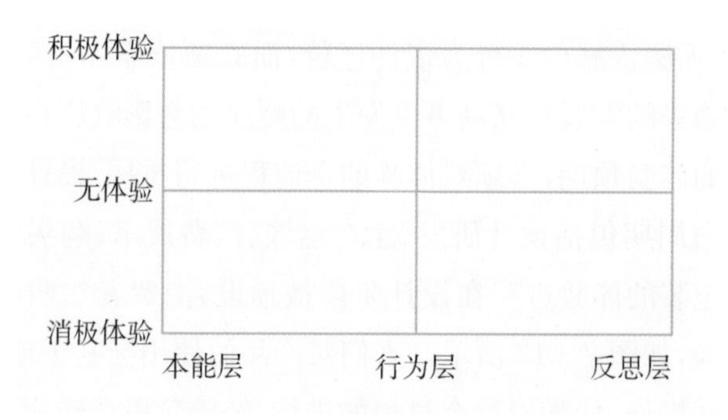

▲ 图 7－13 体验层级与情感向度的关系

7.4.3 包装体验周期的阶段性

包装的用户体验周期具有连贯性、阶段性的特点。用户体验是发生在用户与包装之间的体验，用户从被包装吸引到使用、遗弃，是一个连贯的过程，这个过程呈现循序渐进的特点。由于许多包装使用周期较短，包装比产品本身的阶段性特点更突出。基于此，一次性包装的使用周期较短，如产品内保鲜包装、食品盒包装等。而像储存包装、循环利用包装则有较长的体验周期。包装的设计过程应遵循创造的四个阶段：需求、设计、开发以及测试。

7.5 伴手礼包装的通用性分析

7.5.1 包装的一致性分析

当产品与包装存在一致性表现时，常能更好地改善包装的实用性。包装的一致性分为美感一致性、功能一致性、内部一致性与外部一致性。

1）美感一致性

包装的美感一致性来自风格与外观的统一。美感一致性能增加品牌识别度，使消费者与品牌产生共鸣，并由此建立起情感期待。一个包装的视觉美感由其设计元素、色彩、风格共同构成，在节庆主题中，伴手礼包装经常运用美感一致性来达到视觉平衡。例如，与新年、祝寿相关的主题常常会运用红色系包装来传达喜庆、热闹、丰富的视觉感受，清明主题的青团等产品常常使用清新的绿色来传递时令气息。

为了获得美感一致性的传达方法和元素构成样式，本节以上海"中华老字号"品牌沈大成的包装为例展开解析，对沈大成网络旗舰店在售的17款商品包装（见表7-5）进行设计拆解，从设计元素、主题场景等角度，对包装的元素、色彩、风格一致性进行判断，了解现有上海老字号包装的美感构成。

表7-5 包装的美感一致性分析

编号	包装	主题场景	设计美感元素	元素一致性	色彩一致性	风格一致性
01		新年	年画、鱼	高	高	高
02		清明	杨柳、燕子、风筝	高	高	高

（续表）

编号	包装	主题场景	设计美感元素	元素一致性	色彩一致性	风格一致性
03		清明	山水画、书法、叶子	中	高	中
04		无	植物插画	中	高	中
05		祝寿	寿桃、仙鹤、牡丹	高	高	高
06		乔迁	房屋、书法、桃花	高	高	中
07		无	老上海建筑、葱油饼	中	中	中
08		无	抽象线条	低	高	低
09		无	绘画	低	低	低
10		无	绘画	低	低	低
11		无	绘画	低	中	高

（续表）

编号	包装	主题场景	设计美感元素	元素一致性	色彩一致性	风格一致性
12		无	桂花	中	高	中
13		无	无具体元素	低	低	低
14		无	无具体元素	低	低	低
15	仁 義 禮 智 信	五常之道	草本、人物画、书法	高	高	高
16		江南	传统布纹	中	高	高
17		诗句	荷花、莲藕、坚果	高	高	高

对沈大成的产品包装分析，可得出美感一致性高的包装具有以下几个特点：

（1）具有更鲜明的使用场景。以表 7－5 中 02 号青团包装为例，产品围绕“清明”的节日场景使用了杨柳、燕子、风筝的视觉元素，色彩上使用符合户外踏青行为的青绿色调，在风格上也采用了更具野趣的插画风格，做到与清明节的节日意象高度匹配，传达出良好的美感一致性。反之，09 和 10 号的红豆糕、绿豆糕包装运用了缺乏明确指向的植物绘画，且两种产品的包装没有太大的差异，无法使消费者通过包装来联想到具体的食用和赠送场景，此外，视觉元素也较为陈旧，导致产品缺乏吸引力。

（2）具有更愉悦的审美体验。以表 7－5 中 17 号包装为例，该坚果藕粉的包装运用了“布袋＋塑料瓶”的组合形式，运用清新、响亮的莲花荷叶元素插画，使人容易透过包装联想到夏日荷花，画面生动，颜色鲜艳，易于激发人们细细品味、急切购买的欲望。

(3) 具有更丰厚的文化气息。以表 7－5 中 15 号包装为例，该绿豆酥的包装运用了“插画风格和撞色搭配”的组合，实现了历史的厚重感和现代的设计元素的巧妙平衡，且通过插画呼应了包装“儒家五常之道”的主题，使得普通的绿豆酥拓宽了文化意义。相较 09 号绿豆糕的包装更有情感消费价值。

2) 功能一致性

包装功能的一致性指的是意义与行为的一致性，这种一致性可以使使用者利用既有知识去理解包装的具体使用功能。

伴手礼包装的功能主要包括自然功能和社会功能。包装的自然功能主要用于商品的保护、储运，而社会功能在于销售、传播和使用。包装自然功能的组成要素分为三部分，分别是包装模块、印刷材料和结构形式，具体的分支如图 7－14 所示。

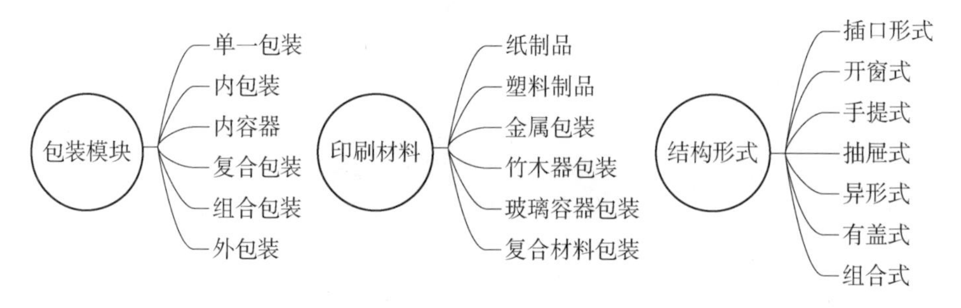

▲ 图 7－14　影响包装功能一致性的因素

3) 内部一致性与外部一致性

包装的内部一致性与外部一致性主要体现在产品外包装、组合包装和内包装与内容器的一致性上，两者需要在印刷上使用相似的材料，视觉上使用统一的风格，开合上符合使用习惯，且通过包装的元素来体现产品本身的部分属性。包装的一致性(见图 7－15)不仅可以使得产品整体的形象辨识度得到提高，也能加强品牌和地方文化及产品的连接感。

相较于国内包装，日本的一些地方伴手礼包装具有鲜明的包装一致性，无论是结构形态、视觉风格，还是在与地方印象相关元素的运用上都很好地实现

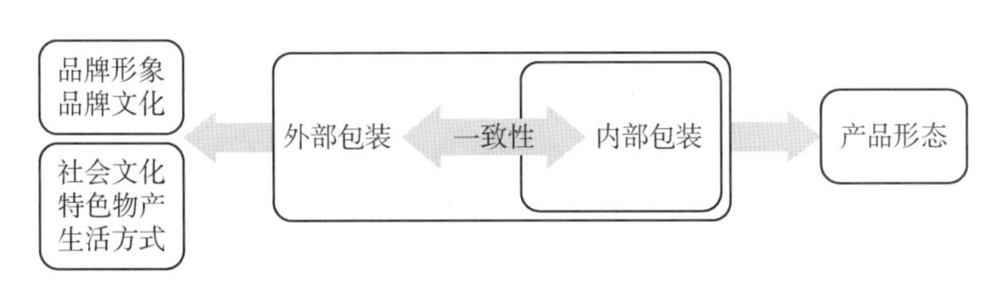

▲ 图 7－15　包装的内部与外部一致性

了平衡，具有强烈的独特性，给消费者带来深刻的印象。例如，位于日本北海道的桧山郡江差町的五胜手屋羊羹拥有 140 年以上的历史，使用金时豆为原料的羊羹具有类似山楂色的形态，伴手礼的包装则充分运用了复古的装饰风格和字体，通过内包装和外包装的呼应达到了与品牌历史、产品形态的一致性，反映出当地特色物产的文化内涵，如表 7－6 所示。

表 7－6　日本伴手礼包装的一致性分析

	产品	外包装	内包装	产品形态
一致性分析	五胜手屋羊羹			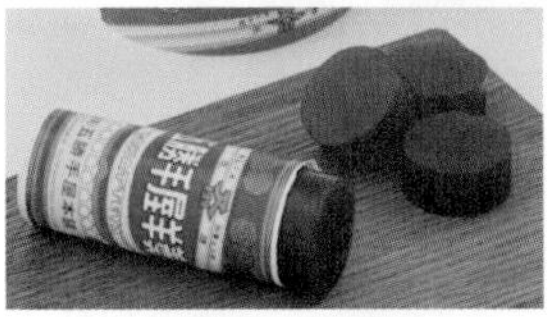
	岩手县和果子			
	岩手县葡萄糖果			
	热海温泉布丁		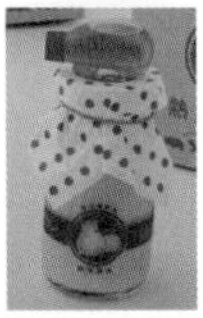	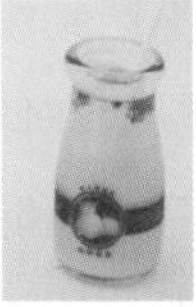

7.5.2 包装的包容性分析

日常生活中，由于暴力、错误的包装打开方式而导致包装原有功能破坏，无法承载和存储产品的案例屡见不鲜。这种现象的根源之一，在于在设计阶段对包装功能的包容性考虑不足。在包装的设计过程中，应考虑将用户发生错误的可能性降到最低。设计的包容性有助于在出错前有效防止错误的发生，即使错误真正发生，也可以使不良影响得到降低。具体的包容性设计点主要表现为良好的功能可见性、分层组织和情境感知。

功能可见性指的是赋予包装预设用途，产品设计的性能和实际功能可以通过用户与产品间的互动操作来表现，其根本目的是通过包装来实现包装内产品的可用性。表 7－7 是食品伴手礼的包装在不同使用阶段涉及的预设功能及可见性信息。

表 7－7　包装不同使用阶段的可见性信息

使用阶段	仓储	运输	销售	携带	存放	使用	废弃
包装模块	外包装 物流包装		外包装 组合包装		外包装 复合包装 内包装 内容器		物流包装 外包装 内包装 内容器 组合包装 复合包装
预设功能	搬运 密封 储藏		销售 展示 移动		储藏 保鲜 开合		循环使用 垃圾分类
可见性信息	朝向 开口方式 批次 货品内容		产品图文信息 开启引导 质量信息		开合引导 存储说明 产品使用方法		垃圾类型

在从生产到废弃的整个过程中，包装可分为储运、销售、存用、废弃四个具体使用阶段。在储运阶段的仓储运输中，外包装和物流包装是主要的包装使用类型；而在销售和销售后购买、携带的过程中，产品本身的外包装或是组合包装会成为主要使用类型；在最终实际使用时，外包装、内包装及容器或者复合包装

将成为主要运用的包装形式。这些包装都可分为一次性使用型和二次及多次使用型，无论是哪一种包装，提高操作可行性的前提，是有层次的包装结构和细节的功能结构。

在完成购买行为后，消费者与产品的互动主要集中在外包装上。在外包装的规划上，需要对信息进行有效的分层组织。表 7-8 是格力高饼干包装的信息分层组织；表 7-9 是格力高食品包装的信息分层组织。

表 7-8 格力高饼干包装的信息分层组织

信息类型	品牌与产品	安全性	结构说明
层级内容	品牌名 	配料 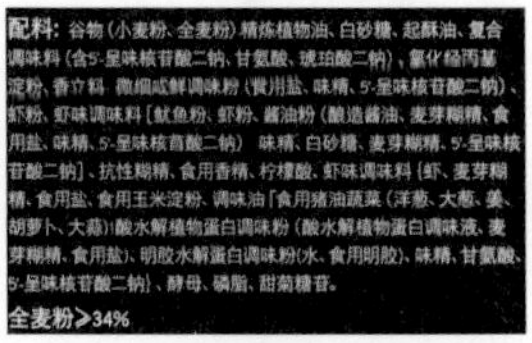	开启辅助线 
	产品类别 	营养成分表 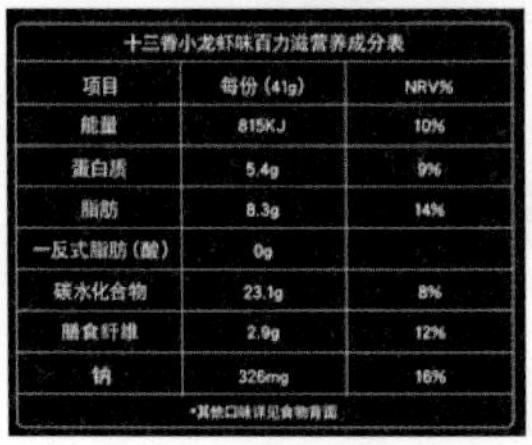	打开入口 
	广告标语 	食用方式 开袋即食	存放方式 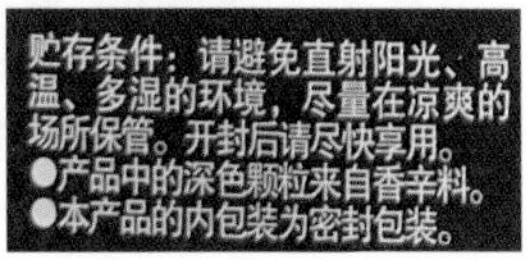
	营养价值 	过敏原 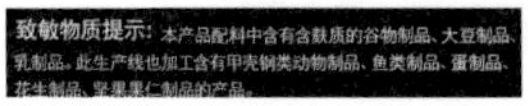	使用方式 

（续表）

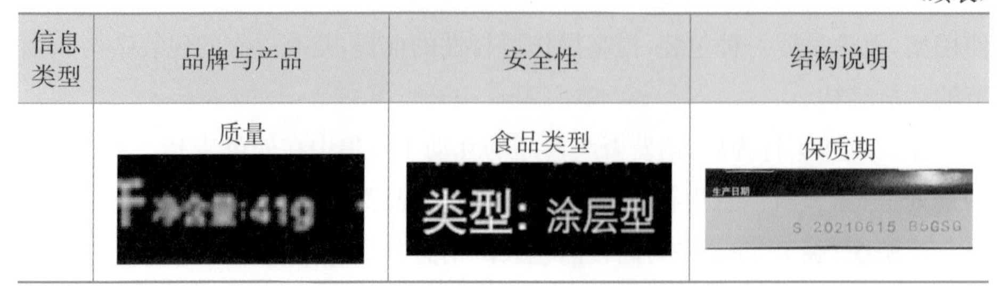

信息类型	品牌与产品	安全性	结构说明
	质量	食品类型	保质期

表 7-9　格力高食品包装的信息分层组织

外层		内层	
开启引导	结构使用方式说明 开启辅助线	品牌	
存储信息	贮存条件：请避免直射阳光、高温、多湿的环境，尽量在凉爽的场所保管。开封后请尽快享用。 ●产品中的深色颗粒来自香辛料。 ●本产品的内包装为密封包装。	产品信息	
商品信息		多样化的打开方式	1. 2.
食物过敏原		开启方式引导	

（续表）

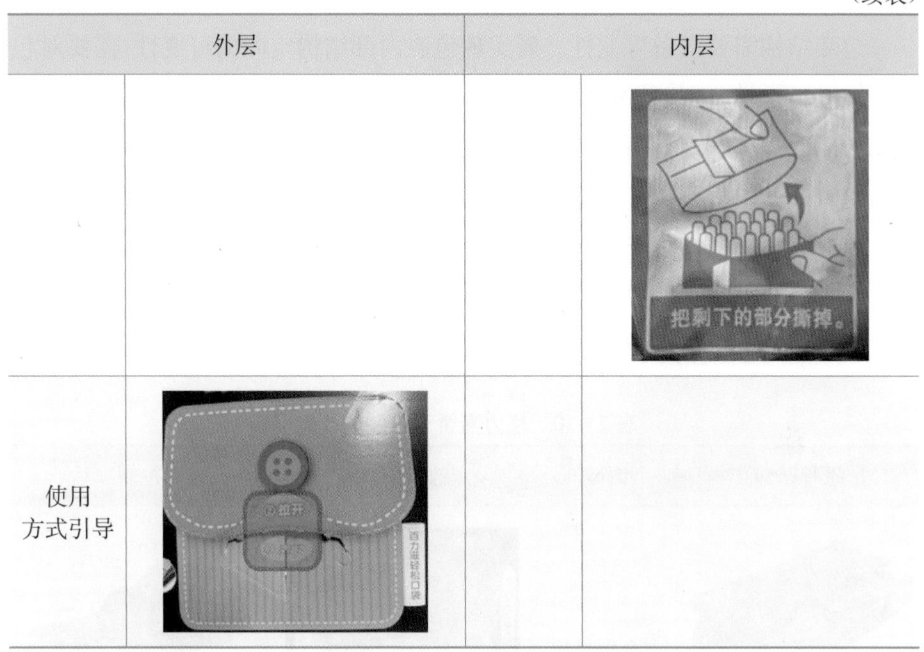

外层		内层	
使用方式引导			

在合理的包装结构中，存在许多复杂的情况，为了平衡良好的可见性和潜在的可用性，除了系统的分层规划外，还需要做到充分的情境感知。情境感知会基于不同的系统情景内容来显示或隐藏控制项与信息。无关的控制项应减到最少，而重要且与包装内容相关的控制项、信息则需加以着重强调。在有些食品包装的内层结构中，可以使用显著的图形指示对开启方式进行强调。

7.5.3 包装的可变性

包装自然功能的拓宽在于对内部空间进行改良，以及对包装的组合方式进行优化。

包装内部空间可变性是指可以根据特定的目的，改变包装内部的空间结构。包装的内部空间由虚空间和实空间组成，虚空间和实空间可以相互转化，所以，包装的内部空间是可变的。具体有两种变化方式：一种是通过改变包装的长、宽、高来改变包装的整体形状；另一种是保持包装的形状不变，改造包装中的实空间和虚空间。这种类型的内部空间可变包装通常至少有两个或更多的稳定状态。通过提升包装内部空间的可变性，可以拓宽包装的自然功能，为其社会功能提供物质层基础。

包装结构需要具备可变性。要实现包装内部结构空间的可变性，需要对包装结构进行预设，使其具备变形的可能，通过改变其内部空间来满足包装不同使用功能的需求。这种结构的改变，可以提高包装的使用率、减少储存空间、降低回收时的空间占有率。此外，也可以通过拓展包装的通用性使包装具备可变性。经可变性设计的包装可以根据产品形态在有效范围内进行调整，优化利用率，提高使用率，实现功能性的转换，使得包装的结构得以拓展，从而提高包装的使用价值，减少资源浪费。表 7－10 显示了格力高饼干的包装改良情况。

表 7－10　格力高饼干包装的改良

原有结构	情境	改良方式	强调控制项后
饼干只能平放在桌面	在食用过程中拿取饼干的流程不够顺利	在不增加额外包装的基础上对现有结构进行改良，使饼干可以支撑起来	饼干可以插入包装，形成新结构，符合人体工程学原理，拿取更加便利

除了对包装的结构进行改良，还可以通过采用具有通用性的包装结构方式来实现包装的可变性。为适应不同消费群，拓宽产品丰富度，同一个产品经常会推出多种口味、多种主题的产品结构。这样的拓宽带来的问题是造成包装类型增多，成本上升。因此，可以将包装的形态分为变化形态和固定形态，对同一产品族进行标准化的容器设计，对外包装和内包装使用标准化的结构，运用系列化的图形设计使包装产生差异化，在固定形态部分则使用统一的容器。日本和歌山县的特产——观音山果汁饮用果冻采用了变化形态与固定形态相结合的包装方式，在外包装上，不同口味的果冻使用同一形态、不同视觉元素的外包装，内容器则使用相同的容器，使得包装的组成体现出较好的通用性。如图 7－16、图 7－17 所示。

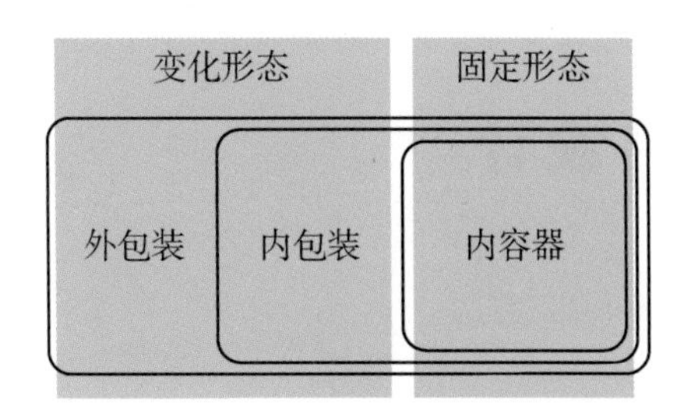

▲ 图 7－16　包装的可变性关系

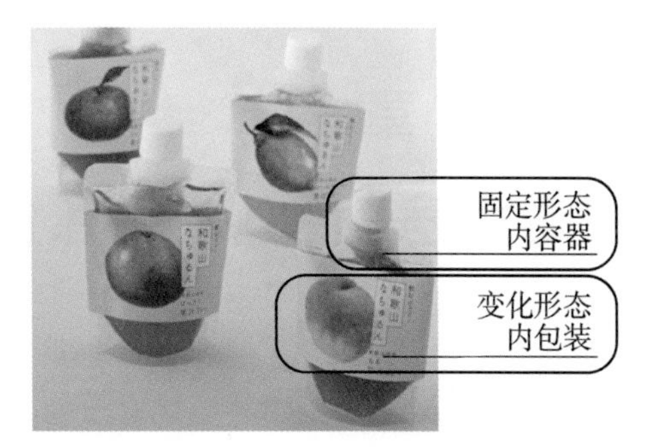

▲ 图 7－17　日本果冻伴手礼包装

本章通过对老字号伴手礼包装的不同维度进行类型分析，探讨了其体验周期的整体性、层次性、阶段性，并基于通用性设计视角开展了一致性、包容性、可变性等分析，为老字号伴手礼包装的体验式设计提供了设计参考。

第8章 “老大房”点心伴手礼包装设计

本章基于老字号与伴手礼包装的设计逻辑，以“老大房”点心伴手礼包装为研究对象，对用户需求、现存伴手礼包装在体验式设计上的机遇点展开分析，并结合老字号伴手礼包装的意象研究，对老字号伴手礼的体验式包装设计方法进行构建。

8.1 设计原则

8.1.1 地域化设计原则

老字号伴手礼包装的设计，应遵守基于品牌调性和产品系列化彰显地域特色的设计原则。老字号伴手礼包装要延续品牌的设计风格，同时将品牌文化与地域文化相结合，构建包装传达的意象情境，并通过对品牌视觉风格的延续与意象构建，达到提高辨识度的效果。具有更高辨识度的包装可以与消费者建立更深度的链接，使消费者更好地理解老字号品牌文化与地域特色。老字号包装具有商品性，在设计的过程中，需要兼顾商业市场审美和品牌差异化，同时还要平衡商品属性和地域文化特色。

8.1.2 情感化设计原则

老字号伴手礼的包装设计应在强调文化特性的同时，满足消费者的个性化需求，在消费体验的不同阶段给予消费者满足感。这种满足感主要通过以下方式实现：在设计阶段为产品包装构建互动点，对消费者的购买行为流程进行梳理，为用户提供可互动的包装环节，增加用户与包装的可互动性。对于消费者而言，伴手礼的购买与赠送体验是具有情感价值和纪念意义的经历，因此，在情感化设计中，不仅要强调通过包装外观设计来传达文化、地域价值，更要体现其社交和纪念价值。

8.1.3 体验化设计原则

在包装的体验设计过程中，应遵循通用性设计的原则，它包括一致性、包容性、可变性三个方面。在包装的一致性方面，应做到包装美感一致，使视觉元素与风格符合包装传达的主题意象、品牌特征；在内外一致性方面，对具有复合结构包装的产品，要让其内包装与外包装在视觉风格、操作逻辑和传达内容上保持一致性。包装可以通过提升互动体验的行为引导，如提供可互动的、轻量定制化的和结构功能可变的包装，来实现多维度的包装体验。

8.2 设计方法与流程

本章提出了图 8－1 所示的老字号伴手礼体验式包装的设计方法模型。具体设计方法根据包装设计流程主要包含用户研究、意象构建、体验设计三个阶段。

包装的体验设计旨在提升消费者对产品从认知到废弃的全流程的体验感受。伴手礼包装面对的消费者在成长背景、生活环境上各有差异，因此，对于消费者的个性化表现，难以笼统地按照人群类型进行划分。根据对消费者购买决策过程的观察，我们发现消费者大多受情感要素驱使。因此，在挖掘消费者对于伴手礼包装的情感需求时，应高度关注消费者的使用场景，而不能单独以人群类型进行划分。可以结合消费者在购买过程中的关注点和设计触点，推导消费者在每个体验阶段产生的积极与消极体验，在此基础上，与现有伴手礼包装设计流程和现存问题整合，总结出相对完整的伴手礼包装设计要点。

老字号伴手礼体验式包装的设计方法旨在将老字号的品牌文化、品牌所在地的意象和体验设计运用到伴手礼包装设计上。前期设计阶段主要为思维的发散以及对涉及问题的剖析，所以应收集大量包括对用户的问卷调查、访谈和

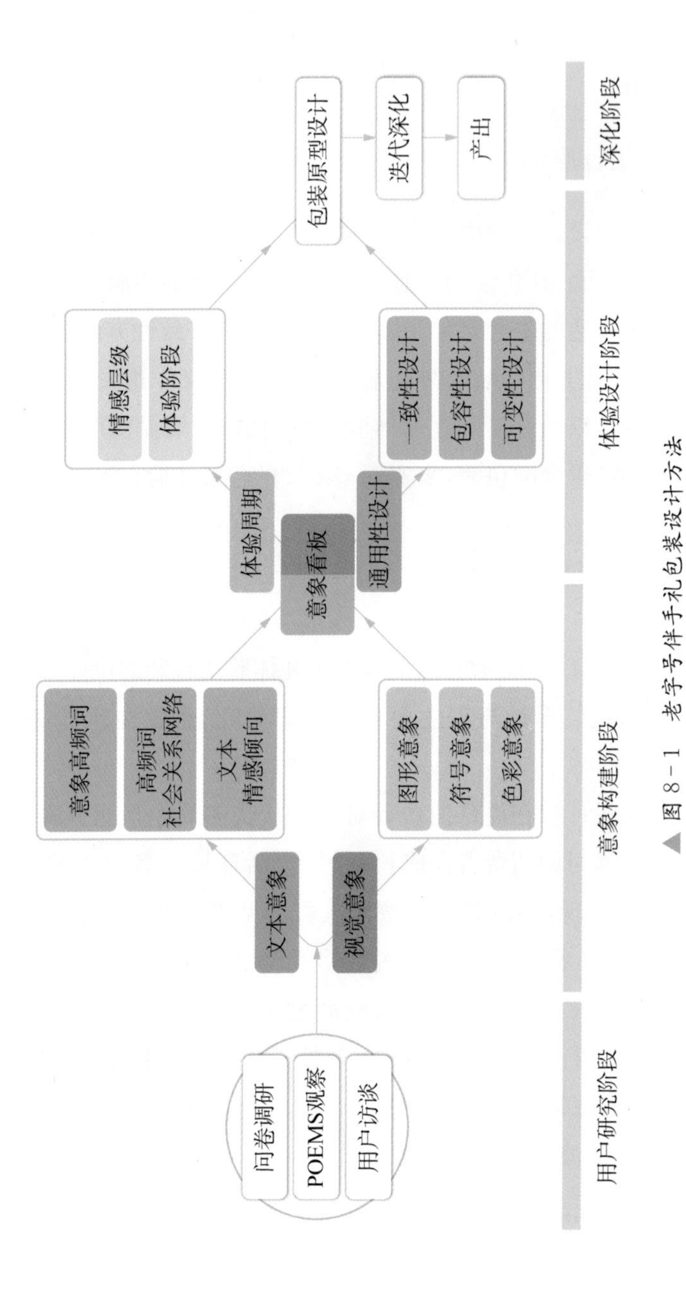

▲ 图 8-1 老字号伴手礼包装设计方法

观察结果在内的一手和二手资料；意象构建阶段则要将上述分析结果整合成非结构化的研究资料，提炼设计问题，并使用意象提取方法进行包装主题的分析与构建。

意象提取方法指的是在伴手礼设计的文化情境构建过程中，通过文本意象及色彩意象提取的设计思路，运用文本分析的方法，分别对选定场景的意象高频词和文本情感倾向进行提取。首先要整理高频词集，并生成高频词社会关系网络图谱，对关联度高的词汇进行提取形成一系列文本意象；其次，要对选定的场景进行色彩意象分析，分空间焦点区、重点区和普通区的层级，运用色彩提取工具形成相关场景的色彩意象色卡，并将其作为包装设计的色彩参照。在此基础上，综合文本意象与色彩意象，最终形成如图 8-2 所示的设计意象看板。

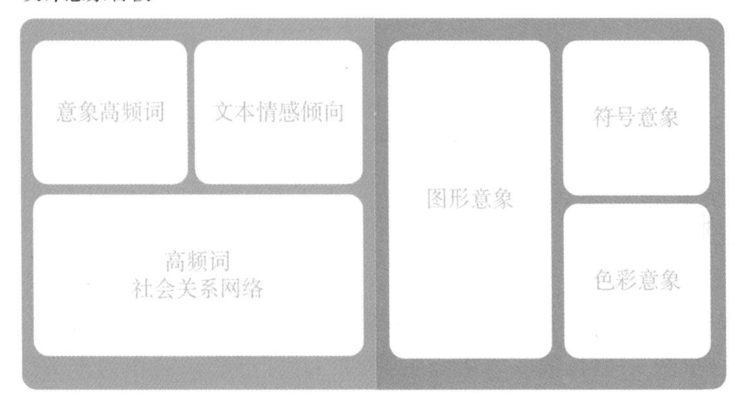

▲ 图 8-2　设计意象看板

本书基于 EEI 模型构建了消费者对伴手礼购买体验全过程的行为过程(见图 8-3)。在包装的体验设计阶段，要遵循一致、包容、可变的三原则，既要保证包装基本功能的实现，也要对包装模块进行可感知、可互动的使用方式设计。包装的视觉风格应与主题保持一致，在包装的操作逻辑与阅读逻辑上也要保持一致性。在包装信息编排的过程中，应根据目标用户类型，确保信息在语言、图像、生态理念传达、结构操作说明上都具有高效和普遍的特点。

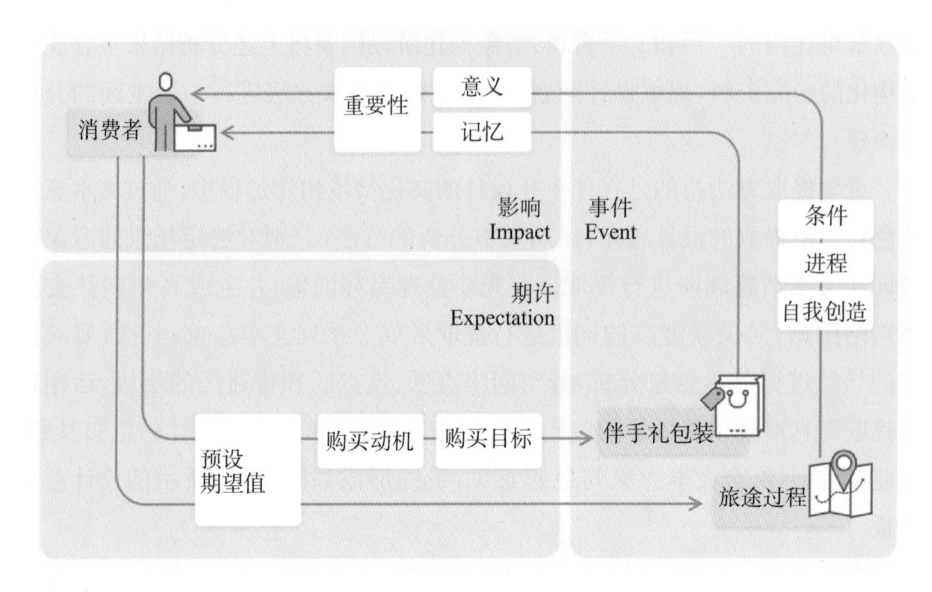

▲ 图 8-3　基于 EEI 模型的伴手礼包装体验路径

8.3 ▸ 设计实践

8.3.1　选题

笔者对上海市南京路步行街进行实地考察调研后形成了南京路步行街的文化印象(见图 8-4),选取老字号品牌“老大房”点心包装作为本节设计对象,利用文化传播数字化平台对其进行包装再设计,提出个性化伴手礼包装设计。

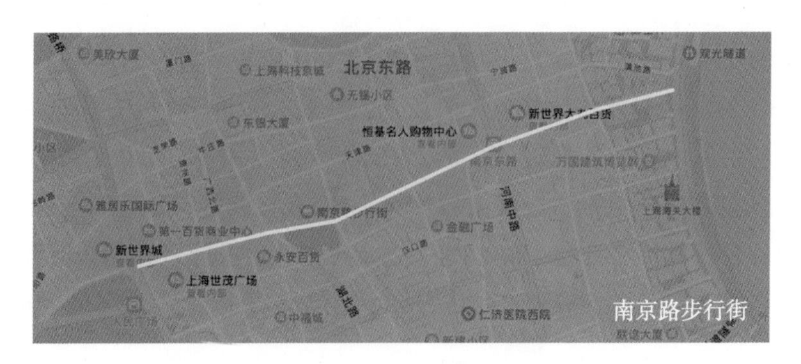

▲ 图 8-4　上海南京路步行街

8.3.2 设计进程

“老大房”诞生于1899年,目前上海有“真老大房”“西区老大房”“南区老大房”和“东区老大房”4家合法使用“老大房”字样的品牌和食品企业。本节将以“南区老大房”为例进行目的地意象的构建和包装体验设计。“南区老大房”,全名“上海市南区老大房食品有限公司”,1996年10月21日成立,经营范围包括生产糕点(烘烤类、油炸类、蒸煮类、熟粉类、月饼)、速冻食品等。图8-5展示的是“南区老大房”的品牌标识。

▲ 图8-5 “南区老大房”的品牌标识

经过现场调研了解到,目前“南区老大房”在售的商品基本以保质期较短的点心为主。基于第7章建立的包装设计流程对图8-6～图8-9所示的商品包装进行分析后可发现,“南区老大房”的点心伴手礼包装存在以下问题。

▲ 图8-6 老大房点心包装

▲ 图8-7 国际饭店蝴蝶酥包装

(1) 伴手礼包装视觉同质化严重。走访南京路步行街的伴手礼商店后我们发现,现有的老字号品牌除了冠生园及其旗下的“大白兔”具有较好的视觉一致性外,其他大部分老字号品牌差异性极低,均采用透明薄膜式包装、与外卖餐盒近似的塑料盒和简易纸袋包装。以蝴蝶酥品类为例,国际饭店、“凯司令”、“老大房”三家均采用相同的包装样式,在视觉上仅能看出内容物形状,难以体现品牌的区分效果。

▲ 图 8-8 “凯司令”蝴蝶酥包装

▲ 图 8-9 “南区老大房”蝴蝶酥包装

(2) 包装的主题叙事性不足。如图 8-10～图 8-12 所示,“南区老大房”包装采用水彩植物插画视觉形式,鲜花的意象单薄,仅从包装难以判断该件手礼的产地,也缺乏结构性的主题叙事。

▲ 图 8-10 “南区老大房”产品外包装

▲ 图 8-11 “南区老大房”纸袋

▲ 图 8-12 “南区老大房”盒式包装

▲ 图 8-13 “南区老大房”货架食品包装

(3) 难以通过包装体现品类差异性。由图 8-13 可见,不同品类的商品均采用相同的包装,许多商品在包装上找不到品类名称,点心名也无从知晓,消费者难以从包装上获得具体信息,仅能凭借点心的外观来考虑是否购买,包装失去了信息传达的功能。

(4) 包装的功能性不足。由于采用相同的包装,消费者的个性化需求无法得到满足。每一份点心的分量都较重，且保质期短，若顾客想要品尝不同类型的点心，只能批量购买。大包装模式的伴手礼，既无法满足购量少的游客，也无法满足欲购几种口味但购量不多的消费需求。

此外，单薄的包装难以满足游客的携带与快递运输需求，包装的抗压性能难以保证。

8.3.3 方案推行

在方案构思阶段，我们选用上海南京路的景色为主题，运用设计意象看板，综合前文得出的分析结果，整合南京路的文本意象和视觉意象，形成图 8-14 的意象看板。

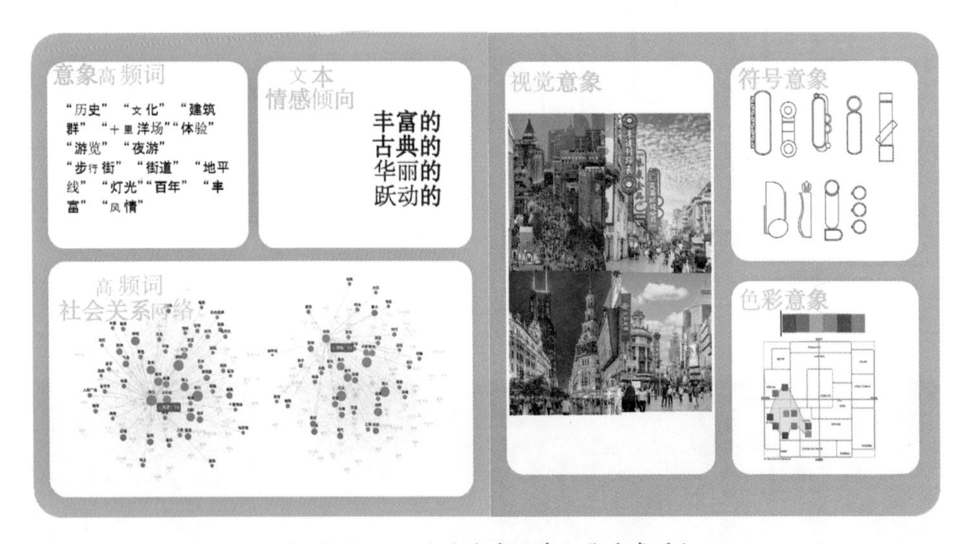

▲ 图 8-14 上海南京路步行街意象看板

文本意象方面，从本地数据库中提取有关“南京路”的高频词汇，选择有明显指代意义的词语组成高频词集。此处还选取了文化旅游维度的“历史”“文化”“建筑群”“十里洋场”等，休闲娱乐维度的“体验”“游览”“夜游”等，旅游环境维度的“步行街”“街道”“地平线”“灯光”等，场景氛围维度的“百年”“丰富”“风情”等，并对选中的词汇进行重组，得到不同的意象主题。

确立意象主题后，对包装进行体验式设计方案的确定。本章将以“包装互动”与“数字互动”的双路径方式，在包装设计部分融入用户可参与的结构，并提供数字贺卡方案。对现有技术进行比较后，确定运用NFC标签技术作为包装数字化体验的触点。如今的智能手机都具有NFC功能，且NFC标签具有成本低、使用方便、技术成熟的特点，可以以较低的技术难度来实现数字化的路径。

1）包装方案一

以"夜游"为主题，以在地空间焦点区的南京路霓虹灯为灵感，提取南京路上复古灯牌的意象（见图8－15），并运用霓虹灯效果进行包装设计（见图8－16）。

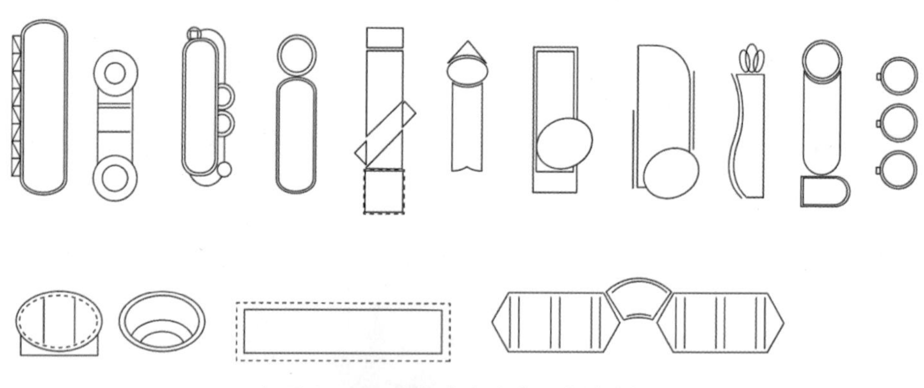

▲ 图8－15　上海南京路步行街符号提取

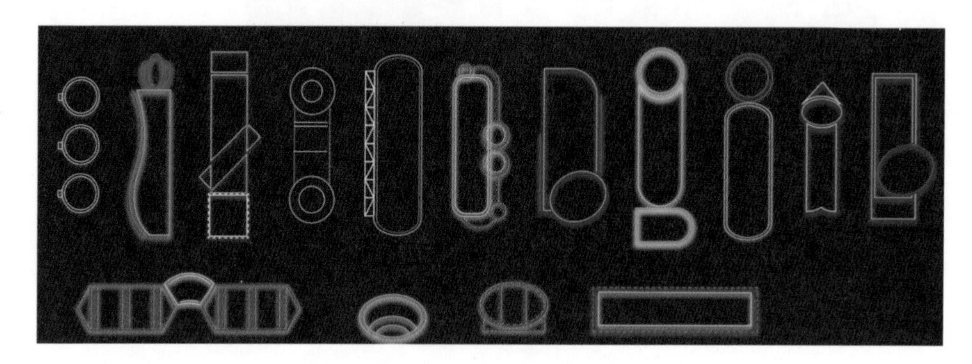

▲ 图8－16　霓虹灯设计元素

包装平面设计如图8－17所示。

外包装设计如图8－18所示。

▲ 图 8－17　方案一包装效果图 1

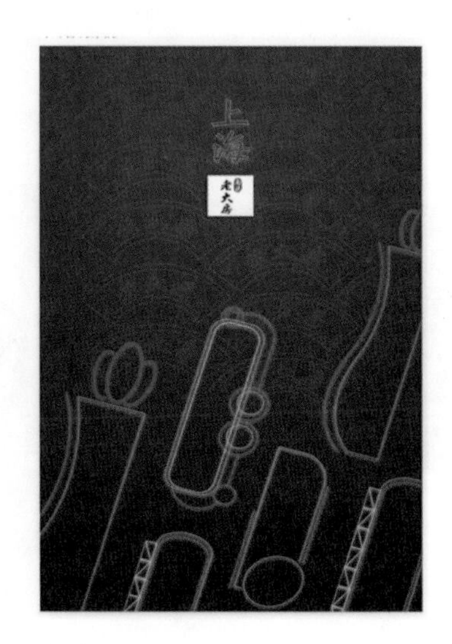

▲ 图 8－18　方案一包装效果图 2

内包装设计如图 8－19 所示。

▲ 图 8－19　方案一内包装效果图

包装效果如图 8－20 所示。

体验策略：使用组合式贴纸设计，消费者在购买商品的同时，可获得霓虹灯元素的贴纸，满足消费者对当地地域文化元素的情感需求。

(a)

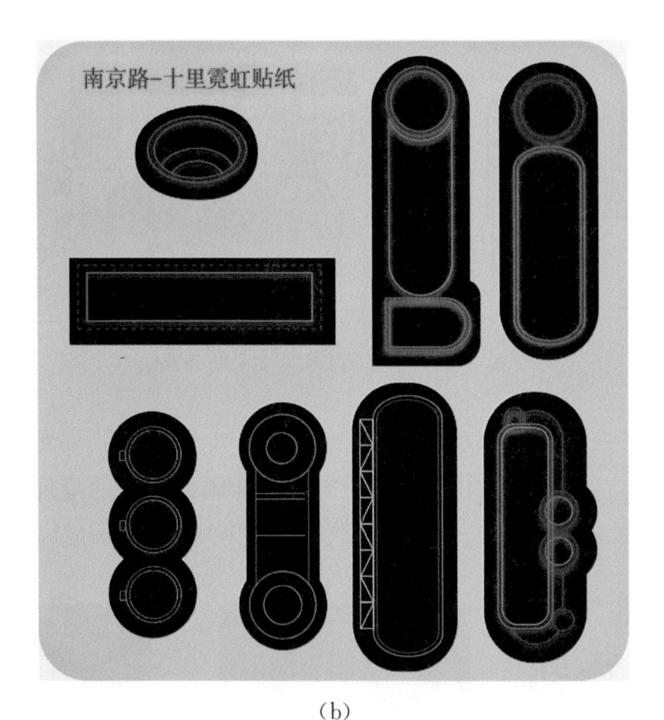

(b)

▲ 图 8 - 20　方案一包装渲染图

2）包装方案二

以历史为主题，基于实用插画风格，运用手绘与数字插画结合的创作方式进行包装设计，让上海南京路缤纷繁华的景象跃然于外包装上，给人留下深刻的印象，如图 8 - 21～图 8 - 24 所示。同时，采用半留白的设计为用户提供互动空间。

▲ 图 8 - 21　南京路手绘 1

▲ 图 8 - 22　南京路手绘 2

▲ 图 8 - 23　南京路手绘 3

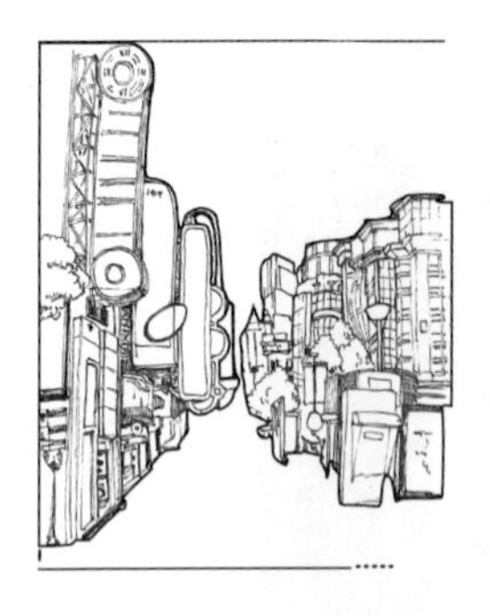

▲ 图 8－24　南京路历史主题插画

体验策略：在文化感知方面，以“霓虹街角”“十里街景”“观光电车”三段式的主题呈现南京路步行街的风貌，手绘风格的插画使主题的呈现更有历史感。如图 8－25～图 8－27 所示。

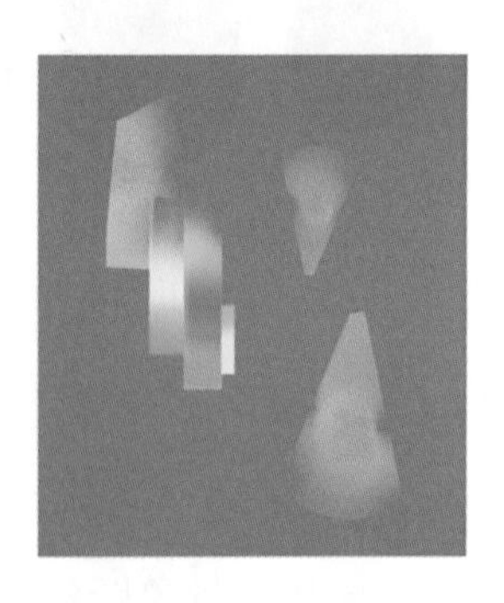
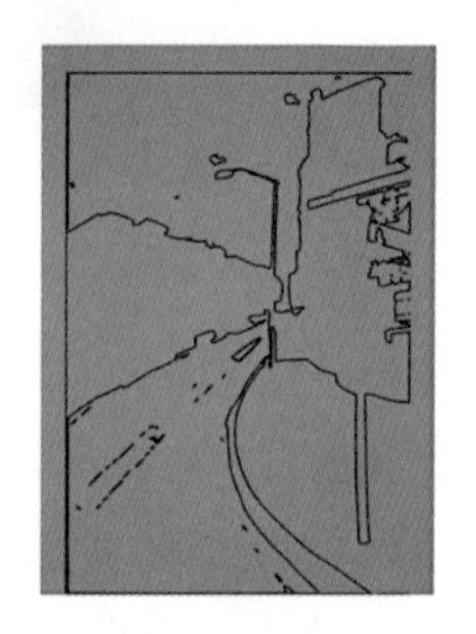

▲ 图 8－25　插画元素组成

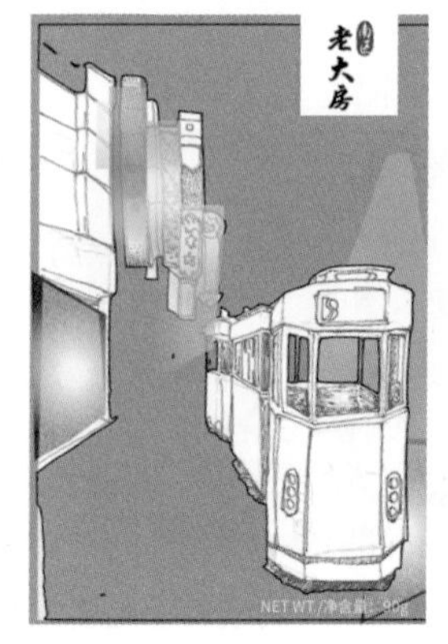

▲ 图 8－26　南京路三景

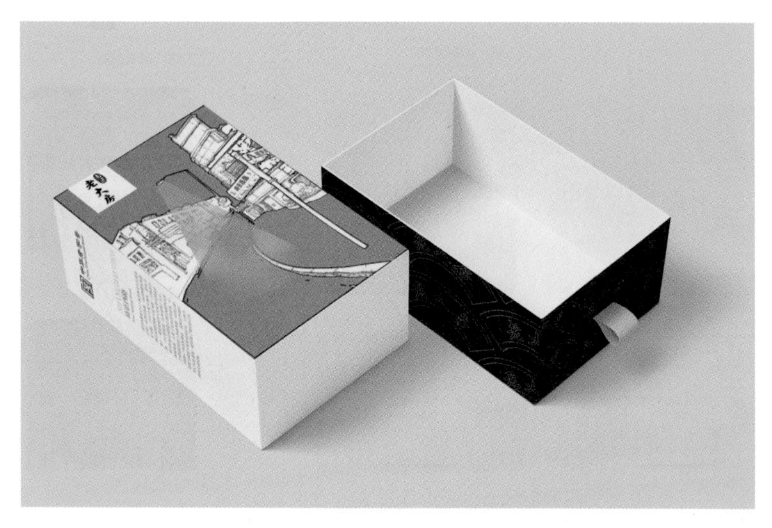

▲ 图 8－27　南京路历史插画主题包装

此方案为可互动设计，留白式的插画设计可以让用户在白色区域画出自己心中的南京路色彩，并裁减作为画作纪念，让包装的使用价值延长，情感记忆得到延续。

3）数字贺卡设计

结合前期用户调研和设计分析，我们对包装文化传播数字化平台设计提出三个方向，分别为：出游体验导向、打卡内容转化和强互动性（见图 8－28）。通过设计方向的推导与功能点的梳理，提出“记录游记—生成贺卡—写入 NFC”的功能路径（见图 8－29、图 8－30）。图 8－31 是数字贺卡小程序的关键页高保真。

▲ 图 8－28　数字贺卡平台设计方向

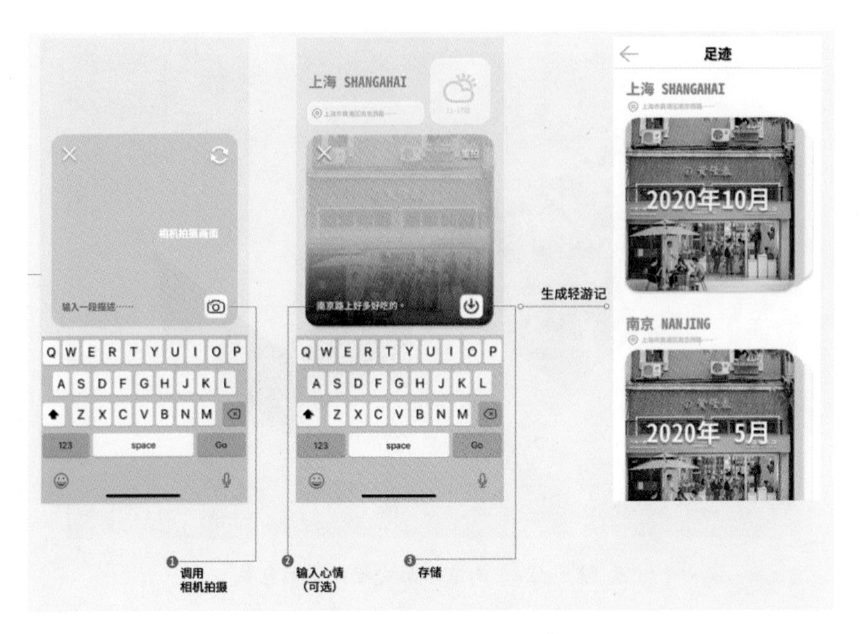

▲ 图 8 - 29 功能点:游记生成流程

▲ 图 8 - 30 数字贺卡写入流程

▲ 图 8－31　数字贺卡小程序关键页高保真

本章基于老字号与伴手礼包装的设计逻辑，对用户需求、现存伴手礼包装在体验式设计上的机遇点展开分析，结合老字号伴手礼包装的意象研究，构建了老字号伴手礼的体验式包装设计方法。笔者以“老大房”点心伴手礼包装为研究对象，对上海市南京路步行街进行实地考察调研，形成了南京路步行街的文化印象，并在此基础上对“老大房”点心伴手礼进行包装再设计，提出了基于文化传播数字化平台的个性化伴手礼包装设计。

第9章 “雙妹”老字号护肤品的包装设计

▲ 图 9-1 “雙妹”品牌标识

本章以上海老字号“雙妹”品牌的护肤品包装作为设计对象，开展包装设计方法的应用实践。“雙妹”(Shanghai VIVE)诞生于1898年，是以“东情西韵”为特色的上海高端时尚美妆品牌。该品牌由中国历史上第一家化妆品公司广生行(现为上海家化联合股份有限公司)持有，也是第一批被商务部认定的“中华老字号”企业。图9-1为“雙妹”品牌的标识。“雙妹”专注于香氛护肤、彩妆、香水等商品，自创始以来就将品牌定位为时尚代表，图9-2为“雙妹”品牌的发展历史。

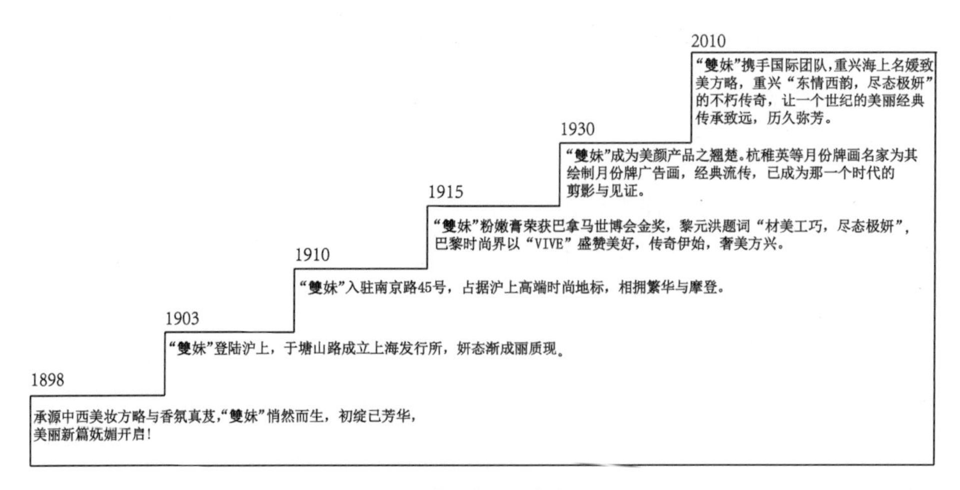

▲ 图 9-2 “雙妹”品牌的发展历史

9.1 ▸ 目标产品确定

“雙妹”品牌旗下的产品品类丰富，包括清洁产品、护肤产品、爽身粉、洗护产品、花露水、香水等。图 9－3 为“雙妹”品牌的产品品种。

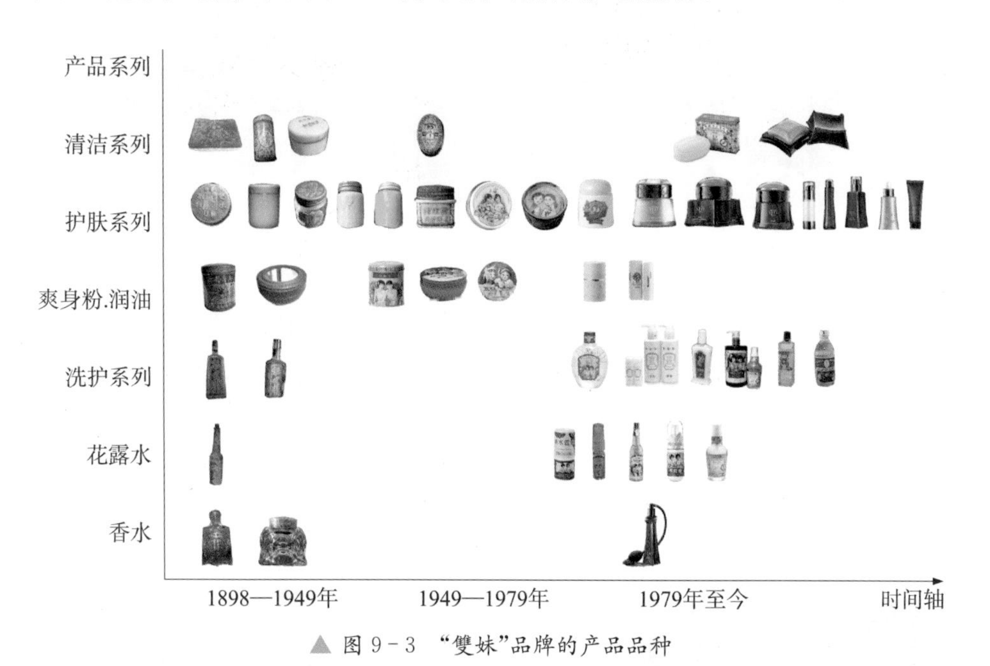

▲ 图 9－3 “雙妹”品牌的产品品种

目前“雙妹”品牌的线上产品主要有玉容系列、粉嫩系列、玲珑系列、明星香氛及洁面皂，其中玉容系列是目前的明星产品。本章将以“雙妹”品牌玉容系列护肤品的包装为设计对象，进行应用实践。

9.2 ▸ 目标产品包装现状

玉容系列护肤品包装主要包括内包装容器与外包装两部分。图 9－4 是产品的内包装容器。玉容洁面乳瓶身为 PVC 塑料软管，玉容液、玉容精华乳、玉容眼霜、玉容霜的瓶身为玻璃材质，瓶盖均为塑料材质。包装的视觉传达方面，采用瓶身为红色、瓶盖主体为黑色、字体为白色或金黄色的配色，品牌形象背景色为黄色或红色。内包装的图形元素主要在瓶盖上，瓶盖上选用凹凸纹来表现玉兰花纹。此外，瓶盖上附有透明玻璃球，在玻璃球底部嵌套着“雙妹”的品牌形象。

▲ 图 9-4　玉容系列产品内包装容器

图 9-5、图 9-6 均为玉容系列护肤品的外包装。图 9-5 为盒套盒的形式，单独包装采用管式折叠结构；包装的外部主体色彩为黑色，内衬的色彩选用红色，与内包装瓶身的色彩相呼应，字体颜色为黄色；字体符号主要包括产品品名、品牌标志、产品说明性文字；图形符号使用两位穿着旗袍的时尚女性形象来突出“雙妹”的特色。

▲ 图 9-5　玉容系列产品外包装

单独包装的外包装盒采用抽拉式结构，包装整体上简约大方。包装的主体色为黑色，字体符号与图形符号选用白色，图形符号由玉兰花的形象经抽象、提取、演变而来，以突出表现产品的特色。

图 9-6 为玉容系列护肤品的套盒包装。包装整体为高档、简约时尚的风格。该套盒包装选用抽拉式结构，内衬结构体现了包装的厚重感。包装的字

▲ 图 9－6　玉容系列产品套盒包装

体、色彩保持了原有风格，主体色为黑色，字体为黄色，包装装饰在原有基础上添加了玉兰花纹饰，使包装更具装饰性。

从目前“雙妹”品牌玉容系列护肤品包装设计来看，其内包装容器体现不出原有的本土文化，外包装相对而言能够较好地表现出中西合璧的风格。基于此，本节拟通过将本土文化元素加入“雙妹”品牌包装设计，开展包装的再设计。

9.3 ▸ 个性需求分析

9.3.1 行业需求分析

1）行业标准

随着我国物质文明与精神文明的持续协调发展，人们的审美力也在不断提升，对化妆品的选择不再局限于实用、性能、价格上，而是进一步要求产品具有美观性、新颖性、知识性、文化性和独创性，更多地追求一种精神享受。

化妆品的包装设计除了要增加产品的附加价值，使企业获得丰厚的利润外，还要走到时尚前沿来引导消费。化妆品的作用与其他商品包装的作用一样，都具有产品保护、运输、集散、方便使用、信息传达、产品美化、促销的作用。尤其是美化作用，对化妆品包装设计而言极为重要。

在化妆品包装设计中，内包装容器大多数使用玻璃材质，而玻璃作为包装材料有许多设计关注点。如玻璃的抗冲击强度低，碰撞时容易破损，自身重量大，运输成本高等。因此，在设计外包装时需要特别考虑这些问题，要求外包装结构具备防震、防摔、防挤压的功能。

2）行业发展趋势

（1）注重传统文化与时尚的有机结合。在化妆品包装设计界，简洁明快的格调是设计师共同追求的目标。好的设计应该既简洁又含蓄，除了能准确地传达产品信息外，还应有更深层次的内涵表达，即“文化”表达。设计需要一种文化意念，它是设计的本源，现代设计强调本民族的地域文化色彩，独树一帜，并能融入世界文化主流之中。只有这样，才能体现出设计的独特时代气息，体现中国设计之灵魂，做到形式与内涵的高度统一。

传统文化随着时代的变迁而延绵发展，前人创造的历史文化形态在传承中不断得到创新，形成了现在的文化遗产。同样，当代人也在耕耘中不断为后人创造着传统。设计师应该采历史之精髓，把握时尚元素，引导时尚潮流，从而提高社会的审美意识及生活品位。

（2）力求创新出奇制胜。创造性是设计最重要的前提，创新是设计的生命，也是设计的根本。无论是设计还是艺术创作，都需要突出“新”字。如果一种设计没有新意，就会显得苍白无力。化妆品包装设计亦是如此，设计必须运用巧妙的构思，新颖奇特的创作意念，以奇制胜。要能运用别具一格的设计手法和丰富的设计语言来为设计服务，使其具有鲜明的个性和超凡脱俗的设计品位，在传达产品信息的同时，给消费者一种醉人的意境和美的享受。

（3）民族性与国际性的统一。在社会日新月异的发展中，人类即将跨入新的文明征程，设计也将更加具有特殊的时代意义和文化内涵，并以独特的魅力和丰富的文化影响人们生活的方方面面。现代人生存的多元信息社会正面临着全球一体化、全球市场化的时代变局，人类将逐步走向世界，构建人类命运共同体。设计也将趋于国际化，并处处显露出时代的痕迹与共性。而设计本身具有独特的地域文化、个性化，这些文化势必要以新的姿态来展露风采。所以，用世界的语言诉说中国的故事，是中国走向世界的重要方式。因此，在包装设计中要将民族性与国际性相互融合，设计出让全世界认可且具有中国神韵的化妆品包装。

9.3.2 品牌包装族分析

在对品牌包装族群进行分析时，笔者将先以“雙妹”品牌包装族谱及包装基因特征为分析对象，再对“雙妹”包装的设计沿革进行分析，以期为玉容系列护肤品的包装设计提供借鉴。

1）“雙妹”护肤品包装族谱

笔者对“雙妹”品牌自创始以来的护肤品包装进行梳理，并制作出相关的包装族谱，为“雙妹”玉容系列护肤品的包装设计提供参考。

“雙妹”护肤品最初以雪花膏、粉嫩膏为主，经过长期的品牌发展，目前主要形成了玉容系列、粉嫩系列、玲珑系列及雪白晶肌四大系列。玉容系列、粉嫩系列及玲珑系列的外包装设计选用目前较为流行的黑色，内衬选用红色，使其与内包装容器相呼应。套盒包装以黑色为主，除了品牌标识之外，还选用了一些装饰纹样来提升包装的装饰感（见图 9－7）。

“雙妹”品牌与国际品牌管理团队、国内蒋友柏设计团队携手，对产品进行了包装设计，以期在视觉效果上将“雙妹”包装打造成中西合璧的风格。但就目前的包装设计来看，内包装容器体现不出原有的本土文化；相对而言，外包装能够较好地表现出中西合璧的风格。本节拟通过将本土文化元素加入“雙妹”品牌的包装设计中，开展其品牌包装的再设计。

2）“雙妹”护肤品包装基因特征分析

对“雙妹”护肤品包装基因特征的分析有助于将“雙妹”护肤品包装基因的相似性、结构性很好地运用到后期的设计实践中，使新包装在继承原有特征的基础上进行创新，永保品牌特征形象的传承。笔者选取了 7 款“雙妹”护肤品的经典内包装及外包装，对其包装基因特征进行了分析，如图 9－8、图 9－9 所示。

9.3.3 产品特色分析

玉容系列产品是当下“雙妹”品牌的明星产品，该系列由玉容洁面乳、玉容液、玉容眼霜、玉容精华乳、玉容霜 5 款产品组成。“雙妹”玉容系列精心融合了多种珍贵抗衰老成分，特以稀有松露与玉兰精华为原料，采用国际先进微波提取技术萃取松露精华，研制出玉容系列护肤产品，在该系列产品中集结了众多青春魔法的时光宝匣。具体的产品介绍如表 9－1 所示。

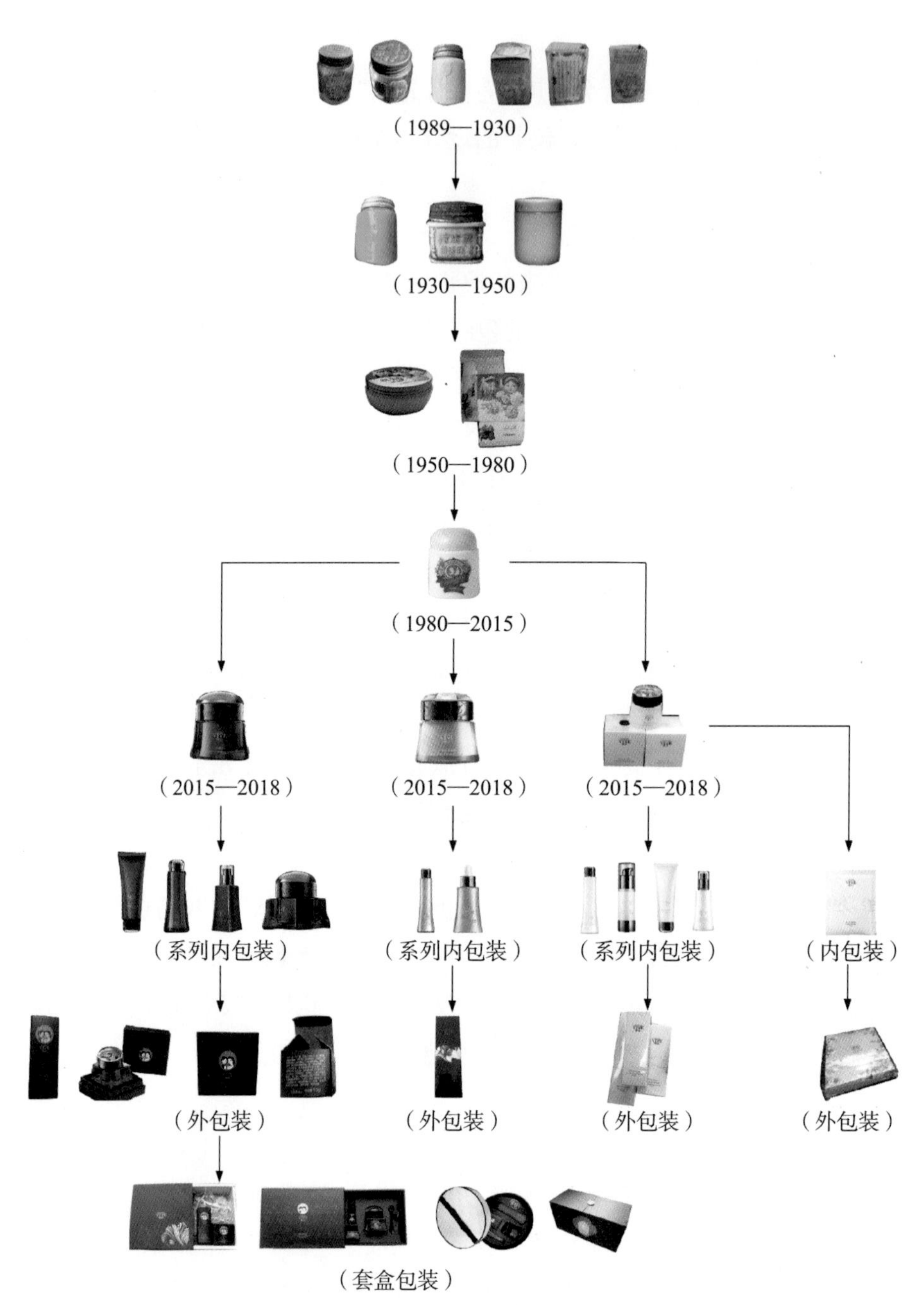

▲ 图 9－7 “雙妹”护肤品包装族谱

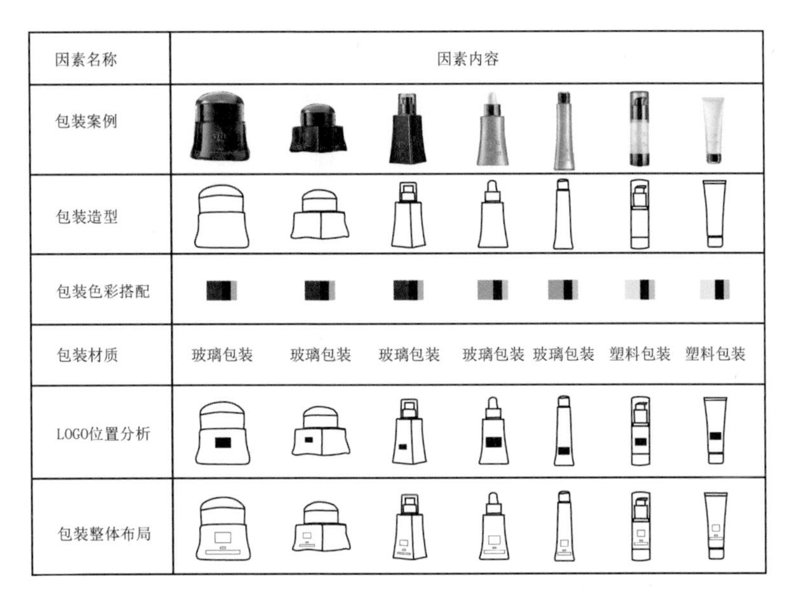

因素名称	因素内容						
包装案例							
包装造型							
包装色彩搭配							
包装材质	玻璃包装	玻璃包装	玻璃包装	玻璃包装	玻璃包装	塑料包装	塑料包装
LOGO位置分析							
包装整体布局							

▲ 图 9-8 “雙妹”护肤品内包装容器基因特征分析

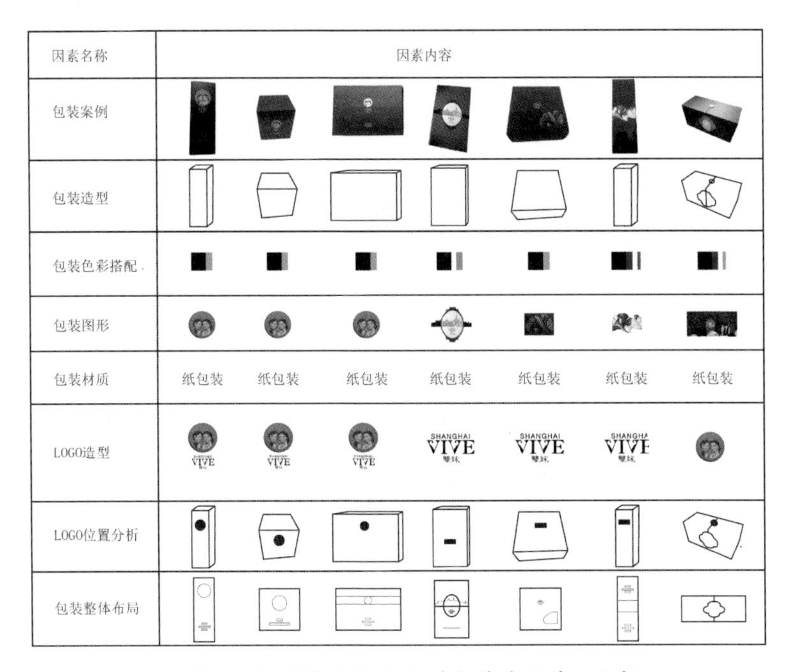

因素名称	因素内容						
包装案例							
包装造型							
包装色彩搭配							
包装图形							
包装材质	纸包装	纸包装	纸包装	纸包装	纸包装	纸包装	纸包装
LOGO造型				SHANGHAI VIVE 雙妹	SHANGHAI VIVE 雙妹	SHANGHA VIVE 雙妹	
LOGO位置分析							
包装整体布局							

▲ 图 9-9 “雙妹”护肤品外包装基因特征分析

表 9-1 玉容系列产品介绍

产品名称	产品成分	产品功效
玉容洁面乳	意大利野生松露、玉兰精华、积雪草、透明质酸钠	深层净化
玉容液	意大利野生松露、玉兰精华、积雪草精粹、Peptamide、6胜肽	肌肤水感剔透
玉容眼霜	意大利野生松露、玉兰精华、积雪草	改善眼部细纹、黑眼圈
玉容精华乳	意大利野生松露、玉兰精华、长寿积雪草精粹、神经酰胺	丰润、滋养、紧致提拉
玉容霜	意大利野生松露、玉兰精华	使肌肤紧致、弹润、滋润

9.4 设计定位

设计定位在整个包装设计中起着重要的指导作用，它指明了整个设计的方向及设计师最终的预期目标，可以有效防止因设计方向偏离而造成失误。本节主要从市场定位、文化定位及风格定位三个方面确定“雙妹”玉容系列护肤品的包装设计定位。

1）市场定位

“雙妹”品牌自创始以来，就被赋予了一种以上海名媛文化为个性的时尚文化气质。该品牌的目标是将“雙妹”打造成高端国货奢饰品牌，通过全方位演绎“东情西韵，尽态极妍”的现代都市女性形象，彰显极具个性、融汇东西的女性风采。玉容系列护肤品的主要受众是对护肤品有较高要求的现代都市女性，产品的高档次、高品位是其关注的重点。

2）文化定位

“雙妹”玉容系列护肤品的包装设计须考虑产品自身的文化元素，即“上海地域文化”“雙妹品牌文化”与“产品特色文化”等。其中，上海地域文化范围相对宽泛，本章主要以上海建筑文化、上海服饰文化、审美文化等文化元素为原型，进行上海文化的提取；“雙妹”的品牌文化构建主要是对“雙妹”的品牌形象及包装族基因的特征文化元素的传承与创新设计；产品特色文化构建主要是对玉容系列护肤品的成分及工艺元素的提取与再设计，旨在设计出融上海文化、

"雙妹"品牌文化及产品特色于一身的"雙妹"护肤品包装。

3）风格定位

经过前期的调研分析，笔者把玉容系列护肤品的包装分为系列化的单独包装与套盒包装。本章中，笔者将从这两个方面对玉容系列护肤品的包装进行创新设计，利用系列化的设计来提升消费者对"雙妹"品牌形象的认知度，同时突出反映上海地域文化及品牌文化，做到传统文化与时尚的有机结合，力求在包装设计中出奇制胜，体现民族性与国际性的统一。

9.5 包装设计

"雙妹"玉容系列护肤品的包装设计主要包括内包装设计及外包装设计两部分。

9.5.1 内包装设计

内包装设计主要涵盖对容器造型、结构、材料及视觉传达要素的设计。本节在横向上对"雙妹"玉容系列护肤品的包装造型进行提取，纵向上对"雙妹"品牌族的包装造型沿革进行分析，开展对容器造型、结构及材质的创新设计。

图 9-10 为"雙妹"玉容系列护肤品的内包装容器，分别为玉容洁面乳、玉容液、玉容精华乳、玉容眼霜及玉容霜的内包装。其中，玉容洁面乳是塑料材质的软管包装，其他产品的瓶体为玻璃材质，瓶盖为塑料材质。整体而言，玉容系

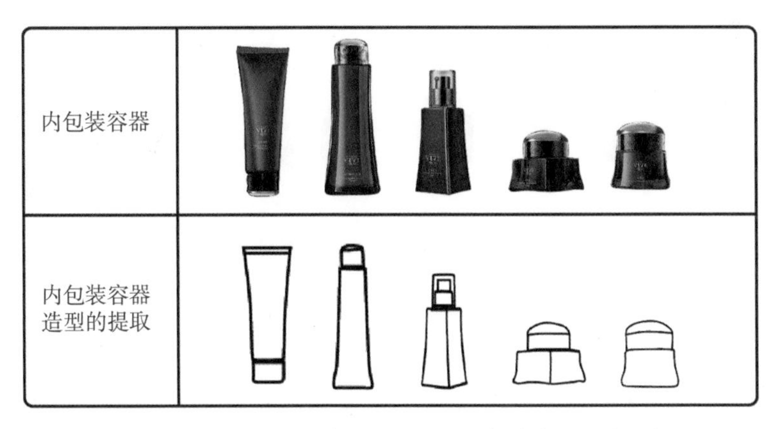

▲ 图 9-10 "雙妹"玉容系列护肤品内包装容器的造型提取

列护肤品的内包装造型简约大方，曲线线条的运用展现出精美秀丽的视觉感受。颜色的搭配方面，采用经典的红黑搭，突出魅惑的格调，以此来吸引目标消费者。从总体上看，玉容系列护肤品的内包装在文化性方面还相对比较欠缺，其地域感与品牌文化表现也欠佳，风格更偏向国际化。

图 9-11 为“雙妹”品牌族内包装容器造型的演变历程，笔者对其造型设计沿革进行提取，得到图 9-12。通过对“雙妹”内包装造型的沿革分析发现，内包装容器可以分为瓶形容器和罐型容器，根据线条的曲直造型特点，又可以分为圆润型容器和菱形容器；按照面的组合方式可以分为曲面造型和直面造型；按照包装体的形态划分，可以分为圆柱体、方体、多边体等造型。不同的使用方式会导致包装在造型结构上发生相应的变化。在对造型特点进行分析的基础上，本节立足于“雙妹”玉容系列护肤品的内包装容器，通过仿生、改良等设计方法，对其内包装设计进行继承与创新设计，在设计过程中突出强调产品的地域性文化、品牌文化及产品特色。如图 9-13、图 9-14 所示。

▲ 图 9-11　“雙妹”品牌族内包装容器造型的演变历程

1）方案一

方案一是针对“雙妹”玉容系列护肤品内包装进行的文化创意性设计。使用仿生设计法，以玉容液经典造型为原型，在瓶盖的设计上，结合具上海地域特色的建筑东方明珠的造型特点，对东方明珠的“珠”进行变形再设计，得到最终

▲ 图 9－12 “雙妹”品牌族内包装容器造型的提取

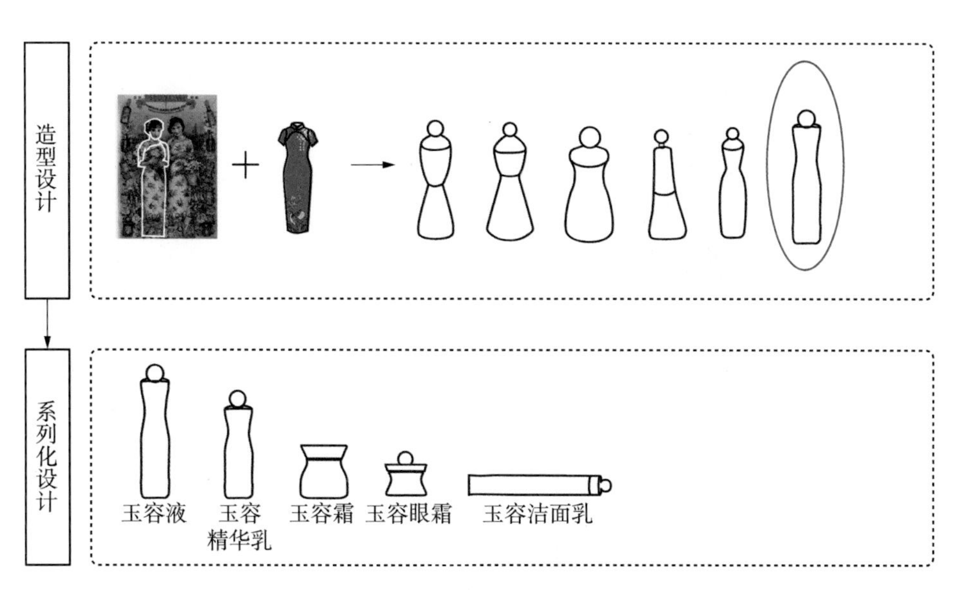

▲ 图 9－13 内包装设计的过程

的瓶盖设计方案。该方案方便用户开启，同时能起到防滑的作用。瓶体的设计继承了原有上窄下宽的造型特点。整个内包装容器的形态由基本的几何形态及其拓扑关系组合而成，该造型组合增加了内包装的节奏美。在包装结构上，以保护产品功效不减退为目的，对包装结构进行创新，并形成系列化设计。具体过程如图 9－15 所示。

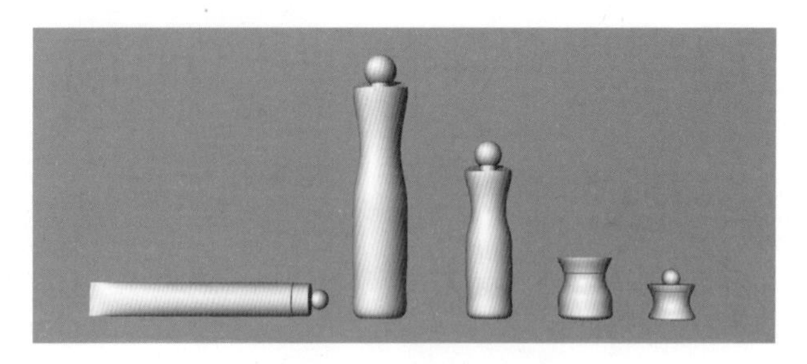

▲ 图 9-14　三维模型效果

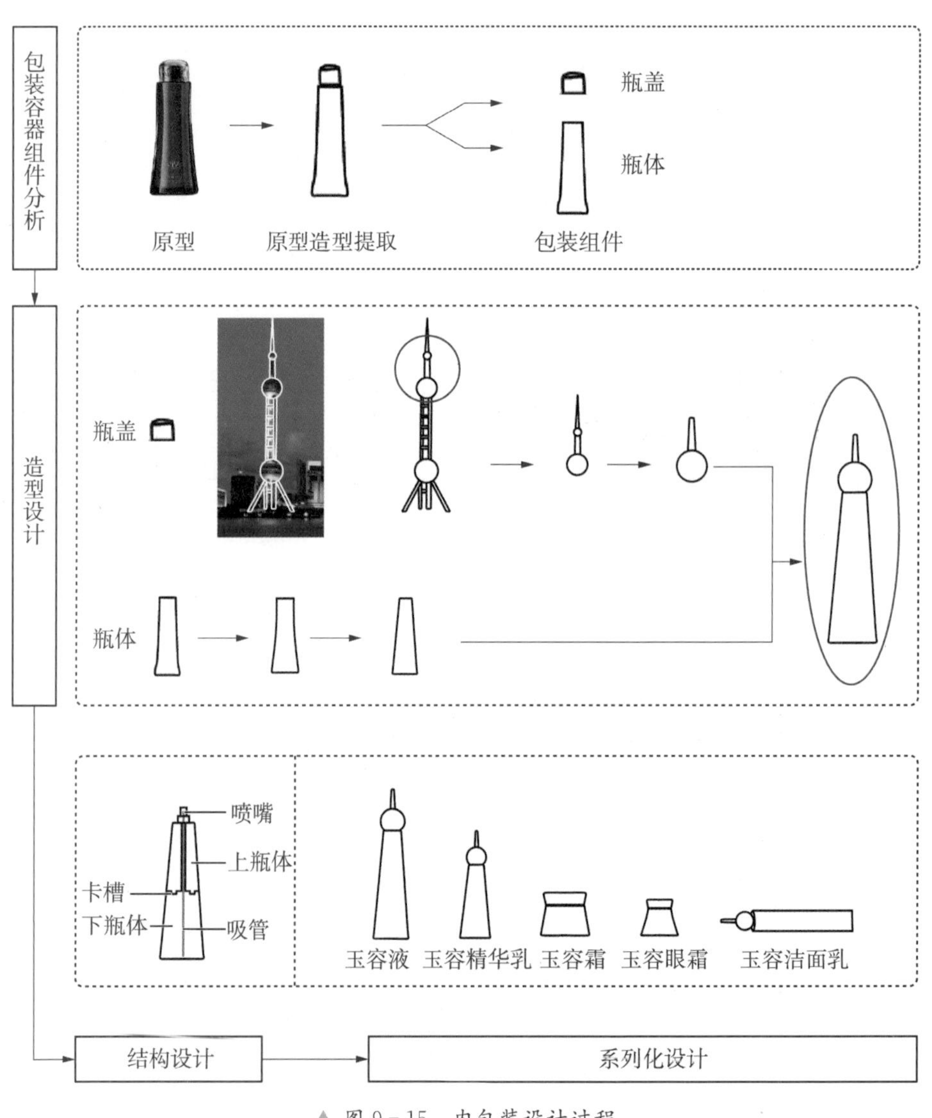

▲ 图 9-15　内包装设计过程

众所周知，护肤品开启后，每次打开都会跟空气接触，经过长时间的反应，护肤品的功效会相对减弱。基于此，必须对“雙妹”护肤品的包装结构进行创新设计。图 9-16 中展示了为方案一内包装所设计的结构模型，这是一个富有创新意识的新型实用设计。瓶体被分为了两部分，初次使用时，用的是底部瓶体的产品，用完后可将上瓶体和下瓶体分开，将控制上边产品的阀门开启，由于重力的作用，上边的产品会流到下瓶体，这就减少了上半瓶产品跟空气的接触，从而达到防止产品功效减退的作用。方案一的三维建模及具体模型效果如图 9-17 所示。

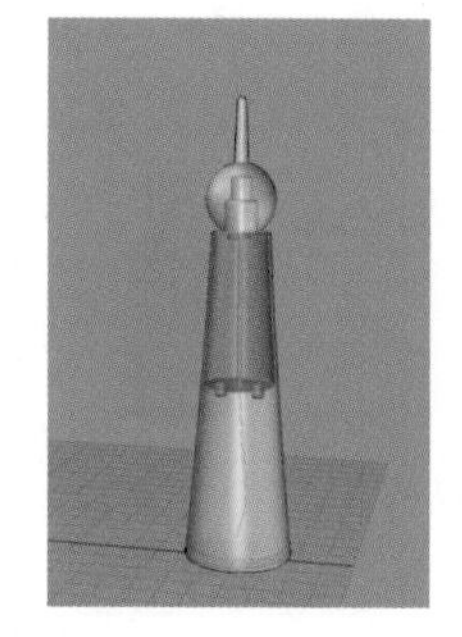

▲ 图 9-16　内包装结构模型

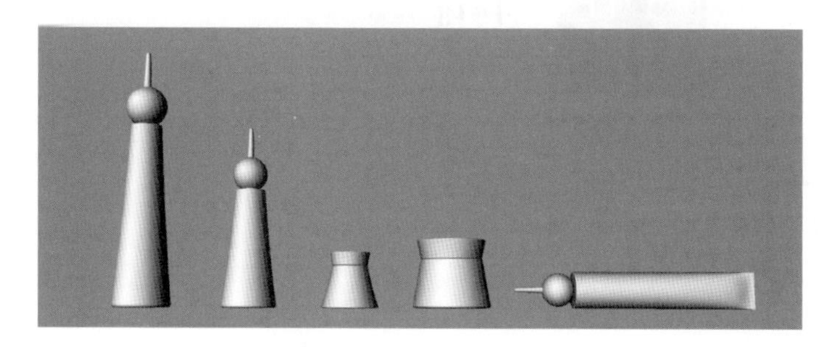

▲ 图 9-17　内包装模型效果

2）方案二

方案二外包装是套盒形式的包装。2018 年是“雙妹”品牌 120 周年庆，本小节从纪念版的套盒包装入手，对“雙妹”玉容系列护肤品内包装进行创意设计，利用仿生设计法与改良设计法开展优化设计。

图 9-18 为方案二内包装设计的过程。首先对内包装的组件进行分析，将包装分为瓶盖与瓶体两个组件，然后分别对各个组件进行改良设计。在进行瓶盖设计时，运用仿生设计法，对上海地域性建筑楼顶的造型进行提取，然后将其中一部分的造型经过尺寸、形状等元素的变形与重构，最终设计出 5 个瓶盖方案。瓶体的设计沿用了玉容系列内包装容器的整体造型，同时融合船中“帆”的形态设计而成，寓意“雙妹”将扬帆远洋，自此一帆风顺、名扬天下。最后，将 5 个瓶盖方案与瓶体方案进行整合，得到 5 个内包装的造型方案，最终运用形式美法则，选取最优方案，并进行系列化设计。

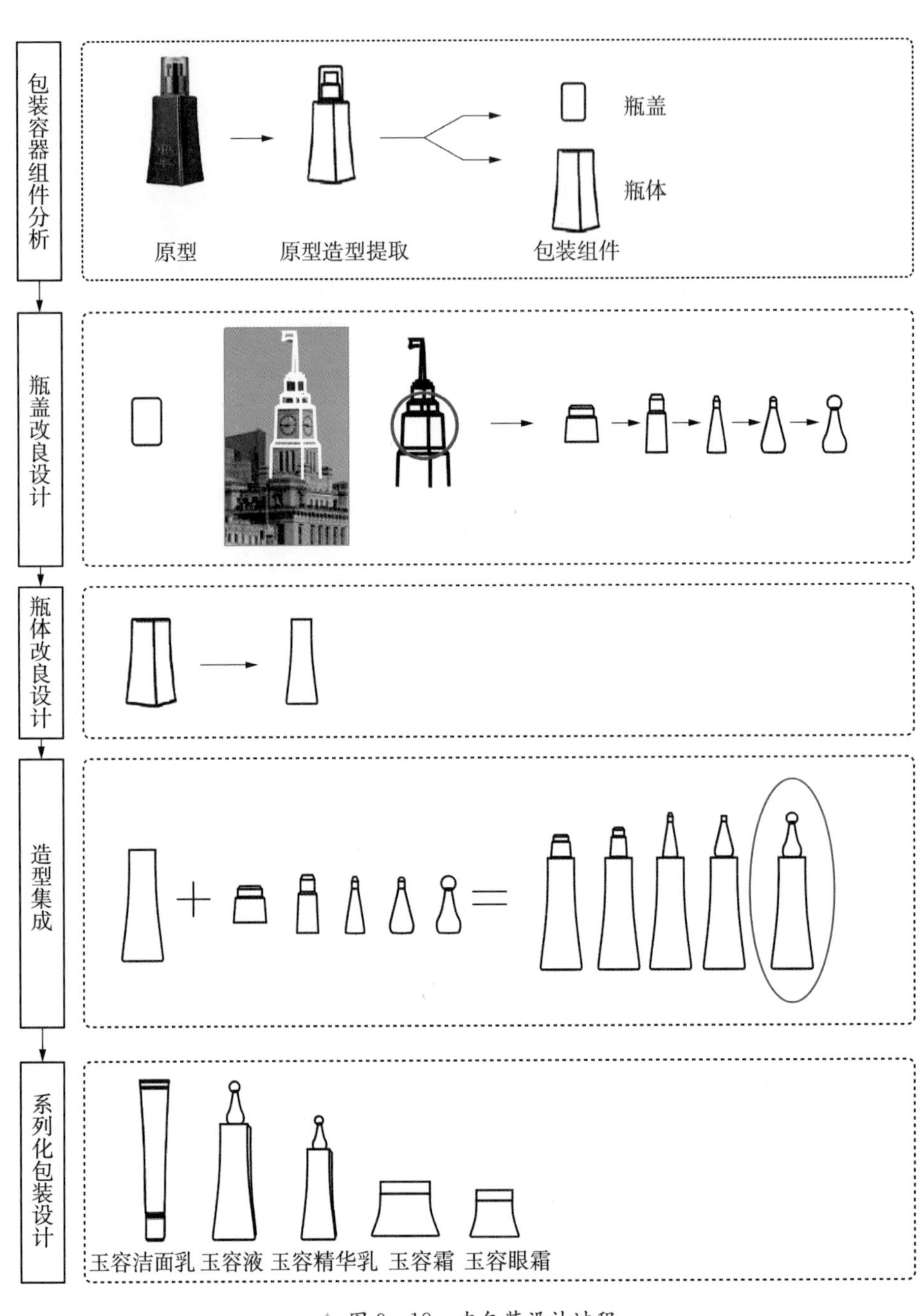

▲ 图 9-18　内包装设计过程

为了进一步展示方案的效果，笔者对方案二进行了三维建模，具体模型效果如图 9－19 所示。

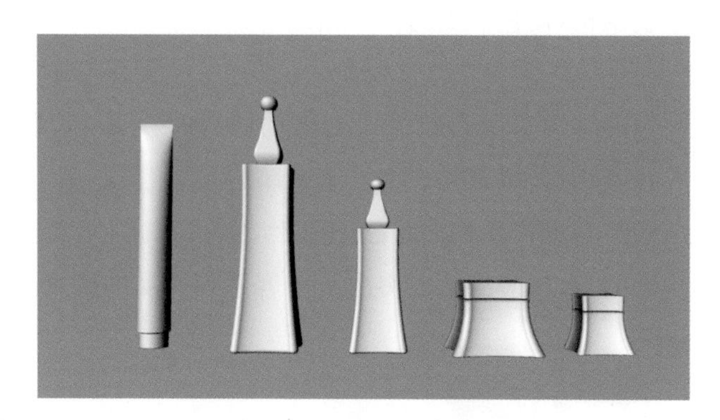

▲ 图 9－19　内包装模型效果

9.5.2　外包装设计

护肤品外包装形式多样，本节以单独包装、套盒包装两种形式开展包装创意设计。其中，方案一与方案二为单独包装形式，方案三为套盒包装形式。

1）方案一

将玉容洁面乳、玉容液、玉容精华液的外包装设计成翻盖式的包装结构，图 9－20 为方案一外包装结构效果，其盒身、盒盖、盒底采用了一板成型的设计，可以有效地节约成本。该结构的特点是包装正面有局部的开敞结构，其灵感来源于衣襟，使用时便于产品的取出，也便于进行产品的展示及宣传；外包装采用

▲ 图 9－20　外包装结构效果

了缠绳式纽扣的封闭方式，更具装饰感。同时，将玉容霜的摇盖式包装结构与内衬融为一体，对产品起到一定的固定作用，也便于产品的展示。玉容眼霜使用抽屉式的纸包装结构，使包装更为小巧精致。

2）方案二

方案二的外包装结构采用天地盖式的结构（见图 9－21），其中包装盒盖、盒身、盒底分开，互不相连，以套扣式方式来封闭内包装容器，赋予包装厚重感、高档感。盒身结构是对玉容系列护肤品中玉兰花的“花瓣”元素进行抽象后再运用到盒身结构上的，在包装结构上突出了玉容系列产品的特色。

▲ 图 9－21　外包装结构效果

3）方案三

方案三为套盒形式的包装，采用天地盖式包装结构，包装内部使用双层结构，以减少空间，便于携带，同时起到节约材料的作用。图 9－22 为方案三套盒包装模型效果。

▲ 图 9－22　外包装结构效果

9.5.3 视觉传达设计

1）方案一

笔者将代表上海地域特色的上海女人旗袍服饰元素与代表“雙妹”品牌的两个穿着旗袍的女性形象作为包装主体文化原型，利用插画的表现手法，对图形元素进行提取、抽象、再设计。同时，将花卉元素融入图形符号，以展现玉容系列产品的特色，即产品由植物花卉精粹制作而成，突出产品成分的天然感。在保持同一风格的基础上，笔者对插画中女性的发型、发饰、耳饰、旗袍样式、旗袍色彩及花卉元素进行再设计，形成系列化的图形符号来增强视觉冲击，图9－23为插画设计效果。

▲ 图9－23 插画设计

图9－24为方案一的展开图，主色调沿用了“雙妹”包装的黑色调，图形的色彩更具装饰感，使包装更加活泼，品牌标志的色彩选用玫红色，与黑色搭配更具时尚性。文字的色彩与品牌标志色彩一致，使画面更加统一，玫红色与黑色反差较大，增强了画面的识别性；文字信息包括产品品名、产品文案、品牌标志、说明性文字，可以更方便、快捷、全面地传达产品信息。

2）方案二

方案二的外包装结构采用天地盖式结构，包装由包装盖、包装底盒及包装主体三部分嵌套而成。在进行包装视觉传达设计时，在包装盖与包装底盒的设计上，重点突出“雙妹”品牌文化及产品特色，在包装主体的设计上突出表达上海地域文化特色。本节以上海建筑文化、社会文化作为包装主体设计文化元素

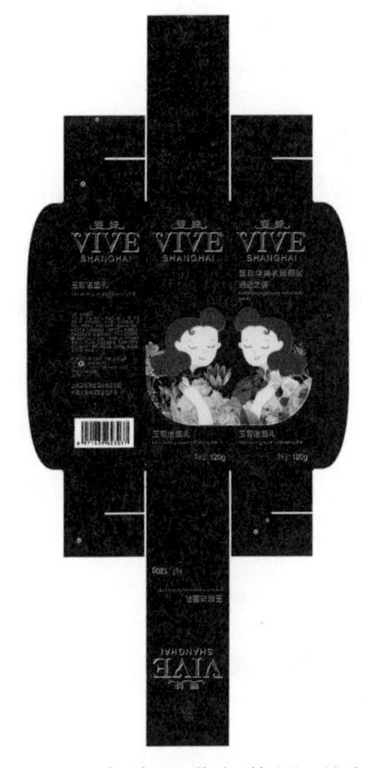

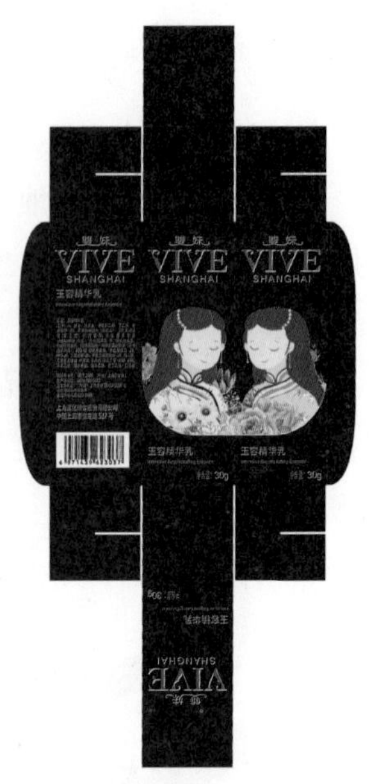

(a) 玉容洁面乳包装展开图　　(b) 玉容液包装展开图　　(c) 玉容精华乳包装展开图

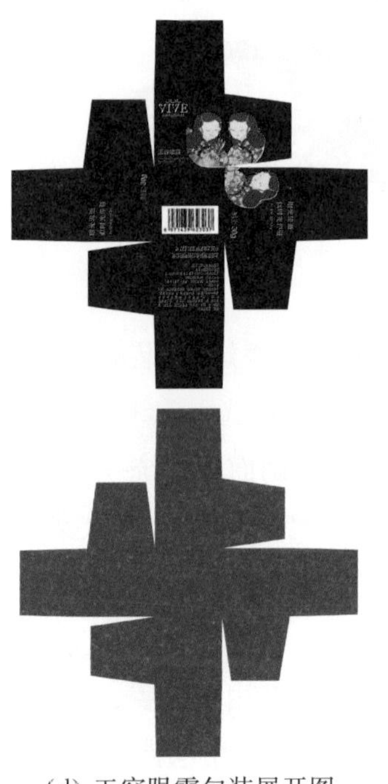

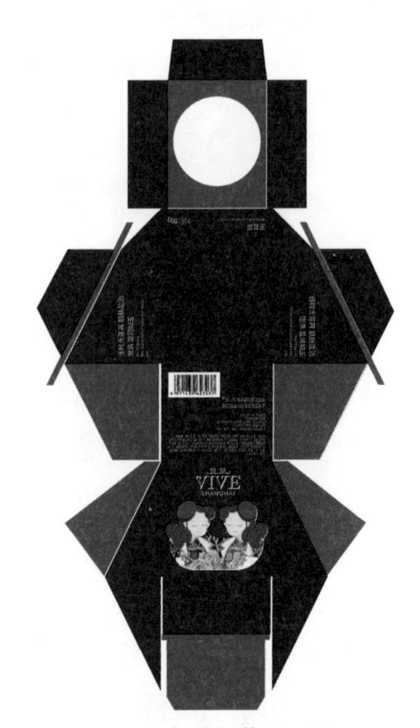

(d) 玉容眼霜包装展开图　　(e) 玉容霜包装展开图

▲ 图 9 - 24　包装展开

的原型，通过剪影的表现形式，提取了外滩建筑群、东方明珠、七宝老街等典型的建筑元素，并融合社会文化元素，完成包装图形的设计(见图 9－25)。

▲ 图 9－25　上海地域文化元素的提取

图 9－26 为方案二包装设计的展开形式。包装盖与包装底盒的主色调使用“雙妹”护肤品包装族谱中的白色，并将橘色作为点缀色来提升包装的活力；嵌套包装主体色彩使用橘色，使其与包装盖的点缀色相呼应。

(a) 玉容洁面乳包装展开图

（b）玉容液包装展开图

（c）玉容精华乳包装展开图

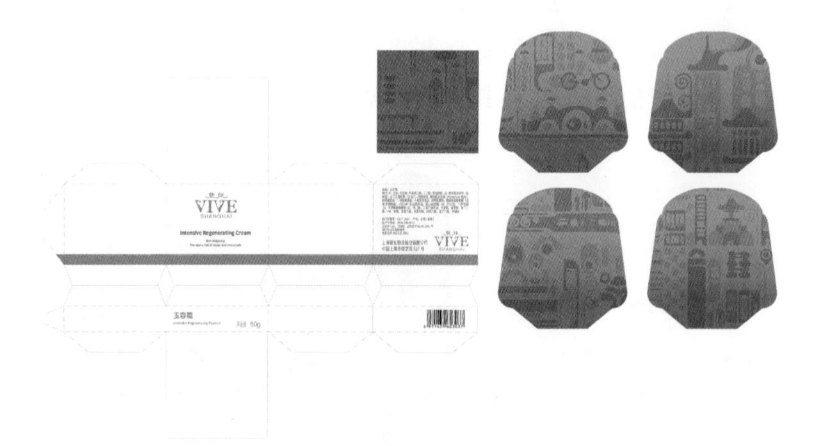

（d）玉容霜包装展开图

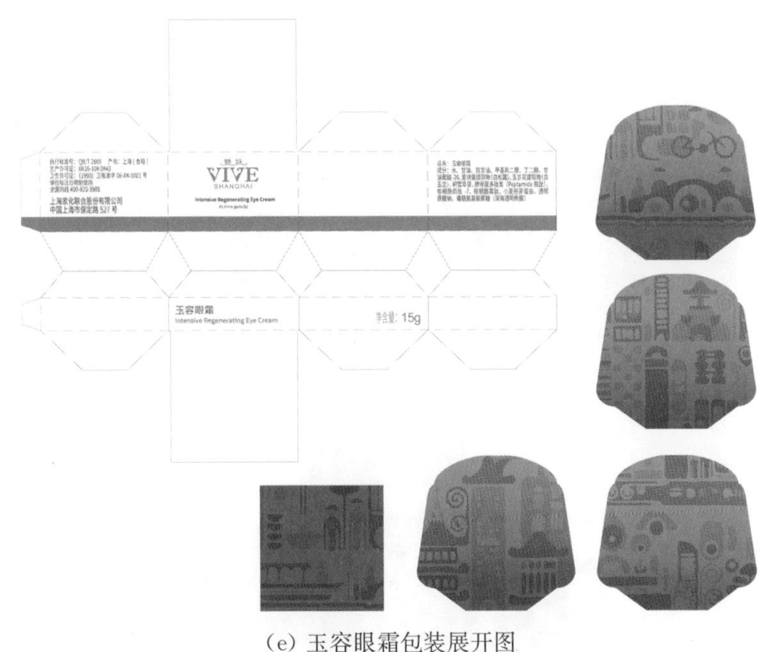

(e) 玉容眼霜包装展开图

▲ 图 9 - 26　玉容护肤品包装展开形式

3) 方案三

方案三为 2018 年品牌 120 周年庆纪念版套盒包装，包括包装套盒及外包装袋的设计。笔者以“2018”字体为主要设计元素，通过线描的表现手法，结合“龙头”与“帆船”的视觉效果对其进行了再设计。通过“龙头”传达“雙妹”品牌力争成为中国高端国货、奢饰品牌领头羊的品牌目标，“帆船”寓意“雙妹”品牌即将扬帆起航，龙头向上倾斜则象征“雙妹”将蓄势待发，谱写品牌新篇章。图 9 - 27 为“2018”字体的设计效果图，图 9 - 28 为纪念版套盒包装及外包装袋的展开设计图。

▲ 图 9 - 27　字体设计

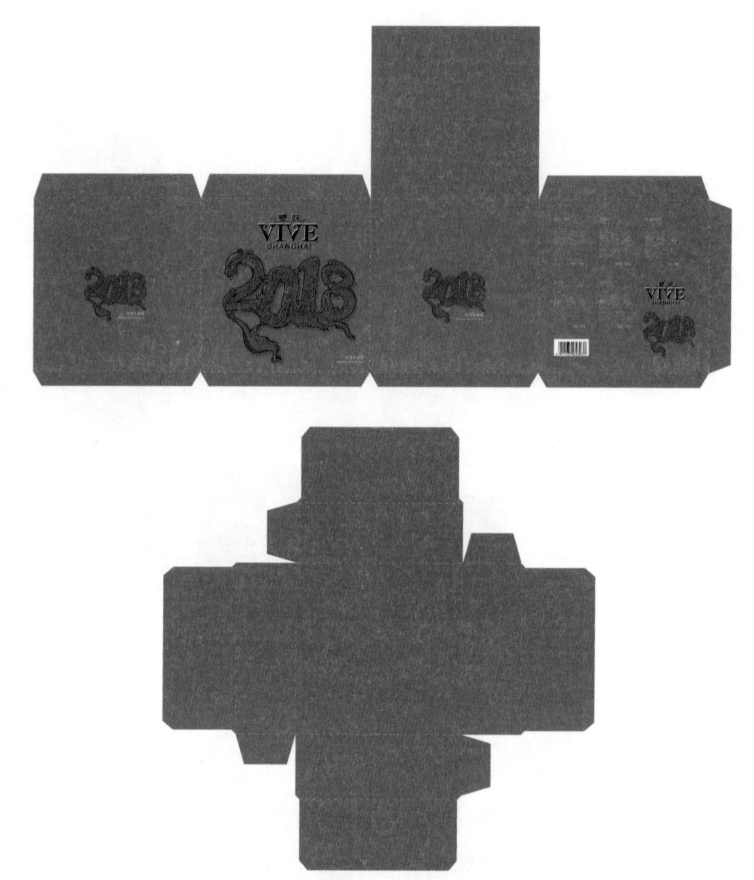

(a) 纪念版套盒包装展开图

(b) 外包装袋展开图

▲ 图 9－28　纪念版套盒包装展开

9.5.4 内包装与外包装的契合

要实现内包装与外包装的契合，除了体积与结构要契合外，包装视觉传达风格也应保持一致，包括包装容器的色彩、图形、字体等元素的风格统一。本节中，笔者基于外包装视觉传达设计，对内包装容器的视觉传达进行了再设计，图 9-29 为内包装容器视觉传达设计图。

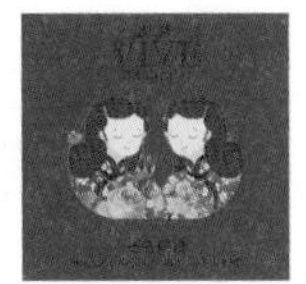

(a) 方案一内包装视觉传达贴图设计

(b) 方案二内包装视觉传达设计

(c) 方案三内包装视觉传达设计

▲ 图 9 - 29　玉容系列内包装容器视觉传达设计

9.6 ▸ 包装效果图展示

图 9 - 30～图 9 - 35 为三个设计方案的包装效果展示。

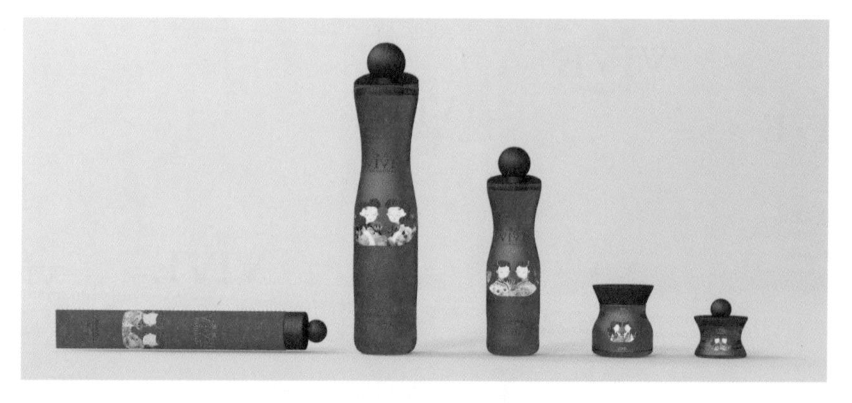

▲ 图 9 - 30　方案一内包装效果图

(a) 包装展开效果图

(b) 外包装效果图

▲ 图 9 - 31　方案一外包装效果

▲ 图 9 - 32　方案二内包装效果

(a) 包装细节效果图

(b) 外包装效果图

▲ 图 9-33　方案二外包装效果

▲ 图 9-34　方案三内包装效果

(a) 外包装效果图

(b) 外包装袋效果图

▲ 图 9－35　方案三外包装效果

本章以上海老字号“雙妹”品牌的护肤品包装为设计对象，开展包装设计方法的应用实践。在包装设计过程中，首先确定了目标产品，对目标产品的包装现状进行调研分析;其次,对目标产品的个性需求进行分析,进而对包装进行设计定位;最后,以上海老字号包装设计方法为指导,进行“雙妹”品牌的护肤品包装创意设计。具体的应用实践设计过程如下:对内包装的造型进行设计;对外包装结构进行设计,验证结构的准确性,将结构图打印并进行折叠,进而修改有误差的结构,完成包装的视觉传达设计。

第10章 基于旗袍盘扣图形的上海伴手礼包装设计

本章以海派老字号老香斋品牌的蝴蝶酥伴手礼包装为设计对象，对旗袍盘扣图形设计元素、色彩设计语言等进行应用分析。

10.1 旗袍盘扣图形设计元素的应用

10.1.1 旗袍盘扣图形的变形

旗袍盘扣图形的式样繁多且多变，即使是同一题材，旗袍图形的设计变形依然有多种不同的呈现方式。对于旗袍盘扣的图形设计，要从图形的变形入手。以蝴蝶主题的旗袍盘扣为例，有三种不同的变形方法，如图 10－1 所示。

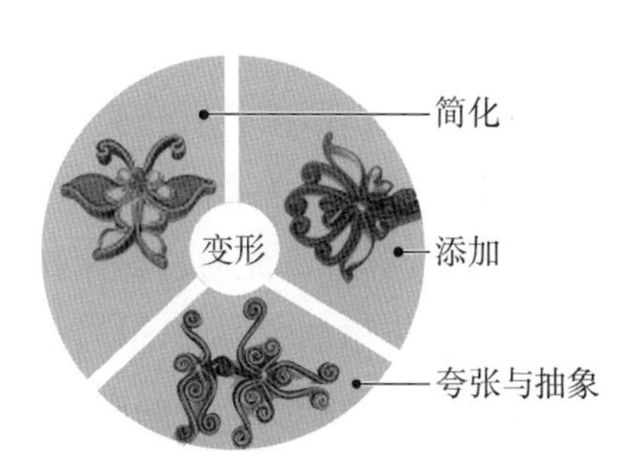

▲ 图 10－1 旗袍盘扣图形的变形

盘扣图形的变形最常见的是对原有自然形态图形元素做减法，主要表现为将线条状态的图形与面状轮廓界线的图形细节进行化简处理的过程。通过对其基本的图形特征进行提取，将某些琐碎且相对无用的部分进行去除或简化，对局部细节进行刻画，从而确立旗袍盘扣的图形。

盘扣图形的添加变形是指依据欲表达的内在含义，进行相应的修饰变形。通过纹饰的添加与变形，达到更强的装饰性。对纹饰的添加与变形是对内在寓意的诠释表达过程，也是增添联想性与关联性的表达过程。图 10－1“添加”的蝴蝶扣将蝴蝶图形原有的两对翅膀进行变形，形成了爱心形状，将其触角进行了延伸，并添加其卷曲度，暗示了对于爱情的联想性表达，也寓意了对于爱情与幸福的期许。盘扣图形的添加变形与简化变形的共同之处在于，都需对基本图形进行提炼，把握图形基本的特征，通过简单的元素表达，使其在图形特征上长的更长，短的更短，弯曲得更厉害。

盘扣图形的夸张与抽象变形，是提升旗袍盘扣产品艺术表现力与张力的体现。图 10－1 中，整个旗袍盘扣采用统一的卷纹表达，盘扣图形的整体外观轮廓则保留了蝴蝶的形状，对于蝴蝶的触角与下摆做了明显的加长，有非常强的艺术表现力。

10.1.2 旗袍盘扣图形的元素提炼

对于旗袍盘扣图形的元素提炼，要在找出与主题相应的基调后，研究其原型的基本特征，再进行图形元素的提炼（见图 10－2）。在从自然形态到经过形态修饰的变化过程中，第一步需要收集所需要的素材，这些素材应该是最原始的自然素材。对原始素材进行总结概括后，根据设计师的理解，将图形的基本特征提炼出来，再将描摹后的图案，通过线描、色块、点画等方法进行变形与修饰，以此获取想要的图形表达方式。此时的图形形态依然是较为具象的、复杂的。旗袍盘扣十分小巧精细，受大小的限制，一般的图形，无论是以块面表现还是以线结构表现，都具有较高的概括性。为此，需要将先前较为具象的复杂图形，除去琐碎而无关紧要的细节，将其概括化、简化。这是旗袍盘扣图形设计过程中的再次提炼。先通过简化归纳的方法，将盘扣图形的基本轮廓勾勒、提炼出来；再通过添加的方法，适当地加入纹理的修饰，为旗袍盘扣的图形增加装饰性与寓意性。此外，部分的旗袍盘扣图形还可以使用夸张或者几何化抽象化的图形变形方法，增加旗袍盘扣的装饰性效果与艺术感染力。

▲ 图 10－2　旗袍盘扣图形提炼

10.1.3 旗袍盘扣的立体构成

旗袍盘扣的立体化构成也是旗袍盘扣从图形设计到制作呈现的过程。旗袍盘扣的立体构成需要以材料为依托,呈现对旗袍盘扣形式美的深度理解与表达。

1) 以线面为依托的空间延展

旗袍盘扣通过线面从平面向第三空间延伸,从而形成半立体浮雕感的装饰图案(见图 10-3)。旗袍盘扣最初以线结构或以块面结构确立其二维状态下的图形,经过对其的平面图形设计后,再利用布艺或者线绳等材料,实现从线与面到体的转换过程。此外,旗袍盘扣的图形形态不应拘泥于原有的半立体形态,还可以将平面与半立体相互结合等。这一点在设计过程中可以积极尝试与思考。

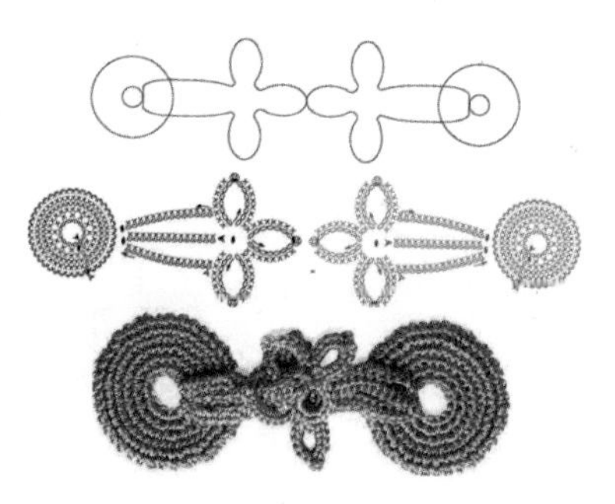

▲ 图 10-3 旗袍盘扣的立体构成

2) 以材料为基础的构成表现

当代旗袍盘扣的材料呈现多元化,除了布艺材料之外,针织、线绳等新材料层出不穷。旗袍盘扣的构成表现依托于材料,不同的材质呈现出不同的特性,也将带来不同的视觉与触觉感受。这些材料的共通之处是,较为柔软且具有塑造性。以布艺为材料的旗袍盘扣通过裁剪与折叠、盘包与卷曲等方法制作而成,造型精美而多样。而以针织与线绳为材料的盘扣,则是通过编织缠绕与系结等方法制作而成,利用线条语言体现盘扣的细节之美(见图 10-4)。此外,基于创新精神,盘扣的材料不应局限于以上所列种类,而应该探究具有共性的表现材料,进一步丰富盘扣的表现形式。

3) 以形式为要素的艺术传达

旗袍盘扣的造型之美主要通过其立体构成体现在平衡与均衡(见图 10-5)上。一组组旗袍盘扣通过左右相同图形形状的对应排列,诠释着平衡的美。但并非所有的旗袍盘扣都是对称的。近年来,非对称型的旗袍盘扣也较为多见,其多通过对块面的大小比例、色彩的强弱对比、图形的虚实放置等方面的

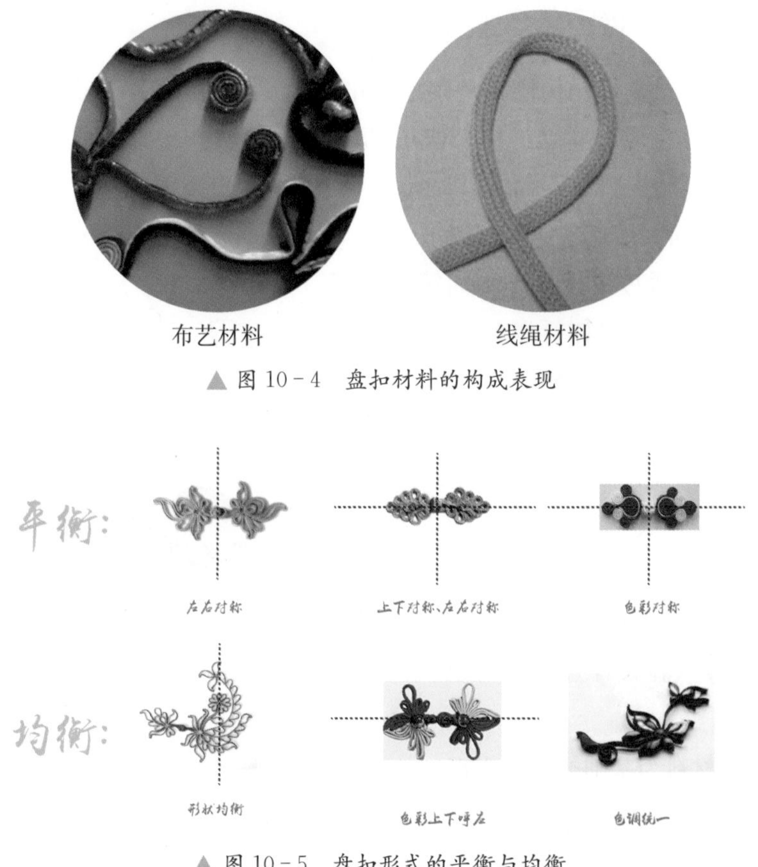

▲ 图 10-4　盘扣材料的构成表现

▲ 图 10-5　盘扣形式的平衡与均衡

设计配置，形成视觉与心理上的平衡感受，使不对称的旗袍盘扣体现出均衡的形式美。因此，旗袍盘扣的立体构成需要以形式为要素，对艺术的美进行传达。

10.1.4　旗袍盘扣图形在伴手礼包装中的应用方法

1）旗袍盘扣图形需要体现设计风格

在伴手礼包装上应用旗袍盘扣时，需要紧扣产品整体的设计风格与设计定位。伴手礼包装的设计风格决定了旗袍盘扣图形的设计方向。伴手礼包装若是以简洁大方的设计风格为主，旗袍盘扣的图形就需要提取出理性且简洁的线条元素，以单线条或基础的几何图形表达，使盘扣准确切合设计风格。伴手礼包装若是以复古华丽的设计风格为主，则旗袍盘扣图形元素的提炼也需要做相应的加法，用曲线增加细节，以块面增加色彩，使盘扣图形看起来更为复杂，为整体添加华丽感。

2）旗袍盘扣图形需要体现内在思想表达

旗袍盘扣图形自身的魅力在于通过视觉与艺术的途径表达其内在的含义，其含义可能是字面上较为直接的，也有可能是间接且有象征意义的。在伴手礼包装上应用旗袍盘扣图形时，需要根据想要表达的思想来选择相应的设计和应用方式。旗袍盘扣的图形表达一般都带有祝福寓意，需要根据想要表达的内在含义，对旗袍盘扣进行相应的图形设计与应用。

3）旗袍盘扣图形需要体现伴手礼包装的功能性

从功能性方面来说，旗袍盘扣在伴手礼包装中能够为包装的开合部分起到连接与固定的作用。因此，除了纯粹的装饰功用之外，旗袍盘扣通常被放置在包装开口与取拿的位置上。若旗袍盘扣只是以平面图形的形式呈现，则其功能性的主要体现方式就是通过图形本身对产品的信息进行传递。

4）旗袍盘扣图形需要结合产品内容

在伴手礼包装上应用旗袍盘扣图形时，需要结合产品的内容进行设计。就目前市场上已有的设计而言，在对产品本身与旗袍盘扣图形的选择与设计方面均存在创新不足的问题，采用的基本都是现成的一字扣、琵琶扣等形式。例如，喜糖的包装可以用“喜”字或者爱心元素作为旗袍盘扣图形的元素进行设计与应用，这样的旗袍盘扣图形可以为伴手礼产品提供联想性的语义。

10.2 ▸ 色彩设计语言的应用

色彩设计语言的巧妙应用，能够更好地诠释伴手礼包装的内在含义。色彩对于视觉信息的传达最为直观，因此，对于色彩的表达必须更为准确。伴手礼包装的色彩设计与应用需要根据产品的属性特征、文化内涵等展开。

10.2.1 色彩属性与产品特征

如图 10－6 所示，色彩对于产品的种类具有相应的联想性。蔬果类的产品多用鲜亮的色彩表达，旨在以源自大自然的色彩展示产品的新鲜与营养。护肤类的产品多用淡雅、有女性语言特征的色彩，例如粉色、浅蓝、浅紫、白色等，以此表达柔和与对皮肤的呵护之意。机械工具类的产品则多用灰色、蓝色、黑色等色彩，以呈现坚实可靠的视觉感受。归纳与概括相应的色彩语言，能够更为准确地表达不同产品的特征。此外，不同的工艺与材料属性也能够使色彩的语言表达产生差异。在色彩相同而材质不同的情况下，相应的视觉感受与触觉感受也会有所不同。金属质感的色彩给人冰冷而又华丽的感受，布艺材质的色彩给人品质的感受，而纸质材料所呈现的色彩则会带来相对平面化的感受。

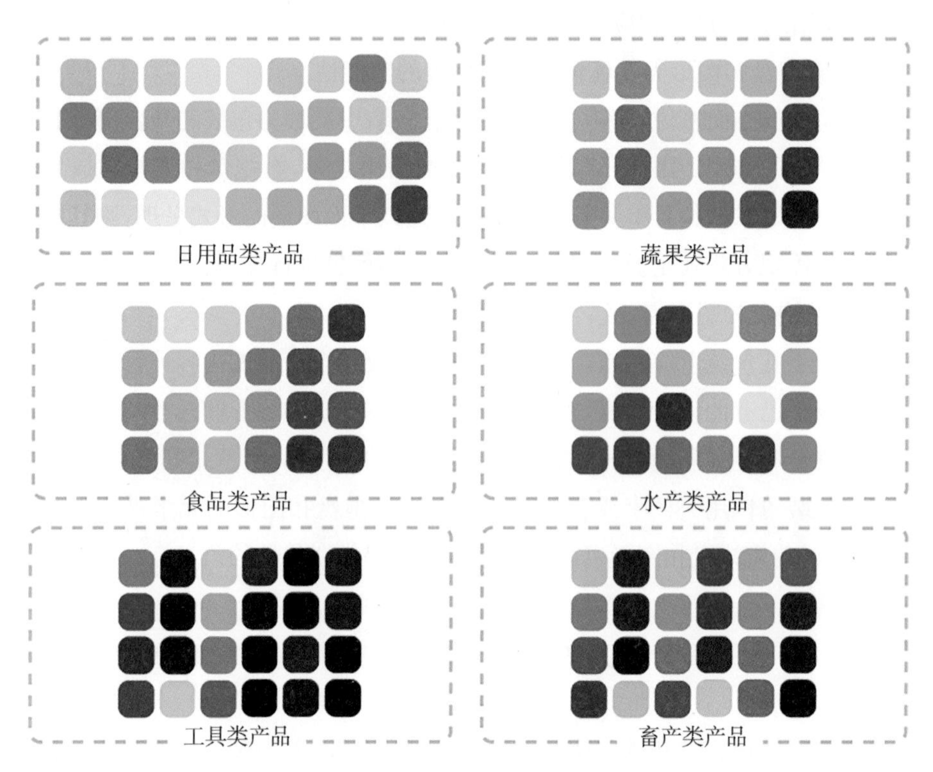

▲ 图 10－6　产品属性与色彩表达

10.2.2　色彩的选取与文化内涵的展现

伴手礼包装色彩的选取应充分展现其内在的文化与含义。对于传统色彩艺术的选取与设计，亦是一种文化符号的展现过程，图 10－7 为中国传统色彩示例。

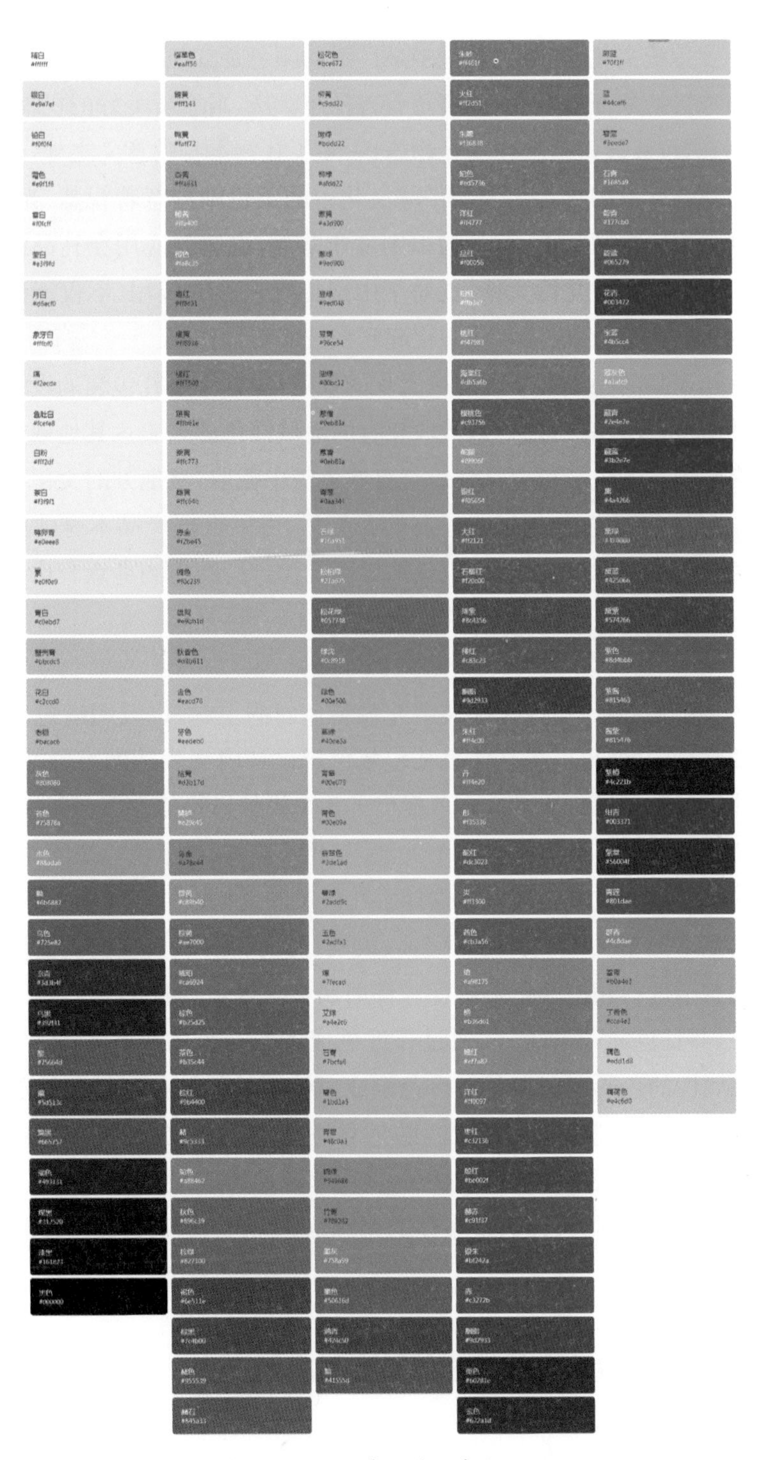

▲ 图 10－7 中国传统色彩示例

在中国传统文化中，被应用最多最广泛的颜色是红色。红色不仅仅作为一种权利与尊贵的象征而存在，更寓意着吉祥与喜庆，寓意着美好的祝福与期望。因此，红色的包装通常适合作为礼物赠送，除了礼物本身的意义之外，还能通过包装表达对收礼者的祝福。中国传统文化中的黄色则寓意着智慧、光明、尊贵以及至高无上。在视觉上，黄色的识别度非常高，也适合应用在礼品的包装设计中。中国的传统文化博大精深，对于中国传统色彩的应用，不仅能够更好地表达其内在的含义，也能对传统文化起到积极的传承作用。

伴手礼产品的隐喻是一种地域文化的表达，地方伴手礼包装的设计需要凸显地域性语意，设计者可以通过截取独有的地域性色彩来表达其地域文化的个性。独有地域性的色彩可以从建筑与自然风貌中截取，从地方的文化特色中归纳总结。同时，伴手礼作为亲朋好友的馈赠品，可以根据产品本身的属性对中国传统色彩进行选取与运用，以更好地体现祝福吉祥的内涵寓意表达。

10.2.3 色彩的搭配与应用

如图 10-8 所示，通过明确伴手礼包装色彩的主题，以及明晰包装色彩设计风格的营造内涵，可以提高伴手礼包装色彩设计内涵表达的准确性，从而更好地为伴手礼产品销售服务。本节提出了几个设计风格的方案，同时对上海伴手礼包装以及产品本身概括了几个关键词，此外，还探讨了色彩搭配的方式，并应用不同的表达方式来呈现。根据伴手礼包装的文化以及产品的特点，笔者初步概括出以下几个关键词：怀旧、经典、大气、时尚、现代、典雅。以下将通过对关键词的总结进行相应的色彩搭配。怀旧属性与经典属性的色彩特点是色调较为沉稳，并且色彩和谐统一，通过邻近色或者互补色的柔和搭配方式呈现。大气高端属性的色彩一般多带有冷色调或以纯度较低的色彩搭配呈现。时尚属性的色彩通常以纯色与纯色之间的色彩碰撞来营造较强的视觉冲击效果。典雅属性的色彩一般纯度低且明度高，多用邻近色的搭配方式呈现。在确定这些风格的色彩搭配后，可以通过整体的调和法则，使色彩在视觉上更具协调感与秩序性。

10.3 文字设计在伴手礼包装上的应用

伴手礼包装上的品名、产品说明、广告语、生产厂家、联系方式等文字说明

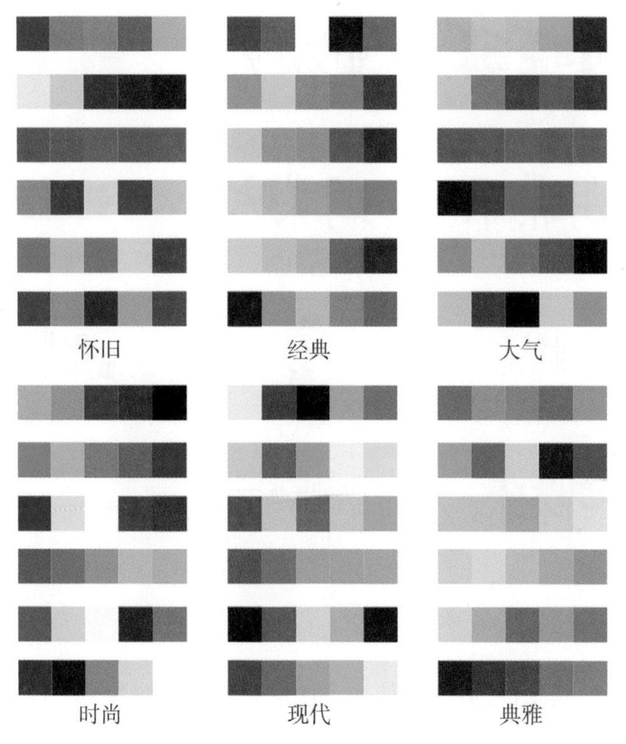

▲ 图 10-8 色彩搭配

为产品本身提供了更为详细的信息内容。同时,文字不仅仅作为信息传达的载体而存在,还可以作为一种视觉符号或者视觉图案,用更为艺术性、独特性的方式展现,起到加深顾客视觉记忆的作用。

10.3.1 文字设计的图形化

较为考究的伴手礼产品的包装,字体应该根据产品本身的特点进行重新设计,而不是选择直接使用现成的字体。可以尝试多种设计方法,将文字设计进行图形化处理,以达到增强消费者视觉记忆的效果(见图 10-9)。为了使伴手礼包装的设计具有高识别性,对于作为最直接的信息传递载体之一的文字,必须提高其辨识度与视觉记忆效果。根据伴手礼产品的属性以及内在文化的传达,通过结构的转变与重新解构的设计语言,将信息融入文字进行传递。

所谓文字设计的替换方法,是指将字体的某一笔画或者某一部分根据文字本身的含义,利用相应的形象或者图形进行替换。该设计法可以使图形所传递

▲ 图 10－9　字体设计图形化

的直观信息起到联想性的作用，使文字内涵得以更好地展露。文字设计的笔画共用法，是指寻找文字线条之间的内在联系与共通之处，对这些可以相互共用的笔画进行提取，并且将其合二为一，成为共用的线条与笔画，利用构字的魅力，使字体更具图形感，也更具设计感。文字设计中的叠加法，是指使文字与文字之间相互叠加与重叠，利用笔画线条的虚实交替以及前后位置的交错，增加视觉的空间层次感，使得整体更为活泼生动。圆弧法是指对文字的部分线条笔画增加弧度，将直线改变为曲线，利用圆润的笔画进行修饰，使文字设计不再显得单调与乏味，为整体增添趣味性与活泼感。而文字设计中的尖角处理法，可以将整体文字的形状或者某一笔画的线条进行棱角形状的处理，即为线条的转折处或者线条的末端增加棱角感与锐利感，从而使整体的文字风格变得更为硬气且有质感。文字设计的断肢方法，是指将原本封闭或者混合在一起的线条笔画进行局部剖开，以增加文字的透气性。也可对文字的某一部分或笔画进行截取，增添原本文字的意象性。文字设计的减细法，是指通过对字体笔画与线条的粗细程度进行瘦身，透过文字传递出精巧细致的感受。文字设计中的摆放法，指的是文字不仅有横向摆放，也有竖向摆放，更有斜着排放等诸多灵活的摆放方式。其目的都是通过更为巧妙的摆放，用更为活泼的方式突出文字的重点与内容。字体设计的方正法，是指要求字体笔画与线条均呈直线状，使整体文字的外形呈现为方形，体现出庄严感与秩序性。此外，卷叶的文字设计方法，是指将字体的首端或者尾端的笔画进行卷曲化处理，而拉长的文字设计方法则是将字体笔画的某一部分进行拉长。这两种文字设计的方法都是为了增添更多的装饰感，增强其观赏性。在文字设计中，字体与笔画皆可以改变字体设计所呈现的效果，每一笔每一画无不向人们展现出艺术之美。通过设计，文字字体能够呈现出自身独特的灵魂，在顾客看来，文字不再显得乏味而呆板，而是更具有人情味了。这也彰显了伴手礼的隐喻，是主人对亲人朋友深厚情谊的良好诠释。

10.3.2 文字设计的排版

如图 10－10 所示，文字的摆放位置决定着伴手礼产品提供信息的识别度，无论是文字与文字、文字与图案，还是文字与空间的安排，都需要经过认真的考量。

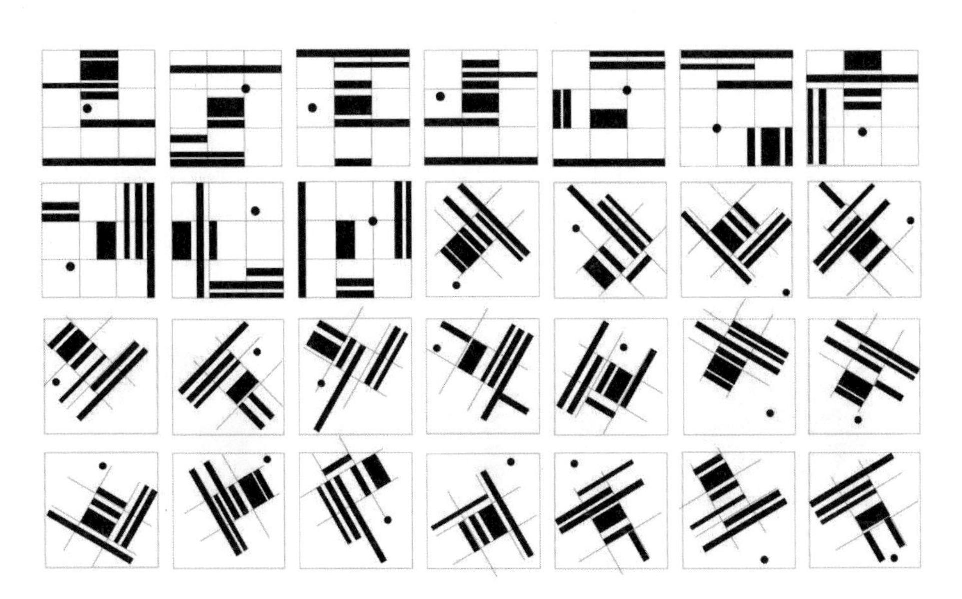

▲ 图 10－10 字体设计的排版

构图方面，文字本身可以构成点线面的组合，单个的字体形成点，一排文字可以形成线，一段字体将形成块面。字体大小以及比例都应讲究设计，最为重要的信息,例如品名等需要安排在视野最佳的位置,且面积大小要控制合理,突出主题内容,其他辅助性的文字则根据需要以及主次依次摆放。字体色彩的应用也不可忽视,要将最为重要的信息与周围整体的色彩进行区别,前提是整体色调要协调且与设计风格相符,而相对次要的信息则可做相应的弱化,在视觉上为消费者制造阅读顺序与信息接受次序的引导。通过文字设计的整体节奏把握,使其疏与密相结合,大与小相结合,深与浅相结合,为消费者带来视觉上更为舒适,信息表达更为明确、生动,印象更为深刻的伴手礼包装设计。

10.4 伴手礼包装造型设计

当前一些伴手礼包装的设计造型存在形式单一、过于简易的问题,难以为消费者带来新鲜感。有趣的造型可以增强伴手礼包装设计的视觉引导性,加深消费者的视觉记忆。伴手礼包装的造型设计可以从文化要素以及生态要素这两点入手。

10.4.1 基于文化要素的伴手礼包装造型设计

以文化为设计要素的伴手礼包装设计,可以通过造型体现出地域文化的符号特征,从而使消费者在购买产品的过程中,对于产品的地理信息一目了然(见图 10-11)。

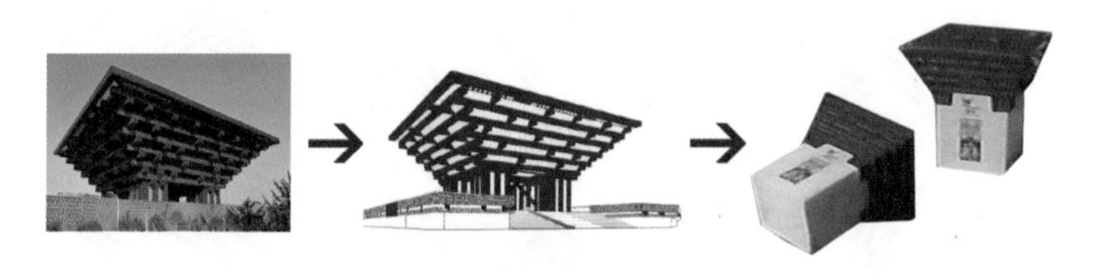

▲ 图 10-11 文化要素的伴手礼包装造型设计

伴手礼包装的造型设计灵感,可以源自标志性的地域建筑或者标志性的地域风貌,设计者应把握建筑与风貌的主要特征,在再设计的过程中,将其特点放大并对部分造型进行提炼,结合产品的特点,使之成为具有地域标签的典型伴手礼包装。此外，伴手礼包装的造型设计灵感也可以源自地域独有的历史文化与生活习惯。在上海伴手礼包装的设计中，可由海派文化联想到民国时期的旗袍，以及中西结合的生活方式等要素，将其作为造型设计的重要元素。

10.4.2 基于生态元素的包装造型设计

伴手礼包装的造型设计可以运用拟人化手法或者仿生动植物形状，在增加产品趣味性的同时，通过形状文法或语意来表达产品的功能或种类，使顾客无需看说明或者解释即可知道伴手礼产品的种类(见图 10-12)。这也将使产品更加吸引顾客的注意力。例如糕点类产品的伴手礼包装造型设计可以直接设计成点心造型，使顾客在第一时间便可明确产品的内容。这种设计可以产生强烈的视觉引导作用，使伴手礼产品的视觉传播变得更为生动与鲜活。

▲ 图 10-12 生态要素的伴手礼包装造型设计

10.5 ▸ 包装材料的应用

在伴手礼的包装设计中，材料的应用也至关重要，不同的材料能够形成不同的视觉感受。而对同一材料应用不同的表面效果，也会产生不同的视觉感受。对于不同材料或不同表面效果的利用，能够使伴手礼包装设计达到最佳的视觉效果(见图 10-13)。

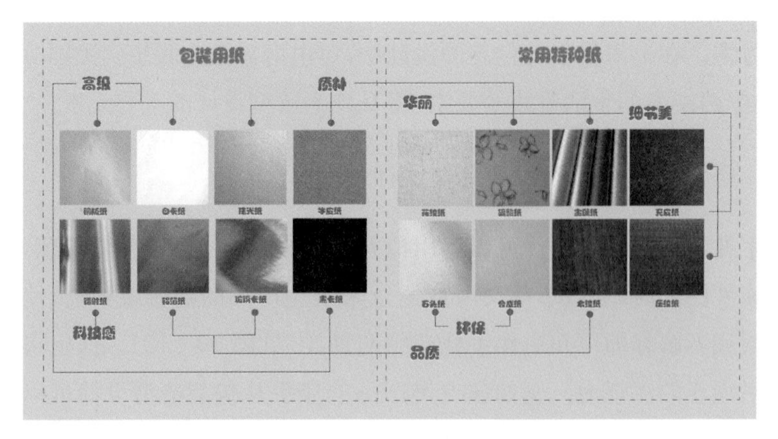

▲ 图 10 - 13　纸制包装材料

10.5.1　肌理与质感的表达

伴手礼的包装设计通常选用纸作为主要材料，通过利用不同的纸质类型，达到不同的表面肌理效果与视觉感受。牛皮纸的表面相对略为粗糙，给人以传统与质朴的感受，被大量运用于传统伴手礼的包装之中；卡纸的质感厚实而细腻，对包装设计的色彩呈现的效果，给人以具有细节与品质的感受；铜版纸表面带有光泽，给人以高级与品质的感受；珠光纸与金属纸表面呈现出颗粒质感的反光，给人以华丽之感；花纹纸、压花纸与充皮纸表面呈现出各种花纹纹路，给人以细节之美。此外，不同的材料也可有机组合使用，多种肌理与表面可相互结合在一起，使伴手礼的包装具有更为丰富与新奇的感受。

10.5.2　环保理念材料的应用

纸质材料的特性是具有绿色环保性，并且利于回收，例如石头纸、合成纸等。选取伴手礼包装的材料时，可以考虑使用再生纸质材料。一方面，这是一种绿色环保行为；另一方面，也是一种节约成本的好方法。伴手礼包装材料生产的过程本身也是一种环保，为此，在上海伴手礼包装设计的过程中，对于材质原本为布艺的旗袍盘扣，可以出于环保与创新的理念将材料改为纸质，并与西方的卷纸艺术相结合，通过盘卷等制作工艺，达到不同于以往的旗袍盘扣制作效果。

10.6 ▸ 设计应用

本节以老字号“老香斋”蝴蝶酥为对象，进行伴手礼包装的设计实践。

10.6.1 产品介绍

上海澳莉嘉食品有限公司创建于1994年，其推出的“老香斋”品牌糕点，以售卖传统老上海的点心为特色，深受顾客们的欢迎，其宣传语为“老上海的味道！”蝴蝶酥作为海派老字号的明星产品，曾获上海特色旅游食品蝴蝶酥技能大赛金牌。

10.6.2 产品包装分析

1）市场调研

笔者对当前市场上点心行业伴手礼包装的现状、“老香斋”蝴蝶酥及其两种竞品（上海国际饭店蝴蝶酥和上海哈尔滨食品厂蝴蝶酥）展开市场调研后发现，目前“老香斋”品牌的包装材质以塑料为主，产品以散卖居多，包装的形态也多为简装或者袋装。包装的色彩设计部分根据“老香斋”的企业形象设计，呈红色与白色（见图10－14）。受众主要以中老年妇女为主，对于年轻人的吸引力则较弱。简装、袋装包装形式的缺点为保存时间短，不能抗压。就蝴蝶酥本身来说，相较于其他两个著名老字号品牌的蝴蝶酥，其特点为做工更为精致，卖相更好，口味较松脆。

▲ 图10－14 “老香斋”的蝴蝶酥

上海国际饭店蝴蝶酥的包装材料也是以半透明塑料纸为主，也主要以散装的形式售卖，包装的形态也是简装与袋装。包装的图案设计方面，以褐色为底色加以白色麦穗图片装饰，其标志设计为中英文字体相结合，面向的主要人群是外地游客以及中老年妇女。包装的特点是增加了配料表，可以使购买者更具体地了解蝴蝶酥的原料，食用起来更为放心。其蝴蝶酥本身最为主要的特点是，个头大，很厚实，酥松且略带咸味（见图 10－15）。在价格方面，上海国际饭店的蝴蝶酥相比另外两家售价最贵。

▲ 图 10－15　上海国际饭店的蝴蝶酥

相较于前面两个品牌的蝴蝶酥包装设计而言，上海哈尔滨食品厂的蝴蝶酥包装更具有优势。在材质的选择上，它以纸质为主，纸质不易透光的特点能使食物更容易存放（见图 10－16）。由于售卖方式也是以散装零售为主，包装的形态也为简装与袋装。包装设计的色彩方面，它选用了红色、褐色以及白色，标识设计以红色印章的形式出现，以此体现传统老品牌。而包装底部的手绘点心图案，在起到装饰作用的同时，也向购买者介绍了其产品特色，包装的识别度较高。其宣传语为“勾起你心中的回忆”。产品本身的特点为现做现卖，个头较小，口味香、冷却后外脆里韧、外层有糖衣，价格在三者中最低。

▲ 图 10－16　上海哈尔滨食品厂蝴蝶酥

2）“老香斋”品牌SWOT分析

优势（strengths）：发展目标明确，产品质量好，有一定的规模，经营方式多样，线上线下双线销售渠道。

劣势（weakness）：名气还不够响，同类产品中特色不够明显。

机会（opportunity）：产品获得过金奖，增加了知名度，市场潜力很大，各个分店在市中心好地段，销量不错。

威胁（threats）：同类产品竞争激烈，价格上没有优势。

3）发现不足，提出问题

对三个品牌蝴蝶酥包装设计的市场调研发现，其包装形式都为简装、袋装，虽然成本有所节约，但缺点也是显而易见的——蝴蝶酥类点心都是易碎的食品，而简装没有抗压的功能；尽管较为轻便，但不利于长时间携带。相较于上海哈尔滨食品厂的包装设计，其他两个品牌的包装识别度较差，皆是透明袋装加上标识和少许图案修饰，十分简陋。同时，这也并不是个别现象，目前市场上的点心房大多如此，暂无礼盒的包装，无法满足消费者送礼的需求，面对外地的顾客也无法展现出上海的传统特色与文化。

4）通过设计所需解决的问题

本书拟将海派文化的元素与理念应用到伴手礼包装设计中，增加品牌的辨识度以及文化历史的积淀，使“老香斋”品牌的蝴蝶酥更具有上海特色。这里将针对礼盒装进行包装设计，从而满足需要送礼顾客的需求。

10.6.3 设计程序

将旗袍盘扣的设计运用到伴手礼的包装设计中去，使盘扣与包装相辅相成，体现上海的海派精神与文化。

1）文字设计

字体风格以书写体为主，标识采用印章的表现手法，与品名相互组合排列，契合整体的设计风格，呈现出传统且有历史感的设计（见图10－17）。

2）色彩设计

在色彩上，中国的传统文化对于色彩有着颇多的内涵。分析海派文化的关键词，结合海派文化的色彩个性表达，在理解中国传统色彩文化的基础上，将其运用在盘扣与包装之中。浓烈绚丽的色彩碰撞可以体现海派文化的时尚属性；

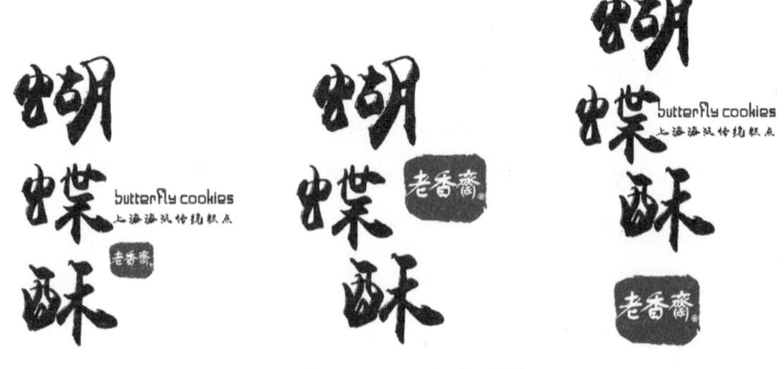

▲ 图 10-17 文字设计

相近色的组合可以表达海派文化优雅的特性;明度较低的色彩应用可以展示海派文化大气谦和的特色。设计尽可能多地尝试色彩的搭配、组合与选择,以此展现不同的色彩视觉感受,寻找最为符合海派文化的色彩(见图 10-18)。

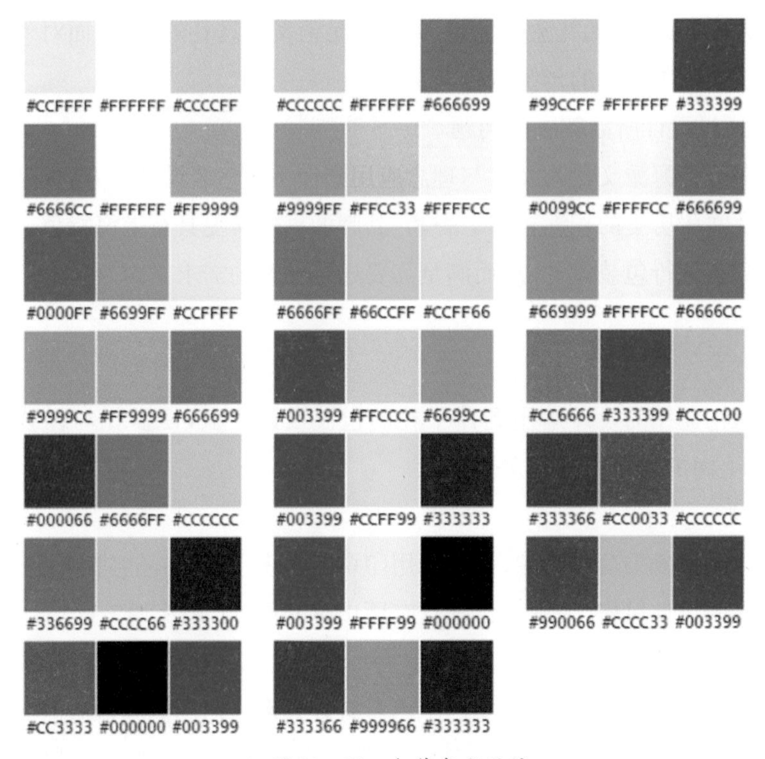

▲ 图 10-18 包装色彩设计

3）图形设计

（1）旗袍盘扣的图形设计。利用线结构作为表现手法，以蝴蝶的造型或上海相关的题材作为设计主题，以此来契合包装的产品内容。通过多次尝试，呈现出两种设计风格。其一，设计图形更具装饰性，整体视觉具象与抽象相结合，营造出似兰花也似蝴蝶的感觉；其二，配合包装的整体设计，以文字为设计元素，呈现出简约的风格（见图 10－19）。

▲ 图 10－19　盘扣图形设计

（2）包装盒图案设计。盒子的图案设计源自“海上生明月，天涯共此时”这句诗的创作灵感。纹样上采用了大量的波浪线，同时，将五个点连成一轮弯弯的月亮，用较为简单的几何形状作为纹样的表达方式，整体看上去既复古又现代，并以此图形设计衍生出更多的组合方式。此外，图案设计还以蝴蝶图案为呈现方式，蝴蝶图案则由蝴蝶酥的基本图形转化而来。在此基础上，加入辅助图案，以蝴蝶图案设计为基本图形元素，用组合的方式，表达出上海海关大楼、东方明珠与中华艺术宫等特色地标建筑(见图 10－20、图 10－21)。

▲ 图 10－20　包装图案设计草图

4) 包装结构

对盒子的结构做了大中小三种不同的造型，既能满足顾客购买不同数量蝴蝶酥的需求，也能使产品造型美观，引发顾客的购买欲。包装盒的造型分为两组，一组为传统盒形，大盒子的造型以方形盒作为表达方式，中型盒子是包的形状，小型盒子为枕形，注重实用性；另一组则对包装的结构进行创新，分别以上海代表性建筑物的形状为原型进行设计，增强包装的装饰感(见图 10－22、图 10－23)。

▲ 图 10 - 21 包装图案设计

▲ 图 10－21　包装图案设计(续)

▲ 图 10－21 包装图案设计(续)

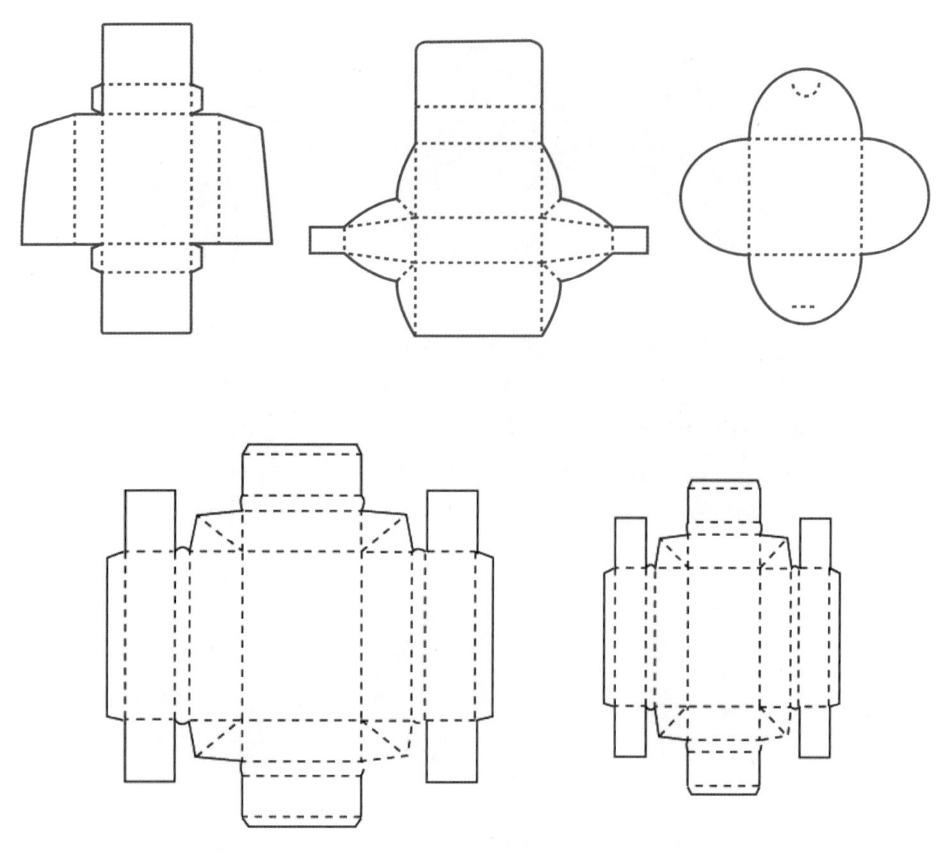

▲ 图 10 - 22　包装结构设计 1

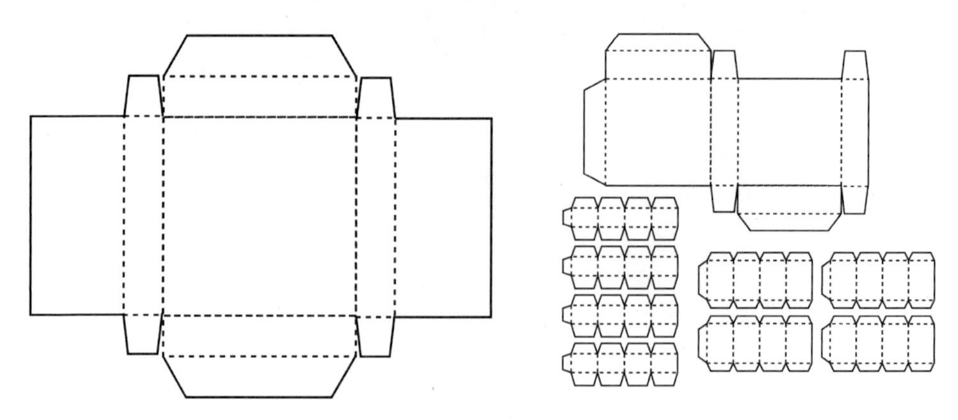

▲ 图 10 - 23　包装结构设计 2

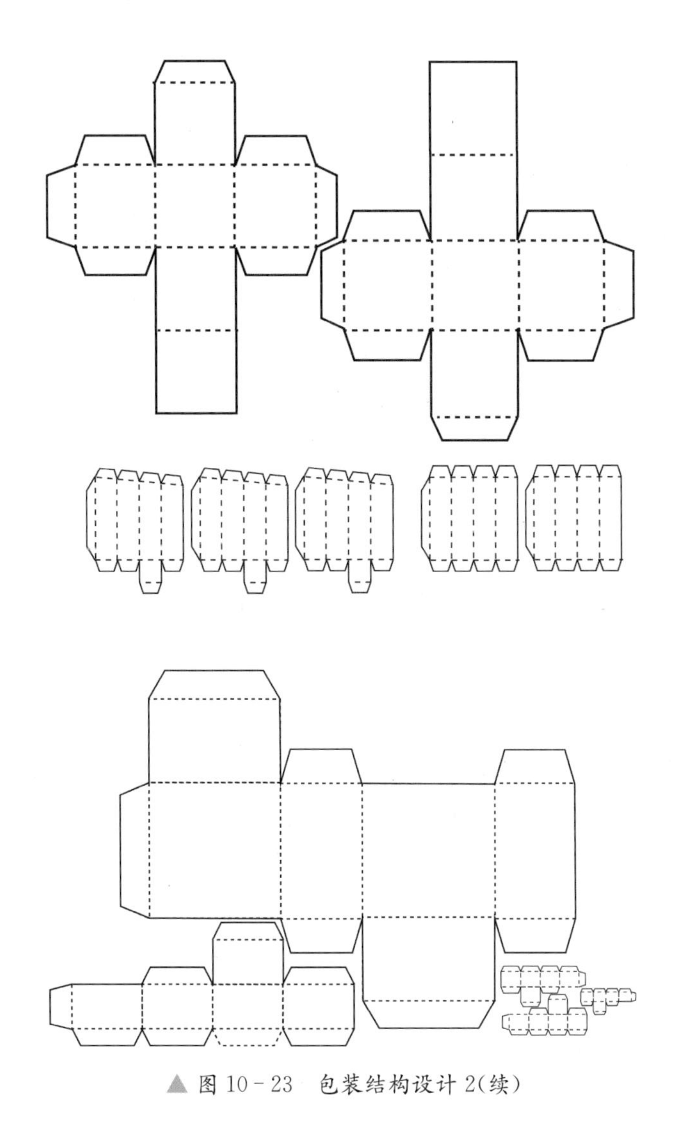

▲ 图 10-23　包装结构设计 2(续)

5）材料选择

纸质制作工艺的传承与创新是当今老字号品牌包装设计研究的重要内容。在设计中可以结合衍纸的工艺来表现盘扣元素，被卷曲的纸带也能够充分表现出盘扣优美的线条，为上海老字号伴手礼包装提升装饰性与独特性。这样的材质选择与设计在艺术性上具有无限的表达能力；在装饰性上，以半浮雕形态呈现的盘扣能为消费者带来更深的触觉记忆；在环保性上，纸质可以重复利用与回收，达到绿色包装效果。

6）设计方案

（1）设计草图方案（见图 10 - 24、图 10 - 25、图 10 - 26）。

▲ 图 10 - 24　设计草图 1

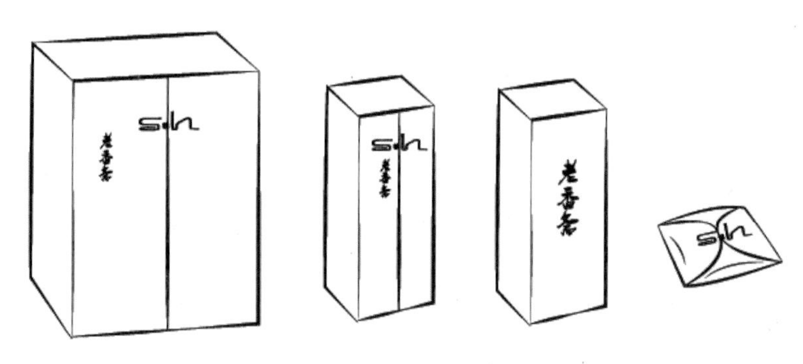

▲ 图 10 - 25　设计草图 2

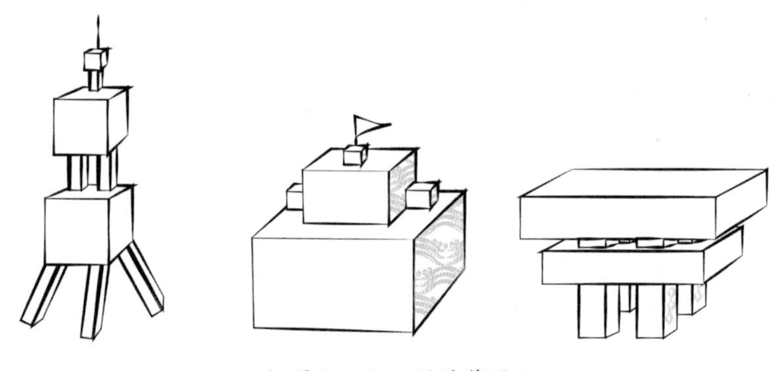

▲ 图 10 - 26　设计草图 3

（2）设计效果图方案。

如图 10 - 27、图 10 - 28 所示，设计稿采用浓郁强烈的中国传统色彩互相碰撞,展现与彰显海派文化的个性,增强视觉冲击力。第 1 组设计为同一风格不同色彩的应用,以传统色彩为基础,将橘色与黑色、紫色与红色、蓝色与绿色相互冲撞,形成强烈的视觉效果。第 2 组设计为统一色调下的色彩应用,薄荷绿与蓝色的渐变配合,加以之前设计的以“海上生明月”为灵感的图形元素进行平铺与组合,视觉设计上呈现出热烈与丰富的效果。

▲ 图 10-27　设计方案:第 1 组

▲ 图 10-28　设计方案:第 2 组

如图 10-29～图 10-31 所示,第 3 组与第 4 组设计方案对于色彩的设计较为朴素,每个单独的包装设计仅两个色彩元素。前面两组以浅蓝、灰紫与豆沙绿为主,以此体现海派文化谦和的性格,给人以雅致恬淡的感受。第 3 组通过点与线条的组合,以更为简约与大气的风格呈现。而第 4 组则是将点与线集合组成新的菱形、圆形与三角形的几何图案,以平铺的形式呈现,总体的视觉感受较为古朴低调。第 5 组黑色与金色组合,体现海派文化包容与时尚的特点。

包装图案的纹理以原先的图案设计为基础，以波浪线与点为元素，通过几何形的截取组合以及平铺展现，呈现出低调与华贵相结合的视觉感受。

▲ 图 10-29　设计方案:第 3 组

▲ 图 10-30　设计方案:第 4 组

▲ 图 10-31　设计方案:第 5 组

如图 10－32～图 10－34 所示，第 6 组与第 7 组的设计方案以传统旗袍和服饰材料为灵感，增强布艺棉麻的肌理质感，加以相应的纹理与刺绣的元素，视觉上给人以旗袍着装一般的感受。第 6 组色彩应用包装采用左右开合的结构，将色彩分为一深一浅，同时降低纯度与明度，配以纹样，增添亲切古朴之感。第

▲ 图 10－32 设计方案：第 6 组

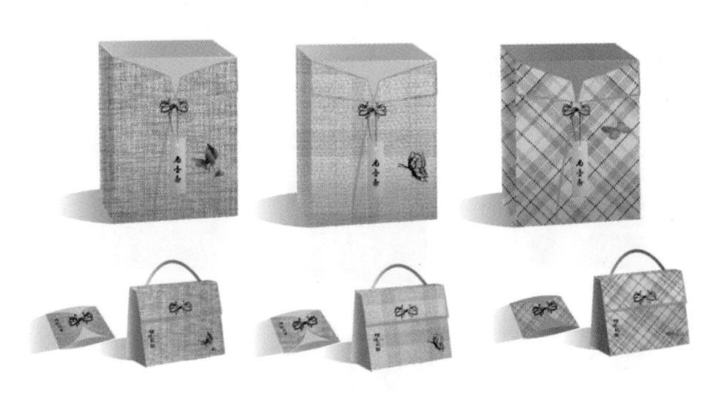

▲ 图 10－33 设计方案：第 7 组

▲ 图 10－34 设计方案：第 8 组

7 组则是应用了棉麻材质的本色，回归本源。第 8 组以老上海月历的女明星为设计元素，用影印的效果呈现。

如图 10－35～图 10－37 所示，以下三组设计方案依然以传统旗袍和服饰材料为灵感，通过设计表达绒布与丝绸的肌理质感。第 9 组为绒布质感设计的

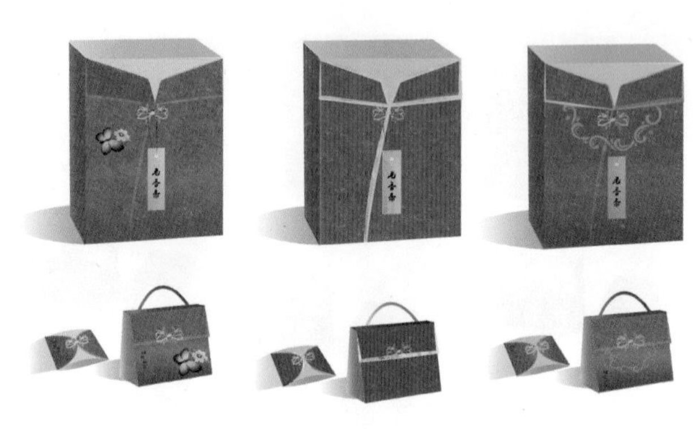

▲ 图 10－35 设计方案：第 9 组

▲ 图 10－36 设计方案：第 10 组

▲ 图 10－37 设计方案：第 11 组

表达，根据绒布本身厚重的气质，选择相应沉稳的色彩，再与小面积高纯度的色彩搭配，加以简单的纹饰，使包装整体视觉上既传统又活泼。后两组是对丝绸质感的呈现，使海派文化元素更为一目了然。第 10 组色彩浓郁厚重，第 11 组淡雅活泼。白玉兰是上海的市花，通过传统水彩白玉兰花卉图案的添加，可以突出体现海派元素。

如图 10－38 所示，第 12 组设计方案延续了丝绸质感的呈现，使海派文化元素以淡雅的统一色彩呈现，并且添加了传统水彩白玉兰花卉图案。背景的辅助设计以几何图形为呈现方式，似花叶似蝴蝶的图案切合主题，同时又能使整体在视觉上拥有规整性。

▲ 图 10－38　设计方案：第 12 组

如图 10－39、图 10－40 所示，第 13 组、第 14 组设计方案以稳重的色彩表达上海文化大气谦和的特质，从蝴蝶酥基础造型向蝴蝶图案的转化既体现主题又增添装饰性。该组方案分为两种表现方法，其一以传统方形盒为基础，采用蝴蝶图案为基本元素组合成上海独有的建筑——东方明珠、海关大楼、中华艺术宫，使伴手礼包装的地域性特点更为明确；其二，则是通过更为直观的包装结构，组成上海独有建筑——东方明珠、海关大楼、中华艺术宫三种形状的包装盒，加以设计纹理的修饰，在造型方面更具有独特性。

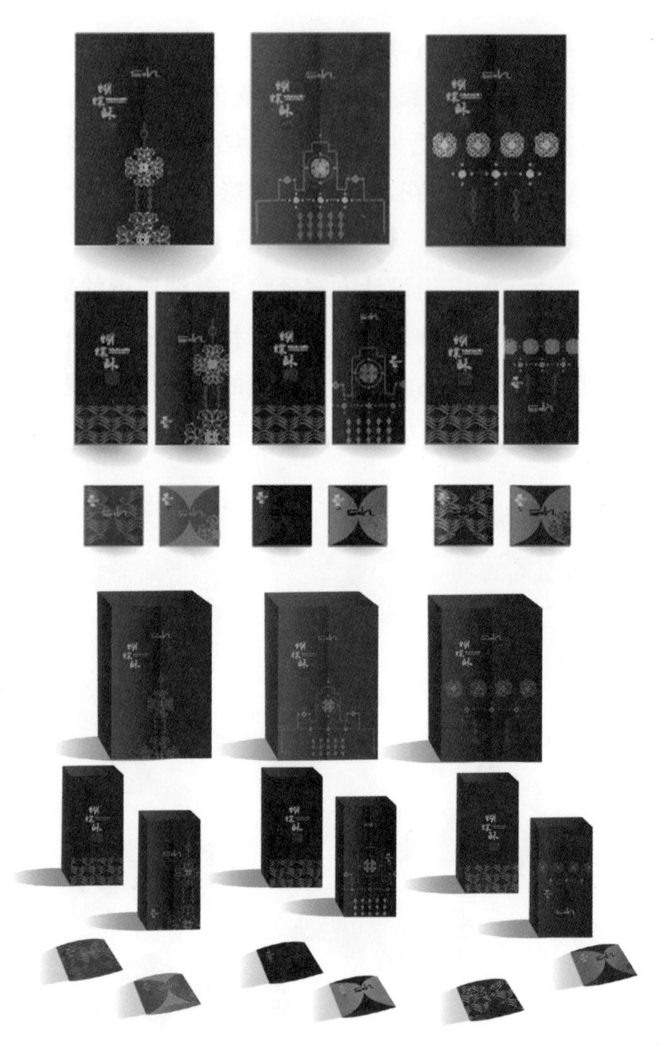

▲ 图 10－39　设计方案:第 13 组

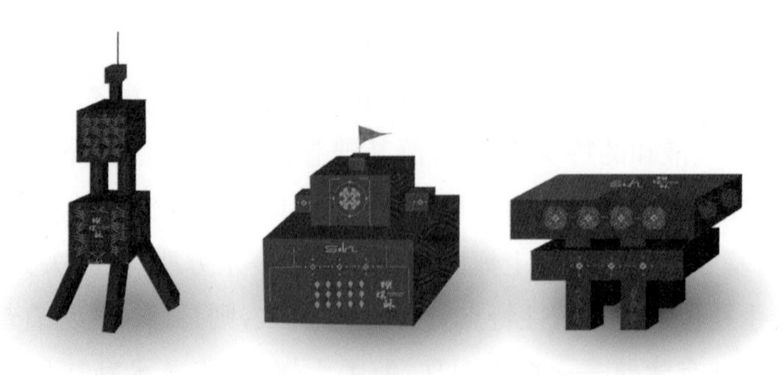

▲ 图 10－40　设计方案:第 14 组

10.6.4 设计展示

1）设计制作过程

（1）打印设计图。如图 10－41 所示，选用 300 g 铜版纸，对设计图纸进行打印。

▲ 图 10－41 打印设计

（2）覆膜。如图 10－42 所示，对铜版纸进行覆膜，一方面起到保护纸质防止褪色的作用，另一方面使纸质增加肌理感，给人以精致的感觉。

▲ 图 10－42 前后对比

（3）裁剪与粘贴。如图 10－43 所示，将覆完膜的设计纸进行裁剪与粘贴，使包装造型初步呈现。

（4）盘扣制作。如图 10－44 所示，盘扣材料由线绳与纸质结合而成，尝试

▲ 图 10 - 43　裁剪与粘贴

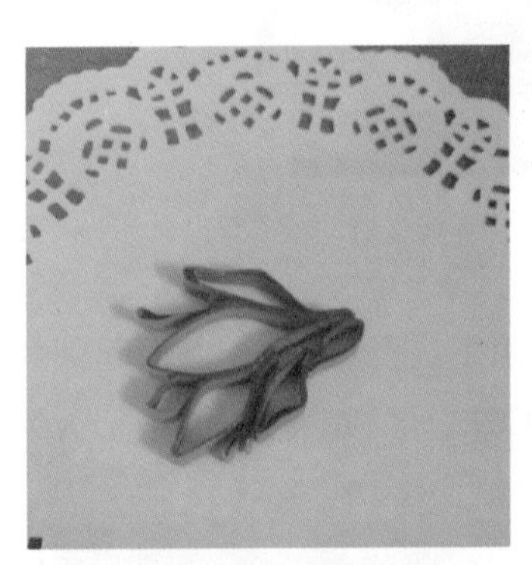

(a)

(b)

▲ 图 10 - 44　盘扣制作

创新的制作手法，将衍纸艺术应用其中。扣结为菠萝扣，与扣门皆用线绳制作，盘花部分用纸质制作。

2）设计展示

实物展示如图 10－45 所示。

▲ 图 10－45　实物展示

本章以海派老字号“老香斋”品牌的蝴蝶酥伴手礼包装为设计对象，对旗袍盘扣图形设计元素、色彩设计语言、文字设计、伴手礼造型设计、包装材料等进行了应用分析，构建了海派老字号“老香斋”品牌蝴蝶酥伴手礼包装的应用设计方法，并对现有的包装展开了详尽的设计优化。

第11章 总结与讨论:从海派文化的变迁理解上海老字号包装的传统改造

习近平总书记曾经强调,要更好地展示和传播博大精深的中华文化内涵及其特有的魅力,要重视和发挥好文化市场的重要作用,从而促进中国特色社会主义文化的进一步发展和繁荣。目前,我国向世界提供了越来越多的文化产品,但这些文化产品在展示当代中国人积极向上的精神风貌和塑造良好的国家形象等方面尚没有起到足够的作用。在大力弘扬博大精深的中华传统文化的今天,打造具有国际影响力的中华老字号品牌,深度提振中华优秀传统文化的发掘和中国本土文化向世界传播的信心,重建人们对中华民族文化的自信心,增强青年一代对中国民族品牌的自豪感,成为新时代中国特色社会主义建设和发展中需要研究的重要课题。中国的文化资源非常丰富,凝聚着中华民族的传统文化精神,体现了民族的尊严和国家的利益,代表着“中国风格”。只有融入中华优秀传统文化精神的民族品牌,才能更好地代表中国屹立于国际舞台,一展国人的自信身姿。

中华老字号是我国商业文化中的宝贵财富,它们沿袭和继承了中华民族优秀的文化传统,具有鲜明的地域文化特征和历史痕迹。上海老字号则是指拥有上海地域文化特征、世代传承的产品或手艺。上海被称为现代艺术文明之都,海派文化是中华民族文化的无形资产。作为城市文化商品代表,上海老字号包装在流通的过程中将为消费者带来对于城市的直观而深刻的感受,帮助人们去发现并了解中国近现代群体文化所具有的普遍特征,从而唤起人们对民族文化的记忆和认知。本书以海派老字号包装为研究对象,基于上海文化品牌背景,从老字号包装艺术的继承特征、形态原型构建等角度研究对外传播中的老字号品牌塑造,以及设计文化与价值理论创新,构建了上海文化品牌背景下老字号包装设计的方法论，具体研究内容如下：

(1) 上海老字号包装艺术继承特征——嵌入情境特征与创新构念维度。为了保证研究的效度，本书特意在嵌入情境视角下对主要研究构念进行了测评，细致梳理了国内外相关研究文献，结合比较研究法和定性分析方法，确定了主要研究构念的概念内涵和外延。

(2) 上海老字号包装艺术形态原型构建——不同信息线索与信息加工选择。按照老字号包装现有的研究成果，构建其社会信息加工的一般策略，利用类别化知识进行形态判断，主要关注于两项研究主题：一是老字号包装艺术形态的中心线索和边缘线索对于信息加工路径的选择问题，二是相应信息加工结果呈现的优先性问题。

(3) 上海老字号包装艺术发展评估——印象联想与价值判断。本书借鉴三角验证的设计思路完成了研究数据的搜集工作。第一，以自由联想法了解个体对老字号包装的印象和艺术形态的价值认同。第二，采用解释学方法，根据现代媒介宣传内容揭示本土包装所具有的价值观维度以及相应的文化定位。第三，结合定性访谈的方式分析消费者对本土包装价值观联想以及文化印象。

(4) 上海老字号包装艺术传播效应——老字号品牌构建与管理价值。站在建构大国软实力的立场上，上海老字号包装担负着对世界讲述“中国故事”的文化使命，借助于老字号包装艺术形态的文化传播和创新设计研究，可以不断深化文化继承象征、包装消费、文化发展与传播等研究，提升世界对中国文化的高度认同感。

(5) 上海老字号品牌产品及其伴手礼包装应用实践。书中以“雙妹”老字号护肤品、旗袍盘扣图形的上海伴手礼、“老大房”点心伴手礼等的包装设计为例，分析了上海老字号品牌产品及其包装意象，运用网络爬虫工具、网络文本分析、NCD色彩意象空间分析、体验周期、通用性设计探究等方法，对老字号品牌产品包装通用性中的一致性、包容性和可变性进行了分析研究，为上海老字号品牌产品包装的创新设计提供了设计实践指南。

本书提出基于上海文化品牌背景下的海派老字号包装设计艺术研究，融合了上海文化元素和上海老字号包装设计基因的方法，对沿承上海文化和提高老字号包装设计效率有着重要的意义。书中积极开展了多个海派老字号包装的案例设计，以践行本书包装设计方法论的应用性。在研究成果中，有待进一步探索和研究的内容尚有：

(1) 上海老字号包装和上海文化形态数据的收集和更新方面，因时代久远、资料收集渠道有限，为了能更深入地研究，需要与时俱进，对相关数据进行补充分析和更新。

(2) 对于包装辅助创意设计系统，还需要在自动设计和展示效果功能上对系统进行更深入的研究和开发。

参考文献

白凯,2012.旅华美国游客目的地城市色彩意象认知研究[J].地理学报,67(4):557-573.
白杨,2012.地域文化特征在普洱茶包装设计中的应用研究[D].昆明:昆明理工大学.
陈阁,2014."老字号"品牌的文化保护与传承——以长沙老字号"火宫殿"为例[J].广西经济管理学院学报(4):66-72.
陈金明,2013.近现代上海商业包装中的民族文化符号及其蕴涵[J].设计艺术(4):111-113.
陈岚,2017.论上海老字号包装设计中上海文化的集体情感共鸣[J]上海包装(2):35-37.
陈岚,2017.论上海老字号品牌包装设计中海派文化的集体情感共鸣[J].包装设计(1):35-37.
陈祥贤,2017.材料语义在包装设计中的运用研究[D].济南:齐鲁工业大学.
陈哲,朱建霞,2016.浅析包装设计中的造型设计[J].中国包装工业(2):30-32.
陈振旺,翟继伟,2014.全球化时代传统符号在民族品牌形象设计中的价值和应用策略研究[J].艺术百家(A01):88-92.
董慧,2008.上海商业服饰老字号品牌活化研究[D].上海:东华大学.
董濡悦,2016.浅析产品包装设计中的情感因素分析与应用[J].中国包装工业(2):15-16.
董思维,2011.上海"老字号"品牌视觉形象的形成与发展[J].上海工艺美术(2):42-43.
董月萍,2019.交互体验式食品包装设计研究[D].唐山:华北理工大学.
段阳,2007.包装设计中的传统文化应用研究[D].无锡:江南大学.
范凯熹,2006.包装设计[M].上海:上海画报出版社.
范秀成,陈洁,2002.品牌形象综合测评模型及其应用[J].南开学报:哲学社会科学版(3):65-71.
方卫,2015.基于信息传达视觉要素的包装文字研究[J].包装工程,36(2):26-29.
符国群,1998,商标资产研究[M].武汉:湖北人民出版社.
郭薪,2011.老字号发展的时尚历史脉络及现实策略研究[D].长春:东北师范大学.
韩凝春,2020.中华老字号非物质文化遗产基本传承能力初探[J].时代经贸(4):66-73.
郝婷,等,2021.地域文化视角下文化创意产品的开发与设计[J].包装工程(8):276-279.
郝秀梅,2014.基于情感表达的体验式包装设计探究[J].包装工程,35(14):5-9.
何灿群,等,2011.设计与文化[M].长沙:湖南大学出版社.

胡兰兰,2016.民国初期上海食品包装设计的研究与应用——以冠生园老字号为例[D].合肥:安徽大学.
黄睿,2009.中华老字号食品包装设计的改进研究[D].株洲:湖南工业大学.
黄维,张妍,2008."倚老卖新"方能历久弥新——谈老字号食品品牌形象的核心文化价值诉求[J].装饰(2):38-39.
黄元豪,等,2018.社交媒体对游客旅游意向的影响——基于目的地形象感知的实证研究[J].资源开发与市场,34(9):1327-1331+1261.
姜婉秋,2014.清末民国时期上海食品老字号商标设计研究[D].昆明:昆明理工大学.
金鑫,2012.上海老字号品牌复活的实证研究与分析——以双鹿的成功崛起为例[D].上海:华东理工大学.
柯胜海,2013.大道有形:现代包装容器设计理论及应用研究[M].合肥:合肥工业大学出版社.
孔令仁,李德征,1998.中国老字号(全拾册)[M].北京:高等教育出版社.
雷兴,2017.民俗文化图案在包装设计中的运用——以东北"秋香大米"为例[D].青岛:青岛大学.
黎英,2013.包装连续性体验设计探究——以好丽友木糖醇"粒粒出"口香糖包装为例[J].装饰(6):100-101.
李培,2016.新中国成立以来上海食品包装艺术设计发展历程研究[D].上海:华东师范大学.
李谓涛,2009.包装设计的视觉表述[J].包装工程(7):130-132.
李雪琴,双海军,2021.应急物流需求下的包装设计[J].包装工程(9):201-206.
李逸轩,等,2020.城市形象传播视域下澳门旅游食品包装设计研究[J].包装工程,41(24):330-336.
刘丽娟,等,2020.基于情感交互的包装设计评价方法研究[J].包装工程,41(9):181-185.
刘义晴,2012.地域特色产品包装设计研究[D].株洲:湖南工业大学.
柳林,2004.民族化包装设计[M].武汉:湖北美术出版社.
卢泰宏,罗淑玲,1995.包装设计与品牌塑造[J].包装与设计(2):6-7.
吕宗礼,2013.试论当代中国商品包装的风格走向[J].美术大观.
罗慧敏,等,2016.文化创意型旅游地游客满意度测评及影响因子分析——以上海市田子坊、M50和红坊为例[J].资源科学,38(2):353-363.
毛泽东,1956.关于勤俭办社的联合指示[M].北京:人民出版社.
毛泽东,1976.论十大关系[N].人民日报,12-26.
毛泽东,1977.毛泽东选集.第5卷[M].北京:人民出版社.
毛泽东,1991.矛盾论.第1卷[M].北京:人民出版社.
倪晓梅,2011.上海文化与上海土特产包装设计[D].上海:上海师范大学.
欧阳波,等,2006.用户研究和用户体验设计[J].江苏大学学报(自然科学版)(S1):55-57+77.
曲晓牧,2015.中国古代食品包装研究——清代茶、酒、药类包装[D].杭州:中国美术学院.
宋润民,2007.试论苏州老字号商品包装设计的文化延续与观念更新[D].苏州:苏州大学.
宋笑笑,2016.地域性文化要素在河南酒包装设计中的应用研究[D].昆明:昆明理工大学.

宋莹莹,2018.上海老字号包装设计方法研究[D].西安:西安理工大学.
孙光晨,2014.物联网时代下的网购包装设计研究——以功能性网购生鲜食品包装设计为例[D].株洲:湖南工业大学.
孙欣,2018.食品包装可交互性设计研究[D].昆明:云南师范大学.
唐玉,2019.基于产品全生命周期与心理需求的用户体验包装设计分析[J].绿色包装(6):70-74.
汪田明,栾丽,2008.浅谈包装设计中的心理认知[J].中国包装工业(6):48-50.
王安霞,2006.包装形象视觉设计[M].南京:东南大学出版社.
王成荣,王玉军,2014.老字号品牌价值评价模型[J].管理评论,26(6):98-106.
王莲,等,2021.地域文化产品造型多维评价模型[J].包装工程,42(20):389-394+401.
王鹏,2005.艺术设计中的哲学思考[D].北京:清华大学.
王帅玉,等,2017.基于用户体验要素模型的旅游装备商品开发设计实践[J].产业与科技论坛,16(13):34-36.
王欣睿,2018.Access数据库在学校信息交流平台设计与实现应用[J].电脑知识与技术(10Z):38-39.
王新燕,范大伟,2021.包装打开过程中知觉流畅性对用户情感体验影响研究[J].包装工程,42(24):147-152.
王鑫婷,等,2019.包装产品的全生命周期评价[J].绿色包装(8):51-54.
魏力敏,戴珊珊,2009.论设计心理学在快速消费品包装设计中的应用[J].艺术与设计(理论版)(7):26-27.
吴春茂,等,2021.提升主观幸福感的积极体验设计策略[J].包装工程,42(14):139-147.
伍梓鸿,2013.交互式包装设计研究[D].株洲:湖南工业大学.
谢雅洁,2014.基于用户体验的交互式包装设计研究[D].株洲:湖南工业大学.
辛向阳,2015,交互设计:从物理逻辑到行为逻辑[J].装饰,4(1):58-62.
徐筱,2014.纸包装结构设计[M].北京:中国轻工业出版社.
薛柏翠,2017.上海老字号包装设计方法研究[J].设计(5):20-21.
薛艳敏,武优,2020.老字号包装的叙事性设计研究[J].包装工程(10):193-197.
杨少华,2017.基于山西醋文化的老陈醋包装设计研究[D].武汉:湖北工业大学.
杨雅茹,2017.基于“节气”文化的茶产品包装设计及其虚拟展示研究[D].西安:西安理工大学.
佚名,2008.海派笔墨老字号古韵翻唱新时调——上海笔墨老字号品牌曹素功、周虎臣[J].上海商业(1):26-27.
易中华,2006.民族文化在包装设计中的传承[J].包装工程,27(4):286-287.
尹强,2016.改革开放以来上海化妆品包装设计研究[D].上海:华东师范大学.
尹强,2016.改革开放以来上海化妆品包装设计研究[D].上海:华东师范大学.
袁玮,2010.包装颜色对消费者选择行为的影响研究[D].上海:上海交通大学.
曾琳,2014.包装设计的跨界研究[J].中国包装工业(12):15.
曾运东,2019.传统老字号品牌的提升——振园凉果厂商标与包装设计研究[J].装饰(4):130-131.
张磊,2012.对“新感官”包装设计的研究与探索[D].济南:山东轻工业学院.

张理,2010. 包装学[M]. 北京:清华大学出版社.

张凌浩,2006. 产品的语意[M]. 北京:中国建筑工业出版社.

张朦朦,2013. 交互式理念在包装设计中的应用研究[D]. 南京:河南大学.

赵俊成,2018. 以消费者为中心的体验式包装设计分析[J]. 绿色包装(12):64-66.

郑思,2016. 中华老字号中药饮片品牌包装设计研究[D]. 株洲:湖南工业大学.

郑祎,2016. 文化传承视野下的中华老字号品牌形象设计研究[J]. 浙江社会科学(5):131-135+63+159-160.

仲晨,等,2018. 面向消费者体验的包装设计方法与应用进展[J]. 包装学报,10(4):8-16.

周明,易怡 2004. 品牌延伸对品牌权益影响之实证研究[J]. 南开管理评论(5): 44-49.

朱和平,2008. 产品包装设计[M]. 长沙:湖南大学出版社.

朱琦,2020. 信息时代下智能包装设计应用趋势研究[J]. 信息记录材料,21(08):128-129.

朱以青,2019. 老字号遗产资源的转化及其价值[J]. 民俗研究(6):75-82+158-159.

邹靖,等,2019. 可供性视角下无人零售商店的用户体验要素探析[J]. 装饰(10):112-115.

左旭初,2013. 百年上海民族工业品牌[M]. 上海:上海文化出版社.

左旭初,1999. 老商标[M]. 上海:上海画报出版社.

左旭初,2016. 民国食品包装艺术设计研究[M]. 上海:立信会计出版社.

左旭初,2010. 中国老字号与早期世博会[M]. 上海:上海锦绣文章出版社.

左旭初,2002. 中国商标史话[M]. 天津:百花文艺出版社.

Aaker D A, Keller K L, 2012. The effects of sequential introduction of brand extensions [J]. Journal of Marketing, 29(1):35-50.

Aaker D A, Kell K L, 1990. Consumer evaluation of brand extension [J]. Journal of Marketing ,54(1):27-41.

Aaker J L, 1997. Dimensions of brand personality[J]. Journal of Marketing Research34: 342-352.

Ahluwalia R, Zeynep Z G, 2010. The effects of extensions on the family brand name: an accessibility-diagnon diagnosticity perspective [J]. Journal of Consumer Research, 27(3): 371-402

Bhat S, Reddy S K, 2011. The impact of parent brand attribute associations and affect on brand extension evaluation [J]. Journal of Business Research, 53(1):111-122.

Biel A L, 1993. . How brand image drivers brand equity [J]. Journal of Advertising Research6(11、12):6-12.

Bottomley P A, Doyle J R, 1996. The formation of attitudes towards brand extensions: testing and generalizing Aaker and Keller's mode [J]. International Journal of Research in Marketing, 13(10):365-377.

Bottomley P A, Holden S J S, 2018. Do we really know how consumers evaluate brand extensions empirical generalizations based on secondary analysis of eight studies [J]. Journal of Marketing Research, 38(4):494-500.

Boush D M, Loken B, 1991. A processtracing study of brand extension evaluation [J]. Journal of Marketing Research, 28(1): 1628.

Broniarczyk, S M, Alba J W, 1994. The importance of the brand in brand extension [J].

Journal of Marketing Research31 (3): 214 - 228.

Carlos V, et al., 2016. Crossmodal correspondences between taste and shape, and their implications for product packaging: A review [J]. Food Quality and Preference, 52:17 - 26.

Carlos V , et al., 2014. Predictive packaging design: tasting shapes, typefaces, names, and sounds. [J]. Food Quality and Preference (34):88 - 95.

Cheng-Hsui Chen A, Chen S K , 2000. Brand dilution effect of extension failure-a Taiwan study[J]. Journal of Product & Brand Management 9(4):243 - 254.

Daniel L, 2000. Understanding User Experience [J]. Web Techniques, 5(8):42 - 43.

Diallo M F, 2012. Effects of store image and store brand price-image on store brand purchase intention: Application to an emerging market [J]. Journal of Retailing and Consumer Services, 19(3):360 - 367.

Diamantopoulos A, Smith G, Grime I, 2015. The impact of brand extensions on brand personality: experimental evidence [J], European Journal of Marketing, 39(1/2):129 - 149.

Fiske S T, Pavelchak M A, 2016. Category-based versus piecemeal based affective responses: developments in schema triggered affects [C]. New York: Guilford Press: 167 - 204.

Franziska N, et al., 2006. Travel motivations as souvenir purchase indicators [J]. Tourism management , 27(4):671 - 683.

Garret J J, 2011. The elements of user experience [M]. Berkeley, CA: New Riders.

Gregory S, Charles S, 2017. Thinking inside the box: How seeing products on, or through, the packaging influences consumer perceptions and purchase behavior [J]. Food Quality and Preference, 62:340 - 351.

Gronhaug K, Hem L, Rune L, 2012. Exploring the impact of product category risk and consumer knowledge in brand extensions [J]. Journal of Brand Management, 9(6):463 - 476.

Gronhaug K, Hem L, Rune L, 2000. Exploring the importance of product category similarity and selected personal correlates in brand extension [J]. Journal of Brand Management, 7(3):197 - 209.

Gurhan-Canli Z, Maheswaran D, 1998. The effects of extension on brand name dilution and enhancement [J]. Journal of Marketing Research, 35(4):464 - 473.

John D R, et al., 2018. The negative impact of extension: can flagship products be diluted [J]. Journal of Marketing, 62(1):19 - 32.

Keller K L, 2013. Conceptualizing, measuring, and managing customer-based brand equity [J]. Journal of Marketing, 57(1):1 - 22.

Kim C K, Lavack, A M, 1996. Vertical brand extensions: current research and managerial implications[J]. Journal of Product & Brand Management, 5(6): 24 - 37.

Kong W H, et al., 2016. Souvenir shopping, tourist motivation, and travel experience [J]. Journal of Quality Assurance in Hospitality & Tourism, 17(2):163 - 177.

Lane V R, 2000. The impact of ad repetition and ad content on consumer perceptions of incongruent extensions[J]. Journal of Marketing, 64(2):80 - 91.

Loken B, John D R, 2010. Diluting brand beliefs: when do brand extensions have a negative impact [J]. Journal of Product and Brand Management, 9(6):350 - 368.

Martinez E, Pina J M, 2013. The negetive impact of brand extensions on parent brand image [J]. The Journal of Product and Brand Management, 12(6/7):432 - 338.

Meyers-Levy J, Tybout A M, 1989. Schema congruity as a basis for product evaluation[J]. Journal of Consumer Research, 16(1): 39 - 54.

Milberg S J, Park C W, McCarthy M, 1997. Managing negative feedback effects associated with brand extensions: the impact of alternative branding strategies [J]. Journal of Consumer Psychology, 6(2):119 - 140.

Morrin M, 2019. The impact of brand extension on parent brand memory structures and retrieval processes [J]. Journal of Marketing Research, 36(4):517 - 525.

Nadine K, et al., 2016. Healthy by design, but only when in focus: communicating non-verbal health cues through symbolic meaning in packaging [J]. Food Quality and Preference, 52:106 - 119.

Niraj D, Anderson P F, 2014. The effects of order and direction on multiple brand extensions [J]. Journal of Business Research, 30(2):119 - 129.

Norman D A, 2004. Emotional design [M]. New York: Basic Books.

Null R, 2013. Universal design: principles and models [M]. CRC Press.

Nyffenegger F K, et al., 2010. Souvenirs-local messages: an exploration from the design perspective [J]. Design and Semantics of Form and Movement: 135.

Park C W, Jaworski B J, MacInnis D J, 1986. Strategic brand concept—image management [J]. Journal of Marketing, 50(4):135 - 145.

Park C W, Milberg S, Lawson R, 1991. Evaluation of brand extensions: the role of product feature[J]. Journal of Consumer Research, 18:185 - 193.

Riel A V, Ouwersloot H, 2005. Extending electronic portals with new services: exploring the usefulness of brand extension models [J]. Journal of Retailing and Consumer Services, 12(4):245 - 254.

Ruyter D K, Wetzels M, 2001. Customer equity considerations in service recovery: a cross-industry perspective[J]. International Journal of Service Industry Management, 11(1): 91 - 108.

Smith D C, Park C W, 2012. The effects of brand extension on market share and advertising efficiency [J]. Journal of Marketing Research, 29(3):296 - 313.

Steinfeld E, et al. 2012. Universal design: creating inclusive environments [M]. John Wiley & Sons.

Sullivan M W, 2012. Brand extensions: when to use them [J]. Management Science, 38 (6):793 - 806

Sunder L, Brodie R J, 2013. Consumer evaluation of brand extension: furture empirical results [J]. International Journal of Rrsearch in Marketing, 10(1):47 - 53

Sun M H, 2015. Using Chinese travel blogs to examine perceived destination image: the case of New Zealand [J]. Journal of Travel Research, 54(4):192 - 205.

Swaminathan V, 2003. Sequential brand extensions and brand choice behavior [J]. Journal of Business Research, 56(6):431 - 442.

Tauber E M, 2011. Brand franchise extension: new product benefit from existing brand equity [J]. Business Horizons, 24(2):36 - 41.

后 记

本书以海派老字号包装为研究对象，基于“上海文化”品牌背景，从老字号包装艺术的继承特征、形态原型构建等角度研究对外传播中的老字号品牌塑造，以及设计文化与价值理论创新，构建了“上海文化”品牌背景下海派老字号包装设计的方法论，并积极开展了应用实践。

缘起

2016 年 4 月 28 日，我因工作调动来到上海工程技术大学艺术设计学院任教，并担任学院院长、设计学学科带头人。初到学院，我就认真梳理了学院学科研究的沿革与聚焦点，沉思良久……距离 1978 年成立学院已经过去了 38 年，海派包装的研究已然成为几代工程大艺术人不懈努力的传承与荣耀，我深深感到，很有必要对以“上海文化”品牌为背景的海派老字号包装设计研究的学理进行深度挖掘，并与现代智能技术相结合开展可持续应用研究，撰写一本关于“基于‘上海文化’品牌背景的老字号包装设计艺术研究”的书，并开始着手撰写。

然而撰写的过程，却遇到了意想不到的问题。因为将设计学与上海文化结合是一条貌似光鲜亮丽但是却困难重重的道路。虽然在 2003 年以来，笔者在汽车、电动工具、文创等领域与三一重工、江苏金鼎、中华恐龙园等开展了多个“文化+设计”的联合研究项目，但是，还是没有寻找到设计和海派包装结合“完美的”交点。本书三易其稿，却始终无法令自己满意。

2019 年，一个偶然的机会，我看到了美国麻省理工学院伊亚德·拉万（lyad Rahwan）与全球 20 多名科学家在《自然》杂志发表的《机器行为》一文。论文的开头写道：在诺贝尔奖获得者赫伯特·西蒙(Herbert Simon)的标志性著作《关于人为事物的科学》中，西蒙写道“自然科学是关于自然对象和现象的科学”。我在这里提出，是否也可以有关于人造物与现象的“人为事物”的科学？作为设计研究(design research)在诞生之初的两大重要理论，我在就读硕士和博士期间就已经多次阅读和学习了以《关于人为事物的科学》为代表的基于符号学的“设计科学”理论与肖恩的“反映实践”理论。令我惊喜的是：通过这篇论文，我似乎发现了以海派文化为中心的老字号品牌设计和海派包装文化的那个交点。

在2020年，我获得了上海市艺术科学规划项目基金、上海市设计学Ⅳ类高峰学科专项基金、国家哲学社会科学基金艺术学项目、上海国际设计创新研究院的资助。经过三年默默努力，终于在2022年年底完成了初稿，并在上海世界设计之都大会、全国艺术硕士教育指导委员会学术年会、米兰国际设计周学术交流活动等进行了关于本领域的学术讨论与交流，最终于2023年正式完稿付梓。

本书的一个突出特点是在探讨海派包装和老字号品牌文化的设计与文化关系时，不是停留在哲学思辨的层面，而是在设计、科学和艺术的交叉层面，开展实证研究和设计创作，反映出一种“实事求是”的学术态度。本书延续西蒙和拉万等人的思想和观点，并结合案例设计进行深化，从设计艺术、海派文化、现代科学三个学科交叉的视角，将老字号包装、海派文化和设计艺术学理置于由“人—人造物—社会”的整合系统中，将老字号包装视为一系列“具有自身行为模式及生态反应”的个体，从老字号包装文化与社会的角度来研究海派老字号包装设计，建立现代老字号包装设计学的理论基础，为以“上海文化”品牌为背景的海派老字号包装设计艺术奠定科学基础。

感谢

本书的出版，需要感谢很多人。首先要感谢我尊敬的先辈、中国美术学院范凯熹教授为本书作序。本书的很多理念和内容都是在上海市哲学社会科学基金艺术学规划项目、上海市设计学Ⅳ类高峰学科重点领域的研究，本书的很多内容也是对课题研究的进一步继承与发展。感谢同济大学范圣玺教授、上海师范大学江滨教授对本书初稿的指导和建议。感谢我的导师、西安理工大学吉晓民教授，华东理工大学程建新教授在百忙之中审阅了全部书稿，并提出了宝贵的意见。感谢为本书学术思想和设计研究案例做出具体贡献的各位老师和同学，他们是：西安理工大学艺术与设计学院宋莹莹、杨雅茹、黄惠玲、李咪咪等研究生，以及上海工程技术大学邹文俊、冯逸珺等。感谢上海彩金包装有限公司 UCD 中心首席设计师莫忠伟先生为本书提供其团队智能艺术创作的设备和资料。感谢与我们开展联合设计研究项目的上海包装设计协会、上海产业创意设计协会的各位同仁，以及英国利物浦约翰摩尔大学艺术学院的戴维·希斯科特(David Heathcote)教授。我们共同开展联合设计研究项目，为本书的理论、方法和案例提供了重要的支撑。感谢上海工程技术大学中英海派包装可持续设计研究实验室刘雨、刘昊鑫、顾颖三位同学绘制全书的部分插图。本书的很多插图由上海工程技术大学多模态、大数据研究中心基于 Mid-Journey 在线智能图像生成平台，结合文本语义理解的深度扩散模型，由深度学习算法生成获得，表达了人工智能眼中的"智能机器与人类和谐共生"的画面。感谢上海交通大学出版社的编辑们，本书撰写与出版周期长达五年，历经多次重大修改，正是他们的支持与不离不弃，使得本书虽历经坎坷，最终顺利和读者见面。最后，还要感谢我的家人，他们的默默付出与宽容，是本书得以出版的最重要的支柱。

海派老字号包装设计艺术研究是一个跨学科的新兴领域与主题，其理论与研究正在发展过程之中。为了更加完整地展现海派包装设计学的理论、方法与实践基础，同时满足不同学科读者理解全书内容的需求，本书尽量避免在某个学科领域过于深入，以便可以在海派包装设计学的学科交叉的层面更加全面地讨论海派包装设计学的相关问题。然而，在各自学科领域，本书的部分概念、模型、方法与研究显得比较浅显，从各自学科本身而言，理论深度似乎有些不够，而且学科间的融合还有不足，各章之间存在着相互割裂的现象。这些，也许都是交叉学科的"难处"所在。除此以外，限于笔者的水平和能力，本书在撰写过程中难免存在疏漏与不足，诚挚恳请大家提出宝贵意见，共同推动海派老字号包装设计学这一交叉学科领域的发展。

高瞩

2023 年 8 月 22 日